U0053396

深智數位
股份有限公司

深智數位
股份有限公司

推薦

在我近十年策劃會議的職業生涯裡，每每和會議聽眾了解前端需求，總會聽到他們抱怨「輪子太多」「框架太新」「學不過來」……但我在和講師們溝通時發現，他們其實始終在關注那些「不變」的，前端始終「萬變不離其宗」——永遠是為使用者介面服務的，永遠是為提升生產效率服務的。這是專案化要解決的問題，抓住專案化這條主線，用規範、工具和框架解決前端開發及前後端協作的問題，才能保證自己立於不敗之地。

非常慶幸看到這本書出現，作者透過對真實的專案經驗進行總結，幫助業界歸納出避免混亂和提升效能的行之有效的方法，以及實現前端專案化的錦囊妙計。希望拿到本書的讀者能學以致用，讓前端技術發揮更大的價值。

全球軟體案例研究高峰會（TOP100Summit）內容主理人、
msup 研究院院長，趙強

現代 Web 開發日益複雜化和多元化，前端專案化已成為複雜業務中不可或缺的提效方案。本書從專案化角度切入，延伸到前端架構設計領域，既包含理論知識，也有大量真實案例。在前端開發尚未形成最佳範式的背景下，本書可以幫助我們在業務需求和架構設計中尋找團隊降本增效的方法論和創新靈感。

DCloud CTO、uni-app 產品負責人，崔紅保

近幾年，基於前端技術開發的應用已滲透到越來越多的場景，這也對前端專案化基建和前端應用架構提出了更多的挑戰。本書比較系統地介紹了前端專案化基建領域的關鍵場景和相關生態，並且結合作者多年的從業經歷，分享了現代化前端專案架構的實踐方案，相信可以為讀者帶來一些新的啟發。

字節跳動軟體工程師，李玉北

每個前端工程師都有一個架構師的夢，然而很多前端工程師在日復一日、年復一年的業務程式中遇到了瓶頸，不知道如何進一步提升自己，因此在迭代如此之快的前端領域感到迷茫。本書會教你如何像架構師一樣思考，如何突破技術瓶頸。

Deno 核心程式貢獻者，justjavac（@ 迷渡）

現代 Web 開發是一個龐大複雜的系統，在這個系統當中，專案化是一個不可或缺的部分。專案化建構的好壞將直接影響 Web 開發的效率和體驗。本書由淺入深地介紹了 Web 開發中的專案系統相關知識，閱讀和學習之後，讀者可以快速建構適合個人或團隊的專案系統，還可以深入了解專案化架構方面的知識。可以說，不管你是 Web 初學者還是具有一定經驗的 Web 開發者，都能從中獲益！

W3cplus.com 站長，大漠

前端專案化是一門準實踐學科，很多人具有前端開發經驗但不一定有過前端專案化經驗。從 0 到 1 開發一個專案是很考驗架構和設計能力的。這本書補全了許多人缺失的前端專案化經驗，讓一些沒有這方面累積的技術人員能感受到架設複雜專案化專案的魅力，很值得一讀。

新浪移動前端開發專家、前端 Leader，付強（@ 小爝）

在當下的許多中小型公司中，研發效率（即交付能力）向來是技術團隊的軟肋。在刀耕火種的業務階段，短期內可以靠加人頭、加工時的方式來「堆」程式，但人越多、事越雜的時候就會越難持續。前端早早聊大會舉辦至今，也從使用者中搜集到許多諸如此類的回饋，不少同學都陷入沒有成長性需求中，痛苦不堪。很開心在當下看到侯策的這本書，它出現得正是時候，可以幫助諸多團隊的負責人提升架構能力，還可以幫助團隊開發人員逐階段、有節奏地推進基礎建設，解放生產力，進而大幅支撐業務增長、快速回應業務變化。

前端早早聊大會創始人，Scott

正如書中所言，你以為收藏的是知識，其實收藏的是「知道」。想要掌握更多硬核心知識，我想這本書會適合你。本書作者侯策對各種打包工具的使用方法、原理、最佳化策略都做了非常詳細的解釋，對跨端方案、全端知識也進行了細緻梳理，相信新手能從中獲得完整的前端知識系統，有經驗者則能成為更好的架構師。

阿里雲業務中台體驗技術負責人，城池

本書作者侯策是留學歐洲的技術 Geek，有廣闊的技術視野。歸國後做過最前線開發人員、全端工程師，以及技術團隊管理者。他往往能夠從前端技術發展脈絡、專案人員成長軌跡、技術團隊綜合管理這三個角度來檢查一個合格的前端開發工程師發展為架構師所需具備的素質及成長路徑。

本書結合行業痛點，深入淺出地介紹了前端架構師所需具備的思考維度和技術素養。從工具層面，本書能幫助讀者了解並精通前端開發的架構生態、框架原理、經典設計模式。從實戰角度，本書涵蓋了全鏈路 Node.js 前端開發攻略。其中諸多篇內容，如第 11、12、14 篇等，深入前端框架內部，檢查 JavaScript 編譯層面的程式翻譯與執行邏輯，對前端開發者而言是一部「內功」精進寶典。又如第四部分「前端架構設計實戰」，作者對自己如何提升開發效率的經驗進行整理，列出具體的實踐方案與工具策略，將寶貴經驗提升到了範式乃至哲學的高度，相信能夠幫助讀者應對一系列的開發實踐問題。

整體來說，這本書一改市面上一些前端技術書以框架或包為中心的「重技巧卻少思考」的現狀，是少有的將前端開發實踐理論化、系統化、範式化、路徑化的「圭臬」！

百度巨量資料實驗室主任研發架構師，熊昊一博士

某種程度上來說，我很懷念 jQuery 時代。那時，入門前端非常簡單，但今天的前端領域已有了龐大的知識系統，涵蓋紛繁複雜的領域知識。從 TodoMVC 到企業中的實際專案，這中間有多少專案概念是需要理解和掌握的呢？本書對此做了較為全面的總結，應當能幫助到對此困惑的讀者。

稿定科技前端工程師、《JavaScript 二十年》譯者，王譯鋒（@ 雪碧）

本書是作者上一部作品的延展和進階，本書圍繞前端基建與架構主題，系統化介紹了大量必備知識，涵蓋內容十分廣泛。本書的亮點是深入介紹了技術背後的原理及作者多年的最前線實踐經驗，好料滿滿。

知名前端博主、《React 狀態管理與同構實戰》作者，顏海鏡

在當今資訊融合、鏈路共用、極速觸達的生活環境下，網際網路技術已不斷深入其他行業，並作為解決問題、賦能創新的手段被廣泛應用在多端、跨平臺場景中。本書從前端技術入門到架構原理剖析，由淺入深，結合實戰進行講解。無論是前端初學者用於入門，還是泛前端「老鳥」進行知識拓展，相信本書都能提供幫助。

字節跳動前端工程師，師紹琨

前端專案化有時會被人狹隘地理解為 Webpack，有時會被理解為某個專案鷹架，甚至會被部分同學單純地理解為編譯、建構、部署或管線一類的概念。但是本書中介紹的架構師心中的前端專案化，並不僅是前面提到的這些。本書基於大家在實際開發過程中碰到的問題，將上述知識串聯起來，能夠幫助開發者形成適合自己的前端專案化方案。

字節組跳動資深工程師，陳辰

前言

像架構師一樣思考，突破技術瓶頸

透過專案基建，架構有跡可循。

前端開發是一個龐大的系統，紛繁複雜的基礎知識鑄成了一張資訊密度極高的圖譜。在開發過程中，一行程式就可能使宿主引擎陷入性能瓶頸；團隊中的程式量呈幾何級數式增長，可能愈發尾大不掉，掣肘業務的發展。這些技術環節，或巨觀或微觀，都與專案化基建、架構設計息息相關。

如何打造一個順滑的專案化流程，為研發效率不斷助力？如何建設一個穩定可靠的基礎設施，為業務產出保駕護航？對於這些問題，我在多年的工作中反覆思考、不斷實踐，如今也有了一些經驗和感悟。

但事實上，讓我將這些累積幻化成文字是需要一個契機的，下面我先從寫本書的初心及本書涉及的技術內容談起。

求賢若渴的伯樂和鳳毛麟角的人才

作為團隊管理者，一直以來我都被人才應徵所困擾。經歷了數百場面試，我看到了太多千篇一律的「皮囊」。

- 我精通 Vue.js，看過 Vue.js 原始程式 = 我能熟記 Object.defineProperty/Proxy，也知道發布 / 訂閱模式。

- 我精通 AST ＝我知道 AST 是抽象語法樹，知道能用它做些什麼。
- 我能熟練使用 Babel ＝我能記清楚很多 Babel 設定項目，甚至默寫出 Babel Plugin 範本程式。

當知識技術成為應試八股文時，人才應徵就會淪為「面試造火箭，工作擰螺絲」的逢場作戲。對於上述問題，我不禁會追問：

你知道 Vue.js 完整版本和執行時版本的區別嗎？

如果你不知道 Vue.js 執行時版本不包含範本編譯器，大機率也無法說清 Vue.js 在範本編譯環節具體做了什麼。如果只知道實現資料綁架和發布 / 訂閱模式的幾個 API，又何談精通原理？

請你手寫一個「匹配有效括號」演算法，你能做到嗎？

如果連 LeetCode 上 easy 難度的編譯原理相關演算法題都無法做出，何談理解分詞、AST 這些概念？

如何設計一個 C 端 Polyfill 方案？

如果不清楚 @babel/preset-env 的 useBuiltIns 不同設定背後的設計理念，何談了解 Babel？更別說設計一個性能更好的降級方案了。

另一方面，我很理解求職者，他們也面臨困惑。

- 該如何避免相似的工作做了 3 年，卻沒能累積下 3 年的工作經驗？
- 該如何從繁雜且千篇一律的業務需求中抽身出來，花時間總結經驗、提高自己？
- 該如何為團隊帶來更高的價值，表現經驗和能力？

為了破局，焦慮的開發者漸漸成為「短期速成知識」的收藏者。你以為收藏的是知識，其實收藏的是「知道」；你以為掌握了知識，其實只是囤積了一堆「知道」。

近些年我也一直在思考：如何抽象出真正有價值的開發知識？如何發現並解決技術成長瓶頸，培養人才？於是，我將自己在海外和 BAT 服務多年累積的經驗分享給大家，將長時間以來我認為最有價值的資訊系統性地整理輸出——這正是我寫這本書的初心。

從前端專案化基建和架構設計的價值談起

從當前的應徵情況和開發社區中呈現的景象來看，短平快、碎片化的內容（比如快速搞定「面經題目」）很容易演變成跳槽加薪的「興奮劑」，但是在某種程度上，它們只能成為緩解焦慮的「精神鴉片」。

試想，如果你資質平平，缺少團隊中「大神」的指點，工作內容只是在已有專案中寫幾個頁面或配合營運活動，如此往復，技術水準一定無法提高，工作三四年後可能和應屆生並無差別。

這種情況出現的主要原因還是大部分開發者無法接觸到好專案。這裡的「好專案」是指：你能在專案中從 0 到 1 打造應用的基礎設施、確定應用的專案化方案、實現應用建構和發布的流程、設計應用中的公共方法和底層架構。只有系統地研究這些內容，開發者才能真正打通自身的「任督二脈」，實現個人和團隊價值的最大化。

我將上述內容總結定義為：前端專案化基建和架構設計。

這是每位開發者成長道路上的缺乏資源。一輪又一輪的業務需求是煩瑣和機械的，但專案化基建和架構設計卻是萬丈高樓的根基，是巨型航母的引擎和引擎，是區分一般開發者和一流架構師的分水嶺。因此，前端專案化基建和架構設計的價值對個人、業務來說都是不言而喻的。

我理解的「前端專案化基建和架構設計」

我們知道，前端目前處在前所未有的地位高度：前端職場既快速發展著，也迎接著優勝劣汰；前端技術有著與生俱來的混亂，也有著與這種混亂抗衡的規範。這些都給前端專案化基建帶來了更大的挑戰，對技術架構設計能力也提出了更高的要求。

對實際業務來說，在前端專案化基建當中：

- 團隊作戰並非單打獨鬥，那麼如何設計工作流程，打造一個眾人皆讚的專案根基？
- 專案相依紛繁複雜，如何做好相依管理和公共函式庫管理？
- 如何深入理解框架，真正做到精通框架和準確拿捏技術選型？
- 從最基本的網路請求函式庫說起，如何設計一個穩定靈活的多端 Fetch 函式庫？
- 如何借助 Low Code 或 No Code 技術，實現越來越智慧的應用架設方案？
- 如何統一中背景專案架構，提升跨業務線的產研效率？
- 如何開發設計一套適合業務的元件庫，封裝分層樣式，最大限度做到重複使用，提升開發效率？
- 如何設計跨端方案，「Write Once，Run Everywhere」是否真的可行？
- 如何處理各種模組化規範，以及精確做到程式拆分？
- 如何區分開發邊界，比如前端如何更進一步地利用 Node.js 方案開疆擴土？

以上這些都直接決定了前端的業務價值，表現了前端團隊的技術能力。那到底什麼才是我理解的「前端專案化基建和架構設計」呢？

我以身邊常見的一些小事為例：不管是菜鳥還是經驗豐富的開發者，都有過被設定檔搞到焦頭爛額的時候，一不小心就引起命令列顯示出錯，編譯不通過，終端上只顯示了短短幾行英文字母，卻都是 warning 和 error。

也許你可以透過搜尋引擎找到臨時解決方案，匆匆忙忙重新回到業務開發中追趕工期。但顯示出錯的本源到底是什麼，究竟什麼是真正高效的解決方案？如果不深入探究，你很快還會因為類似的問題浪費大把時間，同時技術能力毫無提升。

再試想，對於開發時遇見的一些詭異問題，你也許會刪除一次 node_modules，並重新執行 npm install 命令，然後發現「重新啟動大法」有時候真能奇蹟般地解決問題。可是你對其中的原理卻鮮有探究，也不清楚這是否是一種優雅的解決方案。

又或，為了實現一個通用功能（也許就是為了找到一個函式參數的用法），你不得不翻看專案中的「垃圾程式」，浪費大把時間。可是面對歷史程式，你卻完全不敢重構。經過日積月累，「歷史」逐漸成為「天坑」，「怪物程式」成為業務桎梏。

基於多年對最前線開發過程的觀察，以及對人才成長的思考，我心中的「前端專案化基建和架構設計」已不是簡單的思維模式輸出，不是「陽春白雪」的理論，也不是社區搜索即得的 Webpack 設定羅列和原理複述，而是從專案中的痛點提取基礎建設的意義，從個人發展瓶頸總結專案化架構和底層設計思想。基於此，這本書的內容呼之欲出。

本書內容

事實上，前端專案化基建和架構設計相關話題在網上少之又少。我幾乎翻遍了社區所有的相關課程和圖書，它們更多的是講解 Webpack 的設定和相關原始程式，以及列舉 npm 基礎用法等。我一直在思考，什麼樣的內容能夠幫助讀者突破「會用」的表層，從更高的角度看待問題。

本書包括五個部分，涵蓋 30 個主題（30 篇），其中每一部分的內容簡介如下。

第一部分　前端專案化管理工具（01~05）

以 npm 和 Yarn 套件管理工具切入專案化主題，透過 Webpack 和 Vite 建構工具加深讀者對專案化的理解。事實上，工具的背後是原理，因此我不會枯燥地列舉某個工具的優缺點和基本使用方式，而是會深入介紹幾個極具代表性的工具的技術原理和演變過程。只有吃透這些內容，才能真正理解專案化架構。希望透過這一部分，讀者能夠意識到如何追根究底地學習，如何像一名架構師一樣思考。

第二部分　現代化前端開發和架構生態（06~16）

這部分將一網打盡大部分開發者每天都會接觸卻很少真正理解的基礎知識。希望透過第二部分，讀者能夠真正意識到，Webpack 工程師的職責並不是寫寫設定檔那麼簡單，Babel 生態系統也不是使用 AST 技術玩轉編譯原理而已。這部分內容能夠幫助讀者培養前端專案化基礎建設思想，這也是設計一個公共函式庫、主導一項技術方案的基礎知識。

第三部分　核心框架原理與程式設計模式（17~22）

在這一部分中，我們將一起來探索經典程式的奧秘，體會設計模式和資料結構的藝術，請讀者結合業務實踐，思考優秀的設計思想如何在工作中實作。同時，我們會針對目前前端社區所流行的框架進行剖析，相信透過不斷學習經典思想和剖析原始程式內容，各位讀者都能有新的收穫。

第四部分　前端架構設計實戰（23~26）

在這一部分中，我會一步一步帶領大家從 0 到 1 實現一個完整的應用專案或公共函式庫。這些專案實踐並不是社區上氾濫的 Todo MVC，而是代表先進設計理念的現代化專案架構專案（比如設計實現前端 + 行動端離線套件方案）。同時在這一部分中，我也會對編譯和建構、部署和發布這些熱門話題進行重點介紹。

第五部分　前端全鏈路——Node.js 全端開發（27~30）

在這一部分中，我們以實戰的方式靈活運用並實踐 Node.js。這一部分不會講解 Node.js 的基礎內容，讀者需要先儲備相關知識。我們的重點會放在 Node.js 的應用和發展上，比如我會帶大家設計並完成一個真正意義上的企業級閘道，其中涉及網路知識、Node.js 理論知識、許可權和代理知識等。再比如，我會帶大家研究並實現一個完善可靠的 Node.js 服務系統，它可能涉及非同步訊息佇列、資料儲存，以及微服務等傳統後端知識，讓讀者能夠真正在團隊專案中實作 Node.js 技術，不斷開疆擴土。

總之，這本書內容很多，好料滿滿。

客觀來說，我絕不相信一本「武功秘笈」就能讓一個人一路打怪升級，一步登天。我更想讓這本書成為一個促成你我交流的機會，在輸出自己經驗累積的同時，我希望它能幫助到每一個人。你準備好了嗎？來和我一起，像架構師一樣思考吧！

致謝

本書初稿結束於壬寅年春季的最後一個節氣——穀雨。穀雨意為「雨生百穀」，田中的秧苗初插、作物新種，只有得到雨水的充分滋潤，穀類作物才能茁壯成長。

一本書的問世，自然也少不了養料和雨露的澆灌。為此，我想特別感謝一路支持和鼓勵我的家人及好友—— 一豬、顏海鏡等。感謝他們的陪伴，以及為我提供的素材和修改建議。我還要感謝電子工業出版社的孫奇俏編輯，這已不是我們第一次合作，她的專業能力始終讓我欽佩，這種認真負責的態度，始終是我創作的勇氣源泉和力量後盾。

在這個時間節點，我們仍然面臨著疫情的嚴峻挑戰，國際時局也風雲變幻。一本書的問世，自然不能實現世界和平的美好願景，但希望它能幫助每一位讀者找到內心的一片靜土，感受到學習進步帶給我們的力量！

侯策

目錄

第一部分 前端專案化管理工具

第 1 章 安裝機制及企業級部署私服原理

npm 內部機制與核心原理 1-2

npm 不完全指南 1-6

npm 多來源鏡像和企業級部署私服原理 1-9

總結 1-12

第 2 章 Yarn 安裝理念及相依管理困境破解

Yarn 的安裝機制和背後思想 2-4

破解相依管理困境 2-6

總結 2-12

第 3 章 CI 環境下的 npm 最佳化及專案化問題解析

CI 環境下的 npm 最佳化 3-1

更多專案化相關問題解析 3-2

最佳實作建議 3-11

總結 3-12

第 4 章 主流建構工具的設計考量

從 Tooling.Report 中，我們能學到什麼 4-2

總結 4-6

第 5 章 Vite 實現：原始程式分析與專案建構

Vite 的「從天而降」........ 5-1

Vite 實現原理解讀 5-2

總結 5-16

第二部分　現代化前端開發和架構生態

第 6 章　談談 core-js 及 polyfill 理念

core-js 專案一覽 6-2
如何重複使用一個 polyfill 6-3
尋找最佳的 polyfill 方案 6-9
總結 6-13

第 7 章　整理混亂的 Babel，拒絕編譯顯示出錯

Babel 是什麼 7-1
Babel Monorepo 架構套件解析 7-3
Babel 專案生態架構設計和分層理念 7-17
總結 7-19

第 8 章　前端工具鏈：統一標準化的 babel-preset

從公共函式庫處理的問題，談如何做好「掃雷人」........ 8-1
應用專案建構和公共函式庫建構的差異 8-4
一個企業級公共函式庫的設計原則 8-4
制定一個統一標準化的 babel-preset 8-6
總結 8-16

第 9 章　從 0 到 1 建構一個符合標準的公共函式庫

實戰打造一個公共函式庫 9-1
打造公共函式庫，支援 script 標籤引入程式 9-6
打造公共函式庫，支援 Node.js 環境 9-12
從開放原始碼函式庫總結生態設計 9-14
總結 9-16

第 10 章　程式拆分與隨選載入

程式拆分與隨選載入的應用場景 10-1
程式拆分與隨選載入技術的實現 10-2
Webpack 賦能程式拆分和隨選載入 10-11
總結 10-18

第 11 章　Tree Shaking：移除 JavaScript 上下文中的未引用程式

Tree Shaking 必會理論 11-1
前端專案化生態和 Tree Shaking 實踐 11-6
總結 11-14

第 12 章　理解 AST 實現和編譯原理

AST 基礎知識 12-1
AST 實戰：實現一個簡易 Tree Shaking 指令稿 12-5
總結 12-12

第 13 章　專案化思維：主題切換架構

設計一個主題切換專案架構 13-1
主題色切換架構實現 13-5
總結 13-11

第 14 章　解析 Webpack 原始程式，實現工具建構

Webpack 的初心和奧秘 14-1
手動實現打包器 14-7
總結 14-12

第 15 章　跨端解析小程式多端方案

小程式多端方案概覽 15-1
小程式多端——編譯時方案 15-2
小程式多端——執行時期方案 15-5
小程式多端——類 React 風格的編譯時和執行時期結合方案 15-7
小程式多端方案的最佳化 15-19
總結 15-21

第 16 章　從行動端跨平臺到 Flutter 的技術變革

行動端跨平臺技術原理和變遷 16-2
Flutter 新貴背後的技術變革 16-11
總結 16-20

第三部分 核心框架原理與程式設計模式

第 17 章 axios：封裝一個結構清晰的 Fetch 函式庫

設計請求函式庫需要考慮哪些問題 17-1
axios 設計之美 17-5
總結 17-13

第 18 章 對比 Koa 和 Redux：解析前端中介軟體

以 Koa 為代表的 Node.js 中介軟體設計 18-1
對比 Express，再談 Koa 中介軟體 18-5
Redux 中介軟體設計和實現 18-8
利用中介軟體思想，實現一個中介軟體化的 Fetch 函式庫 18-11
總結 18-14

第 19 章 軟體開發的靈活性和訂製性

設計模式 19-1
函式思想 19-6
總結 19-12

第 20 章 理解前端中的物件導向思想

實現 new 沒有那麼容易 20-1
如何優雅地實現繼承 20-3
jQuery 中的物件導向思想 20-8
類別繼承和原型繼承的區別 20-11
總結 20-13

第 21 章 利用 JavaScript 實現經典資料結構

資料結構簡介 21-1
堆疊和佇列 21-2
鏈結串列（單向鏈結串列和雙向鏈結串列）.......... 21-5
樹 21-12
圖 21-18
總結 21-23

第 22 章　剖析前端資料結構的應用場景

堆疊和佇列的應用 22-1
鏈結串列的應用 22-3
樹的應用 22-6
總結 22-9

第四部分　前端架構設計實戰

第 23 章　npm scripts：打造一體化建構和部署流程

npm scripts 是什麼 23-1
npm scripts 原理 23-3
npm scripts 使用技巧 23-4
打造一個 lucas-scripts 23-6
總結 23-14

第 24 章　自動化程式檢查：剖析 Lint 工具

自動化 Lint 工具 24-1
lucas-scripts 中的 Lint 設定最佳實踐 24-6
工具背後的技術原理和設計 24-9
總結 24-11

第 25 章　前端 + 行動端離線套件方案設計

從流程圖型分析 Hybrid 性能痛點 25-1
相應最佳化策略 25-3
離線套件方案的設計流程 25-5
離線套件方案持續最佳化 25-10
總結 25-12

第 26 章　設計一個「萬能」的專案鷹架

命令列工具的原理和實現 26-1
從命令列工具到萬能鷹架 26-12
總結 26-15

第五部分 前端全鏈路——Node.js 全端開發

第 27 章 同構著色架構：實現 SSR 應用

實現一個簡易的 SSR 應用 27-1
SSR 應用中容易忽略的細節 27-6
總結 27-12

第 28 章 性能守衛系統設計：完善 CI/CD 流程

性能守衛理論基礎 28-1
Lighthouse 原理介紹 28-3
性能守衛系統 Perf-patronus 28-6
總結 28-13

第 29 章 打造閘道：改造企業級 BFF 方案

BFF 閘道定義及優缺點整理 29-1
打造 BFF 閘道需要考慮的問題 29-3
實現一個 lucas-gateway 29-5
總結 29-15

第 30 章 實現高可用：Puppeteer 實戰

Puppeteer 簡介和原理 30-1
Puppeteer 在 SSR 中的應用 30-2
Puppeteer 在 UI 測試中的應用 30-6
Puppeteer 結合 Lighthouse 的應用場景 30-6
透過 Puppeteer 實現海報 Node.js 服務 30-8
總結 30-15

第一部分 PART ONE

前端專案化管理工具

以 npm 和 Yarn 套件管理工具切入專案化主題，透過 Webpack 和 Vite 建構工具加深讀者對專案化的理解。事實上，工具的背後是原理，因此我不會枯燥地列舉某個工具的優缺點和基本使用方式，而是會深入介紹幾個極具代表性的工具的技術原理和演變過程。只有吃透這些內容，才能真正理解專案化架構。希望透過這一部分，讀者能夠意識到如何追根究底地學習，如何像一名架構師一樣思考。

第 1 章 安裝機制及企業級部署私服原理

前端專案化離不開 npm（node package manager）或 Yarn 這些管理工具。npm 或 Yarn 在專案中除了負責相依的安裝和維護，還能透過 npm scripts 串聯起各個職能部分，讓獨立的環節自動運轉起來。

無論是 npm 還是 Yarn，它們的系統都非常龐大，在使用過程中你很可能產生以下疑問。

- 專案相依出現問題時，使用「刪除大法」，即刪除 node_modules 和 lockfiles，再重新安裝，這樣操作是否存在風險？
- 將所有相依安裝到 dependencies 中，不區分 devDependencies 會有問題嗎？
- 應用相依公共函式庫 A 和公共函式庫 B，同時公共函式庫 A 也相依公共函式庫 B，那麼公共函式庫 B 會被多次安裝或重複打包嗎？
- 在一個專案中，既有人用 npm，也有人用 Yarn，這會引發什麼問題？
- 我們是否應該提交 lockfiles 檔案到專案倉庫呢？

接下來，我們就進一步來聊一聊這些問題。

npm 內部機制與核心原理

我們先來看看 npm 的核心目標：

Bring the best of open source to you, your team and your company.

給你、你的團隊和你的公司帶來最好的開放原始碼函式庫。

透過這句話，我們可以知道 npm 最重要的任務是安裝和維護開放原始碼函式庫。在平時開發中，「刪除 node_modules，重新安裝」是一個屢試不爽的解決 npm 安裝類問題的方法，但是其中的作用原理是什麼？這樣的操作是否規範呢？

在本篇中，我們先從 npm 內部機制出發來剖析這種問題。了解安裝機制和原理後，相信你對於專案中相依的問題，將有更加系統化的認知。

npm 安裝機制與背後思想

npm 的安裝機制非常值得探究。Ruby 的 Gem、Python 的 pip 都是全域安裝機制，但是 npm 的安裝機制秉承了不同的設計哲學。

它會優先安裝相依套件到當前專案目錄，使得不同應用專案的相依各成系統，同時還能減輕套件作者的 API 相容性壓力，但這樣做的缺陷也很明顯：如果專案 A 和專案 B 都相依相同的公共函式庫 C，那麼公共函式庫 C 一般會在專案 A 和專案 B 中各被安裝一次。這就說明，同一個相依套件可能在電腦上被多次安裝。

當然，對於一些工具模組，比如 supervisor 和 gulp，仍然可以使用全域安裝模式進行安裝，這樣方便註冊 path 環境變數，利於我們在任何地方直接使用 supervisor、gulp 命令。不過，一般建議不同專案維護自己局部的 gulp 開發工具以調配不同的專案需求。

言歸正傳，我們透過流程圖來分析 npm 的安裝機制，如圖 1-1 所示。

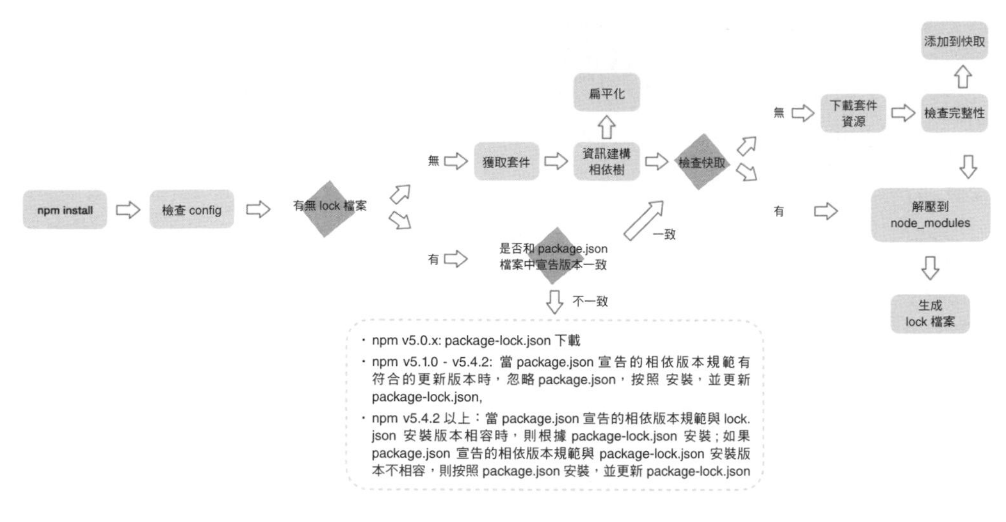

▲ 圖 1-1

執行 npm install 命令之後，首先檢查 config，獲取 npm 設定，這裡的優先順序為：專案級的 .npmrc 檔案 > 使用者級的 .npmrc 檔案 > 全域的 .npmrc 檔案 > npm 內建的 .npmrc 檔案。

然後檢查專案中有無 package-lock.json 檔案（簡稱為 lock 檔案）。

如果有 package-lock.json 檔案，則檢查 package-lock.json 檔案和 package.json 檔案中宣告的版本是否一致。

- 一致，直接使用 package-lock.json 中的資訊，從快取或網路資源中載入相依。
- 不一致，則根據 npm 版本進行處理（不同 npm 版本處理會有所不同，具體處理方式如圖 1-1 所示）。

如果沒有 package-lock.json 檔案，則根據 package.json 檔案遞迴建構相依樹，然後按照建構好的相依樹下載完整的相依資源，在下載時會檢查是否有相關快取。

- 有，則將快取內容解壓到 node_modules 中。
- 沒有，則先從 npm 遠端倉庫下載套件資源，檢查套件的完整性，並將其增加到快取，同時解壓到 node_modules 中。

最後生成 package-lock.json 檔案。

建構相依樹時，當前相依專案無論是直接相依還是子相依的相依，我們都應該遵循扁平化原則優先將其放置在 node_modules 根目錄下（遵循最新版本的 npm 規範）。在這個過程中，遇到相同模組應先判斷已放置在相依樹中的模組版本是否符合對新模組版本的要求，如果符合就跳過，不符合則在當前模組的 node_modules 下放置該模組（遵循最新版本的 npm 規範）。

圖 1-1 中標注了更細節的內容，這裡就不再贅述了。大家要格外注意圖 1-1 中標明的不同 npm 版本的處理情況，並學會從這種「歷史問題」中總結 npm 使用的在最佳實踐：在同一個專案團隊中，應該保證 npm 版本一致。

在前端專案中，相依巢狀結構相依，一個中型專案的 node_moduels 安裝套件可能已是巨量。如果安裝套件每次都透過網路下載獲取，這無疑會增加安裝時間成本。對於這個問題，借助快取始終是一個好的解決想法，接下來我們介紹 npm 附帶的快取機制。

npm 快取機制

對於一個相依套件的同一版本進行當地語系化快取，這是當代相依套件管理工具的常見設計。使用時要先執行以下命令。

```
npm config get cache
```

得到設定快取的根目錄在 /Users/cehou/.npm 下（對於 macOS 系統，這是 npm 預設的快取位置）。透過 cd 命令進入 /Users/cehou/.npm 目錄可以看到 _cacache 資料夾。事實上，在 npm v5 版本之後，快取資料均放在根目錄的 _cacache 資料夾中，如圖 1-2 所示。

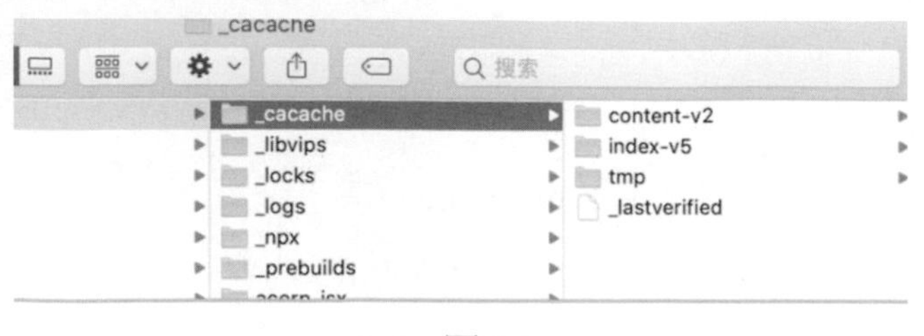

▲ 圖 1-2

我們可以使用以下命令清除 /Users/cehou/.npm/_cacache 中的檔案。

```
npm cache clean --force
```

接下來打開 _cacache 資料夾查看 npm 快取了哪些內容，可以看到其中共有 3 個目錄，如下。

- content-v2
- index-v5
- tmp

content-v2 裡面存放的基本是一些二進位檔案。為了使這些二進位檔案讀取，我們將檔案的副檔名改為 .tgz，然後進行解壓，得到的結果其實就是 npm 套件資源。

index-v5 中存放的是一些描述性檔案，事實上這些檔案就是 content-v2 中檔案的索引。

這些快取是如何被儲存並被利用的呢？

這就和 npm install 機制聯繫在一起了。當 npm install 執行時，會透過 pacote 將相應的套件資源解壓在對應的 node_modules 下面。npm 下載相依時，會先將相依下載到快取中，再將其解壓到專案的 node_modules 下。pacote 相依 npm-registry-fetch 來下載套件資源，npm-registry-fetch 可以透過設置 cache 屬性在替定的路徑下根據 IETF RFC 7234 生成快取資料。

接著，在每次安裝資源時，根據 package-lock.json 中儲存的 integrity、version、name 資訊生成一個唯一的 key，這個 key 能對應到 index-v5 下的快取記錄。如果發現有快取資源，就會找到 tar 套件的 hash 值，根據 hash 值找到快取的 tar 套件，並再次透過 pacote 將對應的二進位檔案解壓到相應的專案 node_modules 下，省去了網路下載資源的時間。

注意：這裡提到的快取策略是從 npm v5 版本開始的。在 npm v5 版本之前，每個快取模組在 ~/.npm 資料夾中以模組名稱的形式直接儲存，儲存結構是 {cache}/{name}/{version}。

了解這些相對底層的內容可以幫助開發者排除 npm 相關問題，這也是區別一般程式設計師和架構師的細節之一。能不能在理論學習上多走一步，也決定了我們的技術能力能不能更上一層樓。這裡我們進行了初步學習，希望這些內容可以成為你探究底層原理的開始。

npm 不完全指南

接下來，我想介紹幾個實用的 npm 小技巧，這些技巧並不包括「npm 快速鍵」等常見內容，主要是從專案開發角度聚焦的更廣泛的內容。首先，我將從 npm 使用技巧及一些常見使用地雷來展開。

自訂 npm init

npm 支援自訂 npm init，快速建立一個符合自己需求的自訂專案。想像一下，npm init 命令本身並不複雜，它的功能其實就是呼叫 Shell 指令稿輸出一個初始化的 package.json 檔案。相應地，我們要自訂 npm init 命令，就是寫一個 Node.js 指令稿，它的 module.exports 即為 package.json 設定內容。

為了實現更加靈活的自訂功能，我們可以使用 prompt() 方法，獲取使用者輸入的內容及動態產出的內容。

```
const desc = prompt('請輸入專案描述', '專案描述...')
module.exports = {
  key: 'value',
  name: prompt('name?', process.cwd().split('/').pop()),
  version: prompt('version?', '0.0.1'),
  description: desc,
  main: 'index.js',
  repository: prompt('github repository url', '', function (url) {
    if (url) {
      run('touch README.md');
      run('git init');
      run('git add README.md');
      run('git commit -m "first commit"');
```

```
      run(`git remote add origin ${url}`);
      run('git push -u origin master');
    }
    return url;
  })
}
```

假設該指令稿名為 .npm-init.js，執行以下命令來確保 npm init 所對應的指令稿指向正確的檔案。

```
npm config set init-module ~\.npm-init.js
```

我們也可以透過設定 npm init 預設欄位來自訂 npm init 的內容，如下。

```
npm config set init.author.name "Lucas"
npm config set init.author.email "lucasXXXXXX@gmail.com"
npm config set init.author.url "lucasXXXXX.com"
npm config set init.license "MIT"
```

利用 npm link 高效進行本地偵錯以驗證封裝的可用性

當我們開發一個公共套件時，總會有這樣的困擾：假如我想開發一個元件函式庫，其中的某個元件開發完成之後，如何驗證該元件能不能在我的業務專案中正常執行呢？

除了撰寫一個完備的測試，常見的想法就是在元件函式庫開發中設計 examples 目錄或演示 demo，啟動一個開發服務以驗證元件的執行情況。

然而真實應用場景是複雜的，如果能在某個專案中率先嘗試就太但我們又不能發布一個不安全的套件版本供業務專案使用。另一個「笨」方法是，手動複製元件並將產出檔案打包到業務專案的 node_modules 中進行驗證，但是這種做法既不安全也會使得專案混亂，同時過於相依手動執行，可以說非常原始。

那麼如何高效率地在本地偵錯以驗證封裝的可用性呢？這個時候，我們就可以使用 npm link 命令。簡單來說，它可以將模組連結到對應的業務專案中執行。

來看一個具體場景。假設你正在開發專案 project 1，其中有一個套件 package 1，對應 npm 模組套件的名稱是 npm-package-1，我們在 package 1 中加入新功能 feature A，現在要驗證在 project 1 專案中能否正常使用 package 1 的 feature A 功能，應該怎麼做？

我們先在 package 1 目錄中執行 npm link 命令，這樣 npm link 透過連結目錄和可執行檔，可實現 npm 套件命令的全域可執行。然後在 project 1 中建立連結，執行 npm link npm-package-1 命令，這時 npm 就會去 /usr/local/lib/node_modules/ 路徑下尋找是否有 npm-package-1 這個套件，如果有就建立軟連結。

這樣一來，我們就可以在 project 1 的 node_modules 中看到連結過來的模組套件 npm-package-1，此時的 npm-package-1 支援最新開發的 feature A 功能，我們也可以在 project 1 中正常對 npm-package-1 進行開發偵錯。當然別忘了，偵錯結束後可以執行 npm unlink 命令以取消連結。

從工作原理上看，npm link 的本質就是軟連結，它主要做了兩件事。

- 為目標 npm 模組（npm-package-1）建立軟連結，將其連結到 /usr/local/lib/node_modules/ 全域模組安裝路徑下。
- 為目標 npm 模組（npm-package-1）的可執行 bin 檔案建立軟連結，將其連結到全域 node 命令安裝路徑 /usr/local/bin/ 下。

透過剛才的場景，你可以看到，npm link 能夠在專案上解決相依套件在任何一個真實專案中進行偵錯時遇到的問題，並且操作起來更加方便快捷。

npx 的作用

npx 在 npm v5.2 版本中被引入，解決了使用 npm 時面臨的快速開發、偵錯，以及在專案內使用全域模組的痛點。

在傳統 npm 模式下，如果需要使用程式檢測工具 ESLint，就要先進行安裝，命令如下。

```
npm install eslint --save-dev
```

然後在專案根目錄下執行以下命令，或透過專案指令稿和 package.json 的 npm scripts 欄位呼叫 ESLint。

```
./node_modules/.bin/eslint --init
./node_modules/.bin/eslint yourfile.js
```

而使用 npx 就簡單多了，只需要以下兩個操作步驟。

```
npx eslint --init
npx eslint yourfile.js
```

那麼，為什麼 npx 操作起來如此便捷呢？

這是因為它可以直接執行 node_modules/.bin 資料夾下的檔案。在執行命令時，npx 可以自動去 node_modules/.bin 路徑和環境變數 $PATH 裡面檢查命令是否存在，而不需要再在 package.json 中定義相關的 script。

npx 另一個更實用的特點是，它在執行模組時會優先安裝相依，但是在安裝成功後便刪除此相依，避免了全域安裝帶來的問題。舉例來說，執行以下命令後，npx 會將 create-react-app 下載到一個臨時目錄下，使用以後再刪除。

```
npx create-react-app cra-project
```

更多關於 npx 的介紹，大家可以去官方網站進行查看。

現在，你已經對 npm 有了一個初步了解，接下來我們一同看看 npm 的實作部分：多來源鏡像和企業級部署私服原理。

npm 多來源鏡像和企業級部署私服原理

npm 中的來源（registry）其實就是一個查詢服務。以 npmjs.org 為例，它的查詢服務網址後面加上模組名稱就會得到一個 JSON 物件，存取新的網址就能查看該模組的所有版本資訊。比如，在 npmjs.org 查詢服務網址後面加上 react 並存取，就會看到 react 模組的所有版本資訊。

我們可以透過 npm config set 命令來設置安裝來源或某個作用範圍域對應的安裝來源，很多企業也會架設自己的 npm 來源。我們常常會遇到需要使用多個安裝來源的專案，這時就可以透過 npm-preinstall 的鉤子和 npm 指令稿，在安裝公共相依前自動進行來源切換。

```
"scripts": {
    "preinstall": "node ./bin/preinstall.js"
}
```

其中，preinstall.js 指令稿的邏輯是透過 Node.js 執行 npm config set 命令，程式如下。

```
require(' child_process').exec('npm config get registry', function(error, stdout, stderr) {
  if (!stdout.toString().match(/registry\.x\.com/)) {
    exec('npm config set @xscope:registry https://xxx.com/npm/')
  }
})
```

很多開發者使用的 nrm（npm registry manager）是 npm 的鏡像來源管理工具，使用它可以快速地在 npm 來源間進行切換，這當然也是一種選擇。

你的公司是否也正在部署一個私有 npm 鏡像呢？你有沒有想過公司為什麼要這樣做呢？

雖然 npm 並沒有被遮蔽，但是下載第三方相依套件的速度緩慢，這嚴重影響 CI/CD 流程和本地開發效率。部署鏡像後，一般可以確保 npm 服務高速、穩定，還可以使發布私有模組的操作更加安全。除此之外，確立審核機制也可以確保私有伺服器上的 npm 模組品質更好、更安全。

那麼，如何部署一個私有 npm 鏡像呢？現在社區上主要推崇 3 種工具：nexus、verdaccio 及 cnpm。

它們的工作原理基本相同，我們以 nexus 架構為例簡單說明，如圖 1-3 所示。

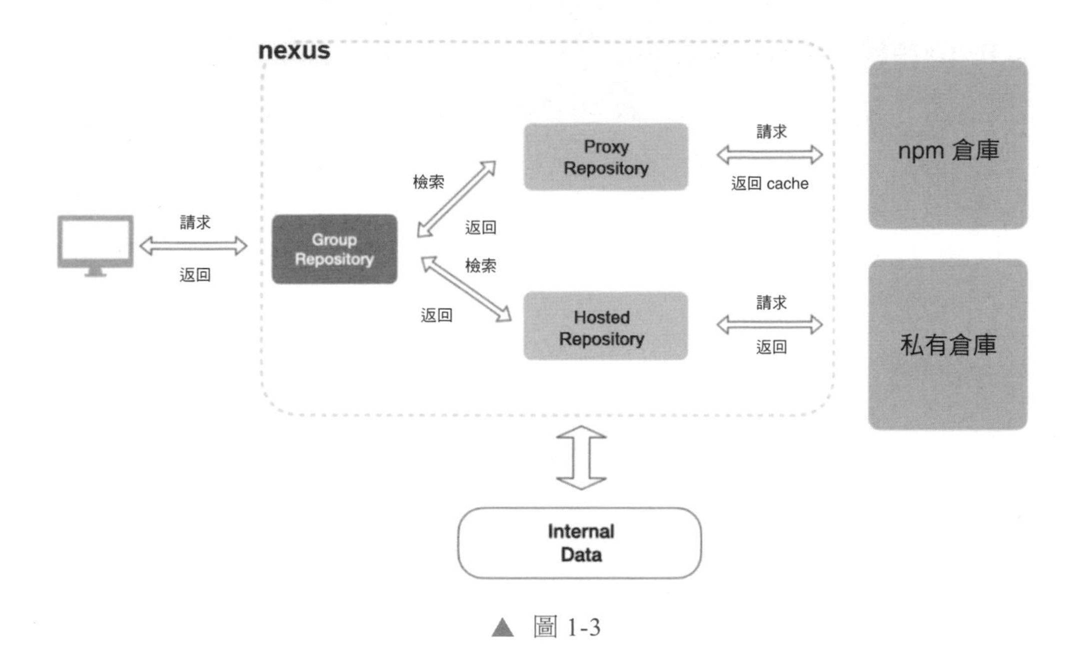

▲ 圖 1-3

nexus 工作在使用者端和外部 npm 之間，並透過 Group Repository 合併 npm 倉庫及私有倉庫，這樣就有著代理轉發的作用。

了解 npm 私服原理，我們就不畏懼任何「雷區」。這部分我也總結了兩個社區中的常見問題。

1. npm 的設定優先順序

npm 可以透過預設設定幫我們預設好對專案的影響動作，但是 npm 的設定優先順序需要開發者明確掌握。

如圖 1-4 所示，優先順序從左到右依次降低。我們在使用 npm 時需要了解其設定作用域，排除干擾，以免在進行了「一頓神操作」之後卻沒能找到相應的起作用設定。

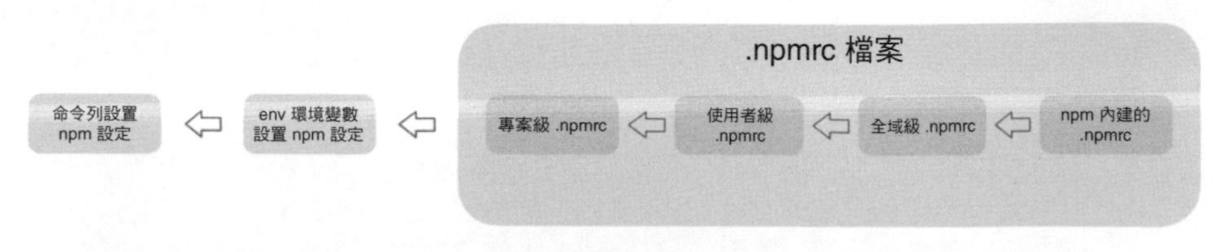

▲ 圖 1-4

2. npm 鏡像和相依安裝問題

另外一個常見的問題就是 npm 鏡像和相依安裝，關於 npm 鏡像和相依安裝問題，歸根到底還是網路環境導致的，建議有條件的情況下能從網路層面解決問題。沒有條件也不要緊，辦法總比困難多，可以透過設置安裝來源鏡像來解決相關問題。

總結

關於 npm 的核心理念及安裝機制，我們暫且分析到這裡。在本篇中，我們整理了 npm 的安裝邏輯，在了解其安裝原理的基礎上，對其中一些常見的使用地雷及使用技巧進行了分析。另外，本篇具體介紹了 npm 多來源鏡像和企業級部署私服的原理，其中涉及的各種環節並不複雜，但是往往被開發者忽略，導致專案開發受阻或架構混亂。透過學習本篇內容，希望你在設計一個完整的專案流程機制方面能有所感悟。

第 2 章 Yarn 安裝理念及相依管理困境破解

在上一篇中，我們講解了 npm 的技巧和原理，但在前端專案化這個領域，重要的基礎知識除了 npm，還有不可忽視的 Yarn。

Yarn 是一個由 Facebook、Google、Exponent 和 Tilde 聯合建構的新的 JavaScript 套件管理器。它的出現是為了解決 npm 的某些不足（比如 npm 對於相依完整性和一致性的保障問題，以及 npm 安裝速度過慢的問題等），雖然 npm 經過版本迭代已汲取了 Yarn 的一些優勢特點（比如一致性安裝驗證演算法），但我們依然有必要關注 Yarn 的理念。

Yarn 和 npm 的關係，有點像當年的 Io.js 和 Node.js，殊途同歸，都是為了進一步解放和最佳化生產力。這裡需要說明的是，不管是哪種工具，你應該更加了解其思想，做到優劣心中有數，這樣才能駕馭它，讓它為自己的專案架構服務。

當 npm 還處在 v3 版本時期，一個名為 Yarn 的套件管理方案從天而降。2016 年，npm 專案中還沒有 package-lock.json 檔案，因此安裝速度很慢，穩定性、確定性也較差，而 Yarn 的出現極佳地解決了 npm 存在的問題，具體如下。

- 確定性：透過 yarn.lock 安裝機制保證確定性，無論安裝順序如何，相同的相依關係在任何機器和環境下都可以以相同的方式被安裝。

- 採用模組扁平安裝模式：將不同版本的相依套件按照一定策略歸納為單一版本相依套件，以避免建立多個副本造成容錯（npm 目前也有相同的最佳化成果）。
- 網路性能更好：Yarn 採用請求排隊的理念，類似於併發連接池，能夠更進一步地利用網路資源，同時引入了安裝失敗時的重試機制。
- 採用快取機制，實現了離線模式（npm 目前也有類似的實現）。

我們先來看看 yarn.lock 檔案的結構，如下。

```
"@babel/cli@^7.1.6", "@babel/cli@^7.5.5":
  version "7.8.4"
  resolved "http://npm.in.zhihu.com/@babel%2fcli/-/cli-7.8.4.tgz#505fb053721a98777b2b1
75323ea4f090b7d3c1c"
  integrity sha1-UF+wU3IamHd7KxdTI+pPCQt9PBw=
  dependencies:
    commander "^4.0.1"
    convert-source-map "^1.1.0"
    fs-readdir-recursive "^1.1.0"
    glob "^7.0.0"
    lodash "^4.17.13"
    make-dir "^2.1.0"
    slash "^2.0.0"
    source-map "^0.5.0"
  optionalDependencies:
    chokidar "^2.1.8"
```

該檔案結構整體上和 package-lock.json 檔案結構類似，只不過 yarn.lock 檔案中沒有使用 JSON 格式，而是採用了一種自訂的標記格式，新的格式仍然具有較高的可讀性。

相比於 npm，Yarn 的另一個顯著區別是，yarn.lock 檔案中子相依的版本編號是不固定的。這就說明，單獨一個 yarn.lock 檔案確定不了 node_modules 目錄結構，還需要和 package.json 檔案配合。

其實，不管是 npm 還是 Yarn，它們都是套件管理工具，如果想在專案中進行 npm 和 Yarn 之間的切換，並不麻煩。甚至還有一個專門的 synp 工具，它可以將 yarn.lock 檔案轉為 package-lock.json 檔案，反之亦然。

關於 Yarn 快取，我們可以透過 yarn cache dir 命令查看快取目錄，並透過目錄查看快取內容，如圖 2-1 所示。

值得一提的是，Yarn 預設使用 prefer-online 模式，即優先使用網路資料。網路資料請求失敗時，再去請求快取資料。

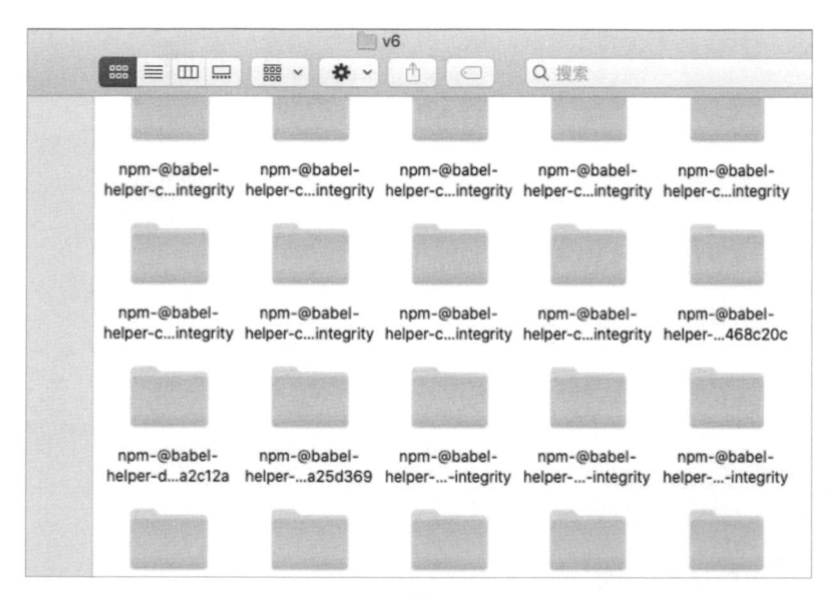

▲ 圖 2-1

最後，我們來看一看 Yarn 區別於 npm 的獨有命令，如下。

```
yarn import
yarn licenses
yarn pack
yarn why
yarn autoclean
```

而 npm 的獨有命令如下。

```
npm rebuild
```

現在，你應該已經對 Yarn 有了初步了解，接下來我們來分析 Yarn 的安裝機制和背後思想。

Yarn 的安裝機制和背後思想

這裡我們先來看一下 Yarn 的安裝理念。簡單來說，Yarn 的安裝過程主要有 5 個步驟，如圖 2-2 所示。

▲ 圖 2-2

1. 檢測套件（Checking Packages）

這一步主要是檢測專案中是否存在一些 npm 相關檔案，比如 package-lock.json 檔案等。如果存在，會提示使用者：這些檔案的存在可能會導致衝突。這一步也會檢測系統 OS、CPU 等資訊。

2. 解析套件（Resolving Packages）

這一步會解析相依樹中每一個套件的版本資訊。

首先獲取當前專案中的 dependencies、devDependencies、optionalDependencies 等內容，這些內容屬於首層相依，是透過 package.json 檔案定義的。

接著遍歷首層相依，獲取套件的版本資訊，並遞迴查詢每個套件下的巢狀結構相依的版本資訊，將解析過的套件和正在解析的套件用一個 Set 資料結構來儲存，這樣就能保證同一個版本的套件不會被重複解析。

- 對於沒有解析過的套件 A，首次嘗試從 yarn.lock 檔案中獲取版本資訊，並將其狀態標記為「已解析」。
- 如果在 yarn.lock 檔案中沒有找到套件 A，則向 Registry 發起請求，獲取已知的滿足版本要求的最高版本的套件資訊，獲取後將當前套件狀態標記為「已解析」。

總之，在經過解析套件這一步之後，我們就確定了所有相依的具體版本資訊及下載網址。解析套件的流程如圖 2-3 所示。

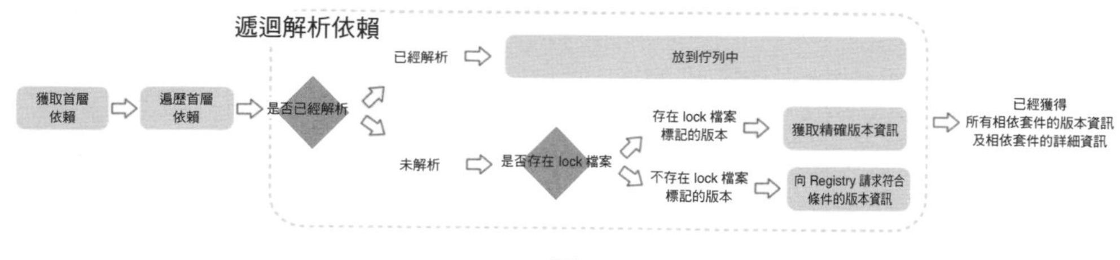

▲ 圖 2-3

3. 獲取套件（Fetching Packages）

這一步首先需要檢查快取中是否存在當前相依套件，同時將快取中不存在的相依套件下載到快取目錄。這一步說起來簡單，做起來還是有一些注意事項的。

比如，如何判斷快取中是否存在當前的相依套件？其實，Yarn 會根據 cacheFolder + slug + node_modules + pkg.name 生成一個路徑（path），判斷系統中是否存在該路徑，如果存在，證明快取中已經存在相依套件，不用重新下載。這個路徑是相依套件快取的具體路徑。

對於沒有進行快取的套件，Yarn 會維護一個 fetch 佇列，按照規則進行網路請求。如果下載套件位址是一個 file 協定，或是一個相對路徑，就說明該位址指向一個本地目錄，此時呼叫 Fetch From Local 即可從離線快取中獲取套件；否則需要呼叫 Fetch From External 來獲取套件。最終獲取結果透過 fs.createWriteStream 寫入快取目錄。獲取套件的流程如圖 2-4 所示。

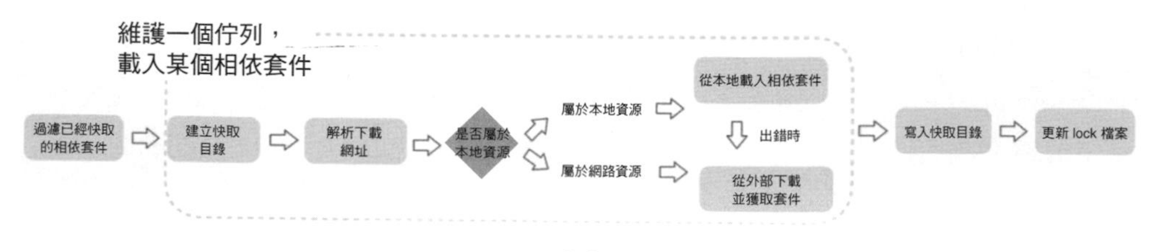

▲ 圖 2-4

4. 連結套件（Linking Packages）

上一步將相依套件下載到快取目錄，這一步遵循扁平化原則，將專案中的相依套件複製到專案的 node_modules 目錄下。在複製相依套件之前，Yarn 會先解析 peerDependencies 內容，如果找不到匹配 peerDependencies 資訊的套件，則進行 Warning 提示，並最終將相依套件複製到專案中。

這裡提到的扁平化原則是核心原則，後面會詳細講解。連結套件的流程如圖 2-5 所示。

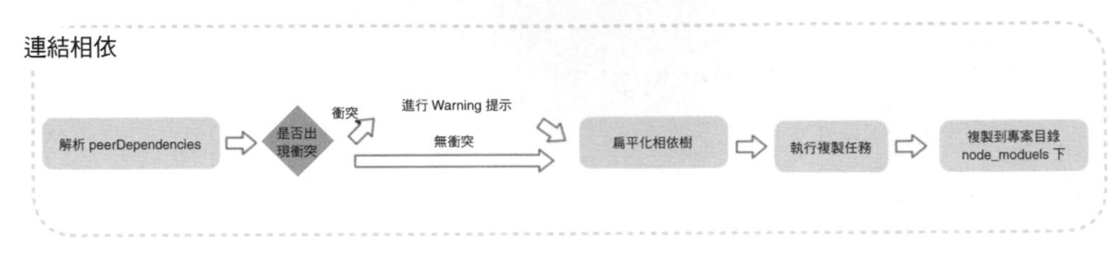

▲ 圖 2-5

5. 建構套件（Building Packages）

如果相依套件中存在二進位的套件，則需要對它進行編譯，編譯會在這一步進行。

了解 npm 和 Yarn 的安裝原理並不是「終點」，因為一個應用專案的相依是錯綜複雜的。接下來我將從「相依性地獄」說起，深入介紹相依機制。

破解相依管理困境

早期的 npm（npm v2）設計非常簡單，在安裝相依時需將相依放到專案的 node_modules 目錄下，如果某個專案直接相依模組 A，還間接相依模組 B，則模組 B 會被下載到模組 A 的 node_modules 目錄下，循環往復，最終形成一顆巨大的相依樹。

這樣的 node_modules 目錄雖然結構簡單明了、符合預期，但對大型專案並不友善，比如其中可能有很多重複的相依套件，而且會形成「相依性地獄」。如何理解「相依性地獄」呢？

- 專案相依樹的層級非常深，不利於偵錯和排除問題。
- 相依樹的不同分支裡可能存在同版本的相依。比如專案直接相依模組 A 和模組 B，同時又都間接相依相同版本的模組 C，那麼模組 C 會重複出現在模組 A 和模組 B 的 node_modules 目錄下。

這種重複安裝問題浪費了較多的空間資源，也使得安裝過程過慢，甚至會因為目錄層級太深導致檔案路徑太長，最終導致在 Windows 系統下刪除 node_modules 目錄失敗。因此在 npm v3 之後，node_modules 改成了扁平結構。

按照上面的例子（專案直接相依模組 A v1.0，模組 A v1.0 還相依模組 B v1.0），我們得到圖 2-6 所示的不同版本 npm 的安裝結構圖。

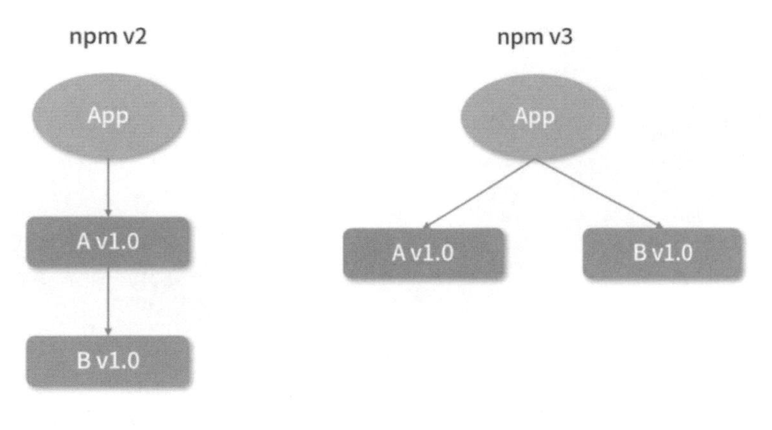

▲ 圖 2-6

當專案中新增加了模組 C v1.0 相依，而它又相依另一個版本的模組 B v2.0 時，若版本要求不一致導致衝突，即模組 B v2.0 沒辦法放在專案延展目錄下的 node_moduls 中，此時，npm v3 會將模組 C v1.0 相依的模組 B v2.0 安裝在模組 C v1.0 的 node_modules 目錄下。此時，不同版本 npm 的安裝結構對比如圖 2-7 所示。

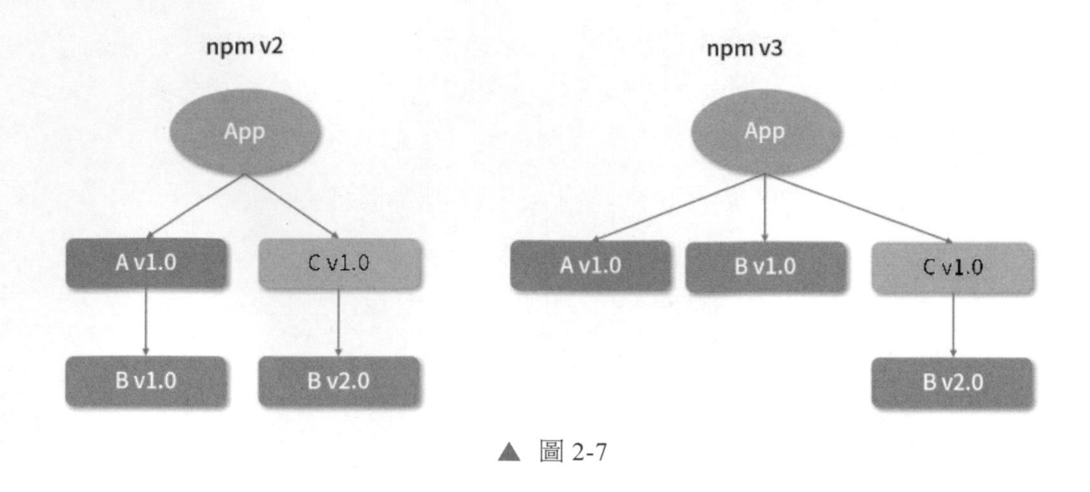

▲ 圖 2-7

接下來，在 npm v3 中，假如專案還需要相依一個模組 D v1.0，而模組 D v1.0 也相依模組 B v2.0，此時我們會得到如圖 2-8 所示的安裝結構圖。

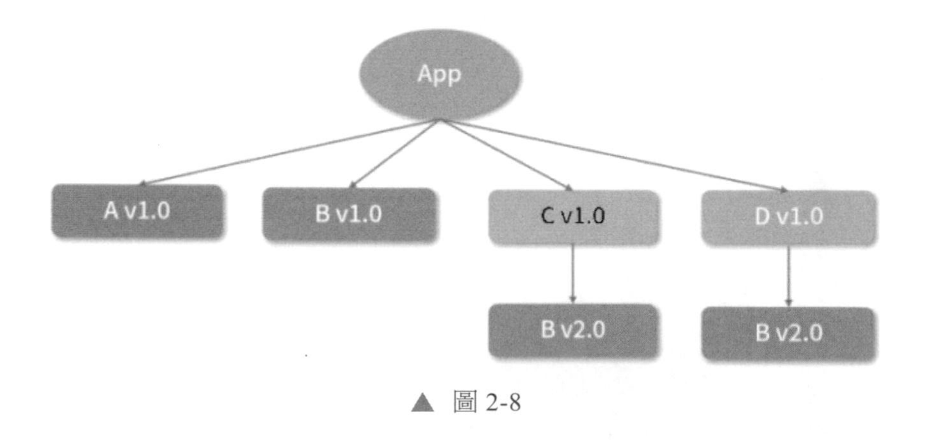

▲ 圖 2-8

這裡我想請你思考一個問題：為什麼是模組 B v1.0 出現在專案頂層 node_modules 目錄中，而非模組 B v2.0 出現在頂層 node_modules 目錄中呢？

其實這取決於模組 A v1.0 和模組 C v1.0 的安裝順序。因為模組 A v1.0 先安裝，所以模組 A v1.0 的相依模組 B v1.0 會率先被安裝在頂層 node_modules 目錄下，接著模組 C v1.0 和模組 D v1.0 依次被安裝，模組 C v1.0 和模組 D v1.0 的相依模組 B v2.0 就不得不被安裝在模組 C v1.0 和模組 D v1.0 的 node_modules 目錄下了。因此，模組的安裝順序可能影響 node_modules 下的檔案結構。

假設這時專案中又增加了一個模組 E v1.0 ，它相依模組 B v1.0 ，安裝模組 E v1.0 之後，我們會得到如圖 2-9 所示的結構。

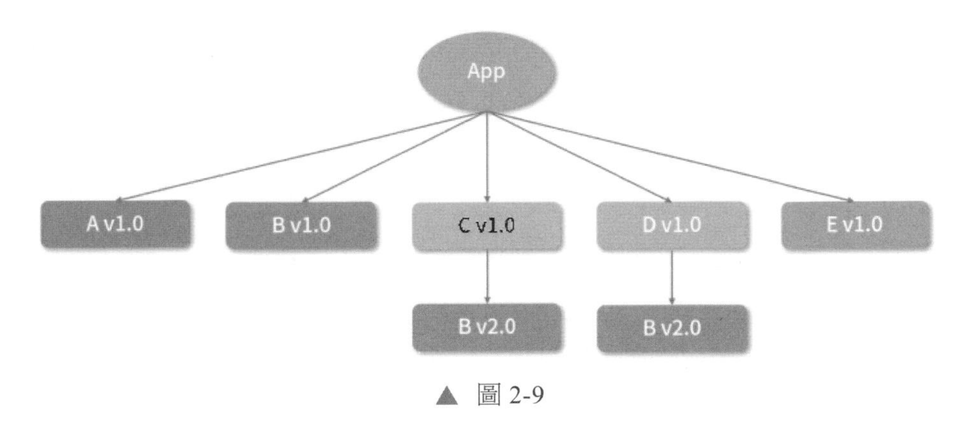

▲ 圖 2-9

此時在對應的 package.json 檔案中，相依模組的順序如下。

```
{
    A: "1.0",
    C: "1.0",
    D: "1.0",
    E: "1.0"
}
```

如果我們想將模組 A v1.0 的版本更新為 v2.0，並讓模組 A v2.0 相依模組 B v2.0，npm v3 會怎麼處理呢？整個過程應該是這樣的。

- 刪除模組 A v1.0。
- 安裝模組 A v2.0。
- 留下模組 B v1.0 ，因為模組 E v1.0 還在相依它。
- 將模組 B v2.0 安裝在模組 A v2.0 下，因為頂層已經有模組 B v1.0 了。

更新後，安裝結構如圖 2-10 所示。

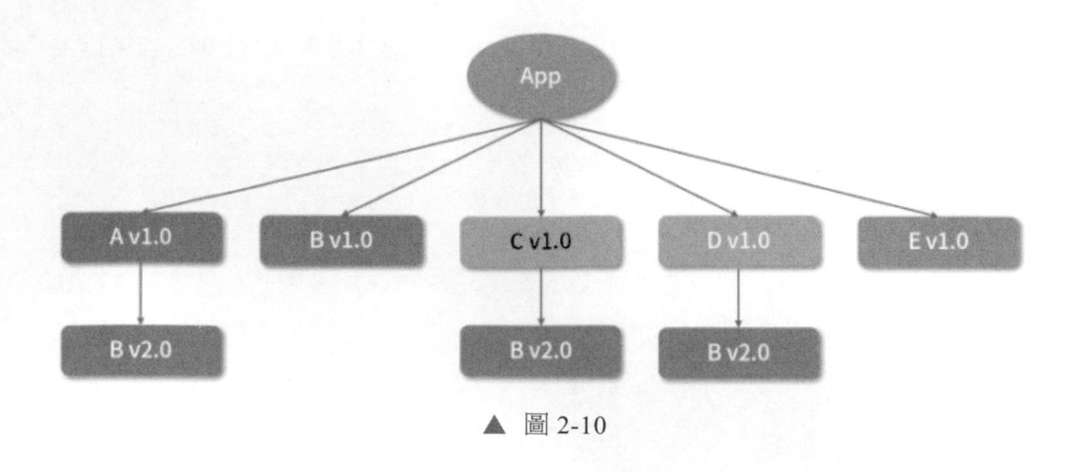

▲ 圖 2-10

這時模組 B v2.0 分別出現在了模組 A v1.0、模組 C v1.0、模組 D v1.0 下——它重複存在了。

透過這一系列操作我們可以發現，npm 套件的安裝順序對於相依樹的影響很大。模組安裝順序可能影響 node_modules 目錄下的檔案數量。

對於上述情況，一個更理想的安裝結構應該如圖 2-11 所示。

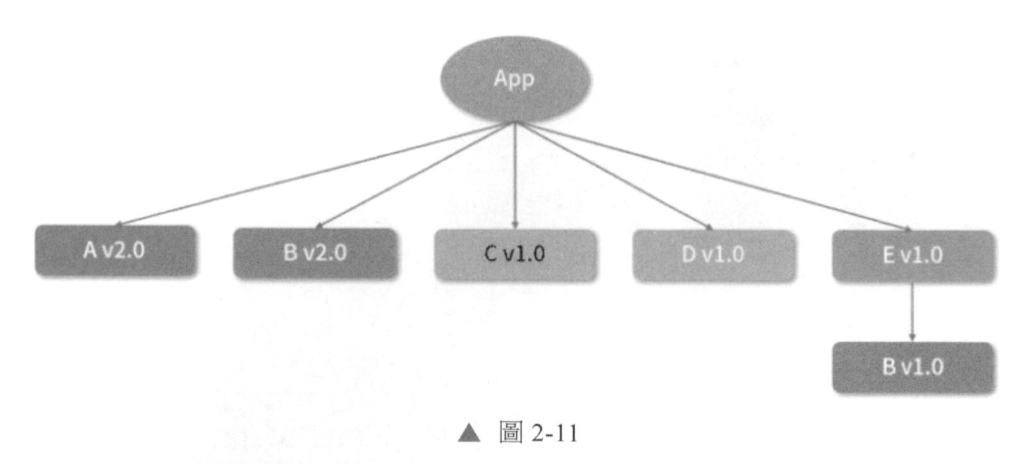

▲ 圖 2-11

回到圖 2-10 所示的範例情況下，假設模組 E v2.0 發布了，並且它也相依模組 B v2.0，npm v3 進行更新時會怎麼做呢？

- 刪除模組 E v1.0。

- 安裝模組 E v2.0。
- 刪除模組 B v1.0。
- 安裝模組 B v2.0 到頂層 node_modules 目錄下，因為現在頂層沒有任何版本的模組 B 了。

此時，我們可以得到如圖 2-12 所示的安裝結構。

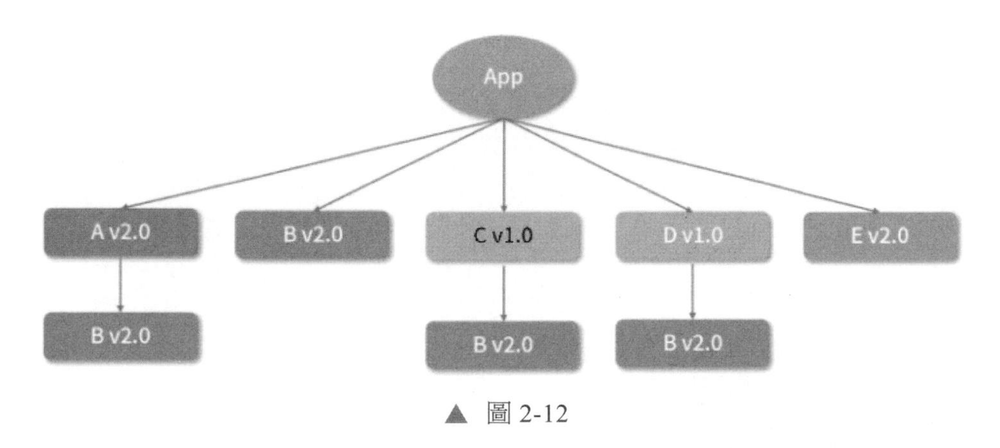

▲ 圖 2-12

明顯可以看到，結構中出現了較多重複的模組 B v2.0。我們可以刪除 node_modules 目錄，重新安裝，利用 npm 的相依分析能力，得到一個更清爽的結構。實際上，更優雅的方式是使用 npm dedupe 命令，更新後的安裝結構如圖 2-13 所示。

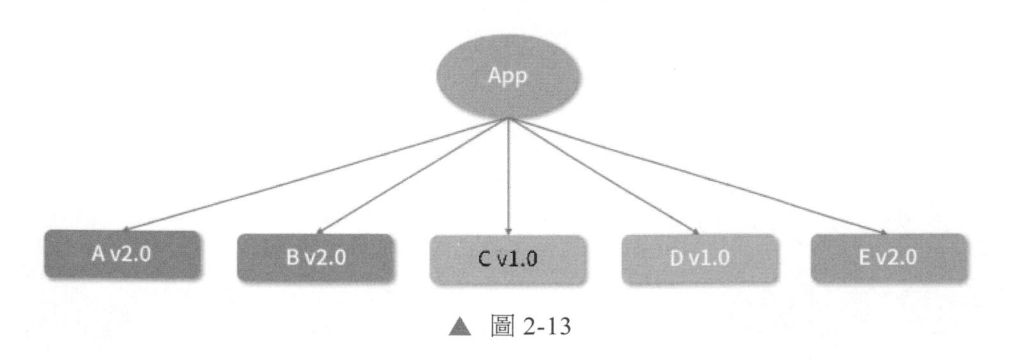

▲ 圖 2-13

實際上，Yarn 在安裝相依時會自動執行 dedupe 命令。整個最佳化安裝的過程遵循扁平化原則，該原則是需要我們掌握的關鍵內容。

總結

在本篇中，我們解析了 Yarn 的安裝原理。相依套件安裝並不只是從遠端下載檔案那麼簡單，這其中涉及快取、系統檔案路徑、安裝相依樹解析、安裝結構演算法等內容。希望各位讀者深入理解，不斷實踐。

第 3 章

CI 環境下的 npm 最佳化及專案化問題解析

在前面兩篇中，我們圍繞著 npm 和 Yarn 的核心原理開始進入了講解。npm 和 Yarn 涉及專案開發的各方面，其本身設計複雜度也較高，因此本篇將繼續講解 CI 環境下的 npm 最佳化及更多專案化相關問題。希望透過本篇的內容，你能學會在 CI 環境下使用套件管理工具的方法，並能夠在非本地環境下（一般是在容器上）使用套件管理工具解決實際問題。

CI 環境下的 npm 最佳化

CI 環境下的 npm 設定和本地環境下的 npm 操作有些許不同，我們首先來看看 CI 環境下的 npm 最佳化方法。

合理使用 npm ci 命令和 npm install 命令

顧名思義，npm ci 命令就是專門為 CI 環境準備的安裝命令，相比於 npm install 命令，它的不同之處有以下幾點。

- npm ci 命令要求專案中必須存在 package-lock.json 或 npm-shrinkwrap.json 檔案。

- npm ci 命令完全根據 package-lock.json 檔案安裝相依，這樣可以保證開發團隊成員使用版本一致的相依。
- 因為 npm ci 命令完全根據 package-lock.json 檔案安裝相依，因此在安裝過程中，它不需要求解相依滿足問題及建構相依樹，安裝過程更加迅速。
- npm ci 命令在執行安裝時會先刪除專案中現有的 node_modules 目錄，重新安裝。
- npm ci 命令只能一次性安裝專案中所有的相依套件，無法安裝單一相依套件。
- 如果 package-lock.json 檔案和 package.json 檔案衝突，那麼執行 npm ci 命令時會直接顯示出錯。
- 執行 npm ci 命令永遠不會改變 package.json 檔案和 package-lock.json 檔案的內容。

基於以上特性，我們在 CI 環境下使用 npm ci 命令代替 npm install 命令時，一般會獲得更加穩定、一致、迅速的安裝體驗。

使用 package-lock.json 檔案縮短相依安裝時間

專案中使用 package-lock.json 檔案一般可以顯著縮短相依安裝時間。這是因為 package-lock.json 檔案中已經快取了每個套件的具體版本資訊和下載連結，不需要再去遠端倉庫進行查詢即可直接進入檔案完整性驗證環節，減少了大量網路請求。

除了上面所述內容，在 CI 環境下，快取 node_modules 目錄檔案也是企業使用套件管理工具時常用的最佳化方法。

更多專案化相關問題解析

下面我將剖析幾個問題，加深你對專案化概念的理解，同時對專案化中可能遇到的問題進行預演。

為什麼需要 lockfiles，要不要將 lockfiles 提交到倉庫

npm 從 v5 版本開始增加了 package-lock.json 檔案。我們知道，package-lock.json 檔案的作用是鎖定相依安裝結構，目的是保證在任意機器上執行 npm install 命令時都會得到相同的 node_modules 安裝結果。

我們需要明確，為什麼單一的 package.json 檔案不能確定唯一的相依樹。

- 不同版本 npm 的安裝相依策略和演算法不同。
- npm install 命令將根據 package.json 檔案中的 semver-range version 更新相依，某些相依項自上次安裝以來，可能已發布了新版本。

因此，保證專案相依能夠完整準確地被還原，就是 lockfiles 出現的原因。

上一篇已經解析了 yarn.lock 檔案的結構，這裡我們來看一下 package-lock.json 檔案的結構，範例如下。

```
"@babel/core": {
        "version": "7.2.0",
        "resolved": "http://npm.in.zhihu.com/@babel%2fcore/-/core-7.2.0.tgz",
        "integrity": "sha1-pN04FJAZmOkzQPAIbphn/voWOto=",
        "dev": true,
        "requires": {
          "@babel/code-frame": "^7.0.0",
          // ...
        },
        "dependencies": {
          "@babel/generator": {
            "version": "7.2.0",
            "resolved": "http://npm.in.zhihu.com/@babel%2fgenerator/-/generator-
            7.2.0.tgz",
            "integrity": "sha1-6vOCH6AwHZ1K74jmPUvMGbc7oWw=",
            "dev": true,
            "requires": {
              "@babel/types": "^7.2.0",
              "jsesc": "^2.5.1",
              "lodash": "^4.17.10",
```

```
        "source-map": "^0.5.0",
        "trim-right": "^1.0.1"
      }
    },
    // ...
  }
},
// ...
}
```

透過上述範例，我們看到，一個 package-lock.json 檔案的 dependencies 部分主要由以下幾項組成。

- version：相依套件的版本編號。
- resolved：相依套件安裝來源（可簡單理解為下載網址）。
- integrity：表示套件完整性的 hash 值。
- dev：指明該模組是否為頂級模組的開發相依。
- requires：相依套件所需的所有相依項，對應 package.json 檔案裡 dependencies 中的相依項。
- dependencies：node_modules 目錄中的相依套件（特殊情況下才存在）。

事實上，並不是所有的子相依都有 dependencies 屬性，只有子相依的相依和當前已安裝在根目錄下的 node_modules 中的相依衝突時才會有這個屬性。這就涉及巢狀結構相依管理了，我們已經在上一篇中做了說明。

至於要不要提交 lockfiles 到倉庫，這就需要看專案定位了，具體考慮如下。

- 如果開發一個應用，建議將 package-lock.json 檔案提交到程式版本倉庫。這樣可以保證專案小組成員、運行維護部署成員或 CI 系統，在執行 npm install 命令後能得到完全一致的相依安裝內容。
- 如果你的目標是開發一個供外部使用的函式庫，那就要謹慎考慮了，因為函式庫專案一般是被其他專案相依的，在不使用 package-lock.json 檔案的情況下，就可以重複使用主專案已經載入過的套件，避免相依重複，可減小體積。

- 如果開發的函式庫相依了一個具有精確版本編號的模組，那麼提交 lockfiles 到倉庫可能會造成同一個相依的不同版本都被下載的情況。作為函式庫開發者，如果真的有使用某個特定版本相依的需要，一個更好的方式是定義 peerDependencies 內容。

因此，推薦的做法是，將 lockfiles 和 package-lock.json 一起提交到程式庫中，執行 npm publish 命令發布函式庫的時候，lockfiles 會被忽略而不會被直接發布出去。

理解上述要點並不夠，對於 lockfiles 的處理要更加精細。這裡我列出幾項建議供大家參考。

- 早期 npm 鎖定版本的方式是使用 npm-shrinkwrap.json 檔案，它與 package-lock.json 檔案的不同點在於，npm 套件發布的時候預設將 npm-shrinkwrap.json 檔案同時發布，因此類別庫或元件在選擇檔案提交時需要慎重。
- 使用 package-lock.json 檔案是 npm v5.x 版本的新增特性，而 npm 在 v5.6 以上版本才逐步穩定，在 v5.0~v5.6 中間，對 package-lock.json 檔案的處理邏輯有過幾次更新。
- 在 npm v5.0.x 版本中，執行 npm install 命令時會根據 package-lock.json 檔案下載相依，不管 package.json 裡的內容是什麼。
- 在 npm v5.1.0 版本到 npm v5.4.2 版本之間，執行 npm install 時將無視 package-lock.json 檔案，而下載最新的 npm 套件並更新 package-lock.json 檔案。
- 在 npm v5.4.2 版本後，需注意以下事項。
  - 如果專案中只有 package.json 檔案，執行 npm install 命令之後，會根據 package.json 成一個 package-lock.json 檔案。
  - 如果專案中存在 package.json 檔案和 package-lock.json 檔案，同時 package.json 檔案的 semver-range 版本和 package-lock.json 中版本相容，即使此時有新的適用版本，npm install 還是會根據 package-lock.json 下載。

* 如果專案中存在 package.json 檔案和 package-lock.json 檔案，同時 package.json 檔案的 semver-range 版本和 package-lock.json 檔案定義的版本不相容，則執行 npm install 命令時，package-lock.json 檔案會自動更新版本，與 package.json 檔案的 semver-range 版本相容。
* 如果 package-lock.json 檔案和 npm-shrinkwrap.json 檔案同時存在於專案根目錄下，則 package-lock.json 檔案將被忽略。

以上內容可以結合 01 篇中的 npm 安裝流程進一步理解。

為什麼有 xxxDependencies

npm 設計了以下幾種相依型態宣告。

- dependencies：專案相依。
- devDependencies：開發相依。
- peerDependencies：同版本相依。
- bundledDependencies：捆綁相依。
- optionalDependencies：可選相依。

它們造成的作用和宣告意義各不相同。

dependencies 表示專案相依，這些相依都會成為線上生產環境中的程式組成部分。當它連結的 npm 套件被下載時，dependencies 下的模組也會作為相依一起被下載。

devDependencies 表示開發相依，不會被自動下載，因為 devDependencies 一般只在開發階段起作用，或只在開發環境中被用到。如 Webpack，前置處理器 babel-loader、scss-loader，測試工具 E2E、Chai 等，這些都是輔助開發的工具套件，無須在生產環境中使用。

這裡需要說明的是，並不是只有 dependencies 下的模組才會被一起打包，而 devDependencies 下的模組一定不會被打包。實際上，模組是否作為相依被打包，完全取決於專案裡是否引入了該模組。dependencies 和 devDependencies 在業務中更多造成規範作用，在實際的應用專案中，使用 npm install 命令安裝相依時，dependencies 和 devDependencies 下的內容都會被下載。

peerDependencies 表示同版本相依，簡單來說就是，如果你安裝我，那麼你最好也安裝我對應的相依。舉個例子，假設 react-ui@1.2.2 只提供一套基於 React 的 UI 元件函式庫，它需要宿主環境提供指定的 React 版本來搭配使用，此時我們需要在 react-ui 的 package.json 檔案中設定以下內容。

```
"peerDependencies": {
    "React": "^17.0.0"
}
```

舉一個實例，對於外掛程式類（Plugin）專案，比如開發一個 Koa 中介軟體，很明顯這類外掛程式或元件脫離本體（Koa）是不能單獨執行且毫無意義的，但是這類外掛程式又無須宣告對本體的相依，更好的方式是使用宿主專案中的本體相依。這就是 peerDependencies 主要的使用場景。這類場景有以下特點。

- 外掛程式不能單獨執行。
- 外掛程式正確執行的前提是，必須先下載並安裝核心相依函式庫。
- 不建議重複下載核心相依函式庫。
- 外掛程式 API 的設計必須要符合核心相依函式庫的外掛程式撰寫規範。
- 在專案中，同一外掛程式系統下的核心相依函式庫版本最好相同。

bundledDependencies 表示捆綁相依，和 npm pack 打包命令有關。假設 package.json 檔案中有以下設定。

```
{
  "name": "test",
  "version": "1.0.0",
  "dependencies": {
    "dep": "^0.0.2",
    ...
  },
  "devDependencies": {
    ...
```

```
    "devD1": "^1.0.0"
  },
  "bundledDependencies": [
    "bundleD1",
    "bundleD2"
  ]
}
```

在執行 npm pack 命令時，會產出一個 test-1.0.0.tgz 壓縮檔，該壓縮檔中包含 bundle D1 和 bundle D2 兩個安裝套件。業務方使用 npm install test-1.0.0.tgz 命令時也會安裝 bundle D1 和 bundle D2 套件。

需要注意的是，bundledDependencies 中指定的相依套件必須先在 dependencies 和 devDependencies 中宣告過，否則在執行 npm pack 命令階段會顯示出錯。

optionalDependencies 表示可選相依，該相依即使安裝失敗，也不會影響整個安裝過程。一般我們很少使用它，也不建議大家使用它，因為它大機率會增加專案的不確定性和複雜性。

學習了以上內容，現在你已經知道了 npm 規範中相關相依宣告的含義了，接下來我們再來談談版本規範，幫助你進一步了解相依函式庫鎖定版本行為。

再談版本規範：相依函式庫鎖定版本行為解析

npm 遵循 SemVer 版本規範，具體內容可以參考語義化版本 2.0.0，這裡不再展開。這部分內容將聚焦專案建設的細節——相依函式庫鎖定版本行為。

Vue.js 官方網站上有以下內容：

每個 Vue.js 套件的新版本發布時，一個相應版本的 vue-template-compiler 也會隨之發布。編譯器的版本必須和基本的 Vue.js 套件版本保持同步，這樣 vue-loader 就會生成相容執行時期的程式。這表示每次升級專案中的 Vue.js 套件時，也應該同步升級 vue-template-compiler。

據此，我們需要考慮的是，作為函式庫開發者，如何保證相依套件之間的最低版本要求？

先來看看 create-react-app 的做法。在 create-react-app 的核心 react-script 當中，它利用 verify PackageTree 方法，對業務專案中的相依進行比對和限制，原始程式如下。

```
function verifyPackageTree() {
  const depsToCheck = [
    'babel-eslint',
    'babel-jest',
    'babel-loader',
    'eslint',
    'jest',
    'webpack',
    'webpack-dev-server',
  ];
  const getSemverRegex = () =>
    /\bv?(?:0|[1-9]\d*)\.(?:0|[1-9]\d*)\.(?:0|[1-9]\d*)(?:-[\da-z-]+(?:\.[\da-z-]+)*)?
(?:\+[\da-z-]+(?:\.[\da-z-]+)*)?\b/gi;
  const ownPackageJson = require('../../package.json');
  const expectedVersionsByDep = {};
  depsToCheck.forEach(dep => {
    const expectedVersion = ownPackageJson.dependencies[dep];
    if (!expectedVersion) {
      throw new Error('This dependency list is outdated, fix it.');
    }
    if (!getSemverRegex().test(expectedVersion)) {
      throw new Error(
        `The ${dep} package should be pinned, instead got version ${expectedVersion}.`
      );
    }
    expectedVersionsByDep[dep] = expectedVersion;
  });

  let currentDir = __dirname;

  while (true) {
    const previousDir = currentDir;
    currentDir = path.resolve(currentDir, '..');
    if (currentDir === previousDir) {
      // 到根節點
      break;
    }
```

```
    const maybeNodeModules = path.resolve(currentDir, 'node_modules');
    if (!fs.existsSync(maybeNodeModules)) {
      continue;
    }
    depsToCheck.forEach(dep => {
      const maybeDep = path.resolve(maybeNodeModules, dep);
      if (!fs.existsSync(maybeDep)) {
        return;
      }
      const maybeDepPackageJson = path.resolve(maybeDep, 'package.json');
      if (!fs.existsSync(maybeDepPackageJson)) {
        return;
      }
      const depPackageJson = JSON.parse(
        fs.readFileSync(maybeDepPackageJson, 'utf8')
      );
      const expectedVersion = expectedVersionsByDep[dep];
      if (!semver.satisfies(depPackageJson.version, expectedVersion)) {
        console.error(//...);
        process.exit(1);
      }
    });
  }
}
```

根據上述程式，我們不難發現，create-react-app 會對專案中的 babel-eslint、babel-jest、babel-loader、eslint、jest、webpack、webpack-dev-server 這些核心相依進行檢索，確認它們是否符合 create-react-app 對核心相依版本的要求。如果不符合要求，那麼 create-react-app 的建構過程會直接顯示出錯並退出。

create-react-app 這麼處理的理由是，需要用到上述相依項的某些確定版本以保障 create-react-app 原始程式的相關功能穩定。

我認為這麼處理看似強硬，實則是對前端社區、npm 版本混亂現象的一種妥協。這種妥協確實能保證 create-react-app 的正常建構。因此現階段來看，這種處理方式也不失為一種值得推薦的做法。而作為 create-react-app 的使用者，我們依然可以透過 SKIP_PREFLIGHT_CHECK 這個環境變數跳過核心相依版本檢查，對應原始程式如下。

```
const verifyPackageTree = require('./utils/verifyPackageTree');
if (process.env.SKIP_PREFLIGHT_CHECK !== 'true') {
  verifyPackageTree();
}
```

create-react-app 的鎖定版本行為無疑彰顯了目前前端社區中專案相依問題的各方面，從這個細節管中窺豹，希望能引起大家更深入的思考。

最佳實作建議

前面我們講了很多 npm 的原理和設計理念，對於實作，我有以下想法，供大家參考。

- 優先使用 npm v5.4.2 以上版本，以保證 npm 最基本的先進性和穩定性。
- 第一次架設專案時使用 npm install <package> 命令安裝相依套件，並提交 package.json 檔案、package-lock.json 檔案，而不提交 node_modules 目錄。
- 其他專案成員首次拉取專案程式後，需執行一次 npm install 命令安裝相依套件。
- 對於升級相依套件，需求如下。

  * 依靠 npm update 命令升級到新的小版本。
  * 依靠 npm install <package-name>@<version> 命令升級大版本。
  * 也可以手動修改 package.json 版本編號，並執行 npm install 命令來升級版本。
  * 本地驗證升級後的新版本無問題，提交新的 package.json 檔案、package-lock.json 檔案。

- 對於降級相依套件，需求如下。

  * 執行 npm install <package-name>@<old-version> 命令，驗證沒問題後，提交新的 package.json 檔案、package-lock.json 檔案。

- 對於刪除某些相依套件，需求如下。

  * 執行 npm uninstall <package> 命令，驗證沒問題後，提交新的 package.json 檔案、package-lock.json 檔案。
  * 或手動操作 package.json 檔案，刪除相依套件，執行 npm install 命令，驗證沒問題後，提交新的 package.json 檔案、package-lock.json 檔案。

- 任何團隊成員提交 package.json 檔案、package-lock.json 檔案更新後，其他成員應該拉取程式後執行 npm install 命令更新相依。
- 任何時候都不要修改 package-lock.json 檔案。
- 如果 package-lock.json 檔案出現衝突或問題，建議將本地的 package-lock.json 檔案刪除，引入遠端的 package-lock.json 檔案和 package.json 檔案，再執行 npm install 命令。

如果以上建議你都能理解並能解釋其中緣由，那麼 01~03 篇的內容你已經大致掌握了。

總結

透過本篇的學習，相信你已經掌握了在 CI 環境下最佳化套件管理器的方法及更多、更全面的 npm 設計規範。無論是在本地開發，還是在 CI 環境下，希望你在面對套件管理方面的問題時能夠遊刃有餘。

隨著前端的發展，npm/Yarn 也在互相參考，不斷改進。比如 npm v7 版本會帶來一流的 Monorepo 支援。npm/Yarn 相關話題不是一個獨立的基礎知識，它是成系統的知識面，甚至可以算得上是一個完整的生態。這部分知識我們沒有面面俱到，主要聚焦在相依管理、安裝機制、CI 提效等話題上。更多 npm 相關內容，比如 npm scripts、公共函式庫相關設計、npm 發送封包、npm 安全、package.json 檔案操作等話題，我們會在後面的篇幅中繼續講解。

不管是在本地環境下還是在 CI 環境下開發，不管是使用 npm 還是 Yarn，都離不開建構工具。下一篇我們會對比主流建構工具，繼續深入專案化和基建的深水區。

第 4 章 主流建構工具的設計考量

現代化前端架構離不開建構工具的加持。對建構工具的理解、選擇和應用決定了我們是否能夠打造一個使用流暢且接近完美的產品。

提到建構工具，作為經驗豐富的前端開發者，相信你一定能列列出不同時代的代表：從 Browserify + Gulp 到 Parcel，從 Webpack 到 Rollup，甚至 Vite，相信你都不陌生。沒錯，前端發展到現在，建構工具琳琅滿目且成熟穩定。但這些建構工具的實現和設計非常複雜，甚至出現了「建構工具程式設計」導向的調侃。

事實上，能夠熟悉並精通建構工具的開發者鳳毛麟角。請注意，這裡的「熟悉並精通」並不是要求你對不同建構工具的設定參數如數家珍，而是真正把握建構流程。在「6 個月就會出現一股新的技術潮流」的前端領域，能始終把握建構工具的奧秘，這是區分資深架構師和程式設計師的重要標識。

如何真正了解建構流程，甚至能夠自己開發一個建構工具呢？在本篇中，我們透過「橫向對比建構工具」這個新穎的角度，來介紹建構工具背後的架構理念。

從 Tooling.Report 中，我們能學到什麼

Tooling.Report 是由 Chrome core team 核心成員及業內著名開發者打造的建構工具對比平臺。這個平臺對比了 Webpack、Rollup、Parcel、Browserify 在不同維度下的表現，如圖 4-1 所示。

▲ 圖 4-1

我們先來看看評測資料：Rollup 得分最高，Parcel 得分最低，Webpack 和 Rollup 得分接近。測評得分只是一個方面，實際表現也和不同建構工具的設計目標有關。

比如，Webpack 建構主要相依外掛程式和 loader，因此它的能力雖然強大，但設定資訊較為煩瑣。Parcel 的設計目標之一就是零設定、開箱即用，但在功能的整合上相對有限。

從橫向發展來看，各大建構工具之間也在互相參考發展。比如，以 Webpack 為首的工具編譯速度較慢，即使啟動增量建構也無法解決初始時期建構時間過長的問題。而 Parcel 內建了多核心並行建構能力，利用多執行緒實現編譯，在初始建構階段就能獲得較理想的建構速度。同時，Parcel 還內建了檔案系統快取能力，可以儲存每個檔案的編譯結果。在這一方面，Webpack 新版本（v5）也有相應跟進。

因此，在建構工具的橫向對比上，功能是否強大是一方面，建構效率也是開發者需要考慮的核心指標。

那麼對建構工具來說，在一個現代化的專案中，哪些功能是「必備」的呢？從這些功能上，我們能學到哪些基建和專案化知識呢？

還是以上面的評測分數為例，這些分數來自 6 個維度，如圖 4-2 所示。

在 code splitting 方面，Rollup 表現最好，這是 Rollup 現代化的重要表現，而 Browserify 表現最差。在 hashing、importing modules 及 transformation 方面，各大建構工具表現相對趨近。在 output module formats 上，除了 Browserify，其他工具表現相對一致。

這裡需要深入思考：這 6 個維度到底是什麼，為什麼它們能作為評測標準？

實際上，這個問題反映的技術資訊是，一個現代化建構工具或建構方案需要重點考量 / 實現哪些環節。下面我們針對這 6 個維度逐一進行分析。

# Overview	Browserify	Parcel	Rollup	Webpack
code splitting	○◐○◐◐●●○	○●●○●●○○	●●●●●●○○	○○●◐●●○○
hashing	●●●○●●●●◐ ○	●●○●◐●●●● ●	○●●●○●○○● ●	●●◐●◐●●○● ●
importing modules	●○●	●●●	●●●	●●●
non-JavaScript resources	●●●●●●●○● ○●●○●●●	◐●●◐○○●●● ◐●○○●●○	●●●●●●●●◐ ◐●●●●●●	●●●●●●●●● ●◐●●●●●
output module formats	●◐○	●●○	●●●	●●○
transformations	●●●●○●●●	○○◐●○●●●	●●●●○●●●	●●●●○●●●

▲ 圖 4-2

code splitting

code splitting，即程式分割。這表示在建構打包時要匯出公共模組，避免重複打包，以及在頁面載入執行時期實現最合理的隨選載入策略。

實際上，code splitting 是一個很寬泛的話題，其中的問題包括：不同模組間的程式分割機制能否支援不同的上下文環境（Web worker 環境等特殊上下文）；如何實現對動態匯入語法特性的支援；應用設定多入口 / 單入口是否支援重複模組的取出及打包；程式模組間是否支援 Living Bindings（如果被相依的模組中的值發生了變化，則會映射到所有相依該值的模組中）。

code splitting 是現代化建構工具的標準配備，因為它直接決定了前端的靜態資源產出情況，影響著專案應用的性能表現。

hashing

hashing，即對打包資源進行版本資訊映射。這個話題背後的重要技術點是最大化利用快取機制。我們知道，有效的快取策略將直接影響頁面載入表現，決定使用者體驗。那麼對建構工具來說，為了實現更合理的 hash 機制，建構工具就需要分析各種打包資源，匯出模組間的相依關係，依據相依關係上下文決定產出套件的 hash 值。因為一個資源的變動會引起其相依下游的連結資源的變動，因此建構工具進行打包的前提就是對各個模組的相依關係進行分析，並根據相依關係支援開發者自訂 hash 策略。

這就涉及一個基礎知識：如何區分 Webpack 中的 hash、chunkhash、contenthash？

hash 反映了專案的建構版本，因此同一次建構過程中生成的 hash 值都是一樣的。換句話說，如果專案裡的某個模組發生了改變，觸發了專案的重新建構，那麼檔案的 hash 值將相應改變。

但使用 hash 策略會存在一個問題：即使某個模組的內容壓根沒有改變，重新建構後也會產生一個新的 hash 值，使得快取命中率較低。

針對以上問題，chunkhash 和 contenthash 的情況就不一樣了，chunkhash 會根據入口檔案（Entry）進行相依解析，contenthash 則會根據檔案具體內容生成 hash 值。

我們來具體分析，假設應用專案做到了將公共函式庫和業務專案入口檔案區分開單獨打包，則採用 chunkhash 策略時，改動業務專案入口檔案，不會引起公共函式庫的 hash 值改變，對應範例如下。

```
entry:{
    main: path.join(__dirname,'./main.js'),
    vendor: ['react']
},
output:{
    path:path.join(__dirname,'./build'),
    publicPath: '/build/',
    filname: 'bundle.[chunkhash].js'
}
```

我們再看一個例子，在 index.js 檔案中對 index.css 進行引用，如下。

```
require('./index.css')
```

此時，因為 index.js 檔案和 index.css 檔案具有相依關係，所以它們共用相同的 chunkhash 值。如果 index.js 檔案內容發生變化，即使 index.css 中內容沒有改動，在使用 chunkhash 策略時，被單獨拆分的 index.css 的 hash 值也發生了變化。如果想讓 index.css 完全根據檔案內容來確定 hash 值，則可以使用 contenthash 策略。

importing modules

importing modules，即相依機制。它對一個建構流程或工具來說非常重要，因為歷史和設計原因，前端開發者一般要面對包括 ESM、CommonJS 等在內的不同模組化方案。而一個建構工具在設計時自然就要相容不同類型的 importing modules 方案。除此之外，由於 Node.js 的 npm 機制，建構工具也要支援從 node_modules 引入公共套件。

non-JavaScript resources

non-JavaScript resources 是指對匯入其他非 JavaScript 類型資源的支援。這裡的資源可以是 HTML 檔案、CSS 樣式資源、JSON 資源、富媒體資源等。這些資源也是組成一個應用的關鍵內容，建構流程和工具當然要對此支援。

output module formats

output module formats 即輸出模組化，對應 importing modules，建構輸出內容的模組化方式需要更加靈活，比如，開發者可設定符合 ESM、CommonJS 等規範的建構內容匯出機制。

transformations

transformations 即編譯，現代化前端開發離不開編譯、跳脫過程。比如對 JavaScript 程式的壓縮、對未引用程式的刪除（DCE）等。這裡需要注意的是，我們在設計建構工具時，對類似 JSX、Vue.js 等檔案的編譯不會內建到建構工具中，而是利用 Babel 等社區能力將該功能「無縫融合」到建構流程中。建構工具只做分內的事情，其他擴展能力需透過外掛程式化機制來完成。

以上 6 個維度都能展開作為一個獨立且豐富的話題深入討論。設計這些內容是因為，我希望你能從大局觀上對建構流程和建構工具要做哪些事情，以及為什麼要做這些事情有一個更清晰的認知。

總結

本篇我們從 Tooling.Report 入手，根據其整合分析的結果，橫向對比了各大建構工具。其實對比只是一方面，更重要的是透過對比結果了解各個建構工具的功能，以及基礎建設和專案化要考慮的內容。搞清楚這些，我們就能以更廣闊的角度進行技術選型，檢查基礎建設和專案化。

第 5 章

Vite 實現：原始程式分析與專案建構

在本篇中，我將結合成熟建構方案（以 Webpack 為例）的「不足」，從原始程式實現的角度帶大家分析 Vite 的設計哲學，同時為後面的「實現自己的建構工具」等相關內容打下基礎。

Vite 的「從天而降」

Vite 是由 Vue.js 的作者尤雨溪開發的 Web 開發工具，尤雨溪在微博上推廣時對 Vite 做了簡短介紹：

Vite，一個基於瀏覽器原生 ES imports 的開發伺服器。利用瀏覽器去解析 imports，在伺服器端隨選編譯傳回，完全跳過了打包這個概念，伺服器隨起隨用。不僅有 Vue.js 檔案支援，還搞定了熱更新，而且熱更新的速度不會隨著模組增多而變慢。針對生產環境則可以把同一份程式用 Rollup 打包。雖然現在還比較粗糙，但這個方向我覺得是有潛力的，做得好可以徹底解決改一行程式等半天熱更新的問題。

從這段話中，我們能夠提煉一些關鍵點。

- Vite 基於 ESM，因此實現了快速啟動和即時模組熱更新。

- Vite 在伺服器端實現了隨選編譯。

經驗豐富的開發者透過上述介紹，似乎就能列出 Vite 的基本工作流程，甚至可以說得更直白一些：Vite 在開發環境下並不執行打包和建構過程。

開發者在程式中寫到的 ESM 匯入語法會直接發送給伺服器，而伺服器也直接將 ESM 模組內容執行處理並下發給瀏覽器。接著，現代瀏覽器透過解析 script modules 向每一個匯入的模組發起 HTTP 請求，伺服器繼續對這些 HTTP 請求進行處理並回應。

Vite 實現原理解讀

Vite 思想比較容易理解，實現起來也並不複雜。接下來，我們就對 Vite 原始程式進行分析，幫助你更進一步地體會它的設計哲學和實現技巧。

首先來打造一個學習環境，建立一個基於 Vite 的應用，並啟動以下命令。

```
npm init vite-app vite-app
cd vite-app
npm install
npm run dev
```

執行上述命令後，我們將得到以下目錄結構，如圖 5-1 所示。

▲ 圖 5-1

透過瀏覽器請求 http://localhost:3000/，得到的內容即應用專案中 index.html 檔案的內容，如圖 5-2 所示。

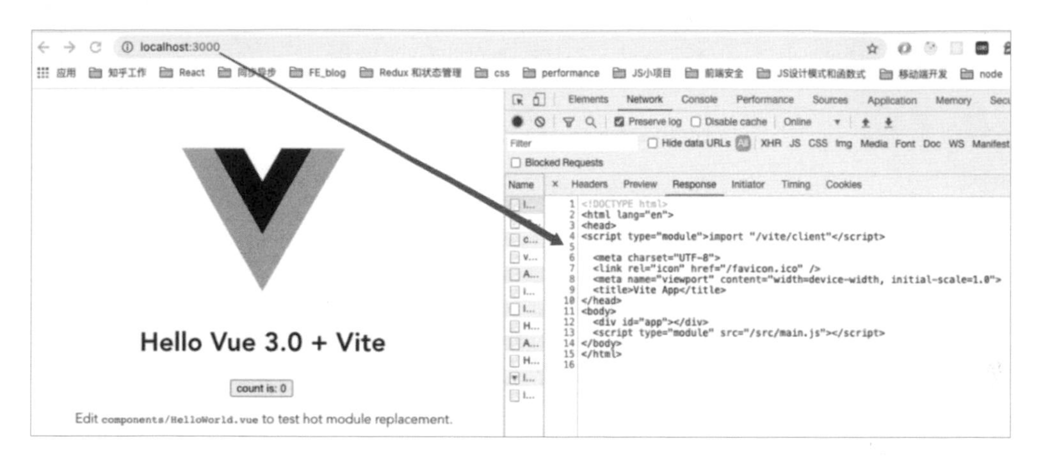

▲ 圖 5-2

在專案的 packaga.json 檔案中，我們可以看到以下內容。

```
"scripts": {
    "dev": "vite",
    // ...
 },
```

找到 Vite 原始程式，命令列的實現如下。

```
if (!options.command || options.command === 'serve') {
       runServe(options)
} else if (options.command === 'build') {
       runBuild(options)
} else if (options.command === 'optimize') {
       runOptimize(options)
} else {
       console.error(chalk.red(`unknown command: ${options.command}`))
       process.exit(1)
}
```

上面的程式根據不同的命令列命令，執行不同的入口函式。

在開發模式下，Vite 透過 runServe 方法啟動一個 koaServer，實現對瀏覽器請求的回應，runServer 方法實現如下。

```
const server = require('./server').createServer(options)
```

上述程式中出現的 createServer 方法，其簡單實現如下。

```
export function createServer(config: ServerConfig): Server {
  const {
    root = process.cwd(),
    configureServer = [],
    resolvers = [],
    alias = {},
    transforms = [],
    vueCustomBlockTransforms = {},
    optimizeDeps = {},
    enableEsbuild = true
  } = config
  // 建立 Koa 實例
  const app = new Koa<State, Context>()
  const server = resolveServer(config, app.callback())

  const resolver = createResolver(root, resolvers, alias)

  // 相關上下文資訊
  const context: ServerPluginContext = {
    root,
    app,
    server,
    resolver,
    config,
    port: config.port || 3000
  }

  // 一個簡單的中介軟體，擴充 context 上下文內容
  app.use((ctx, next) => {
    Object.assign(ctx, context)
    ctx.read = cachedRead.bind(null, ctx)
    return next()
```

```
  })

  const resolvedPlugins = [
    // ...
  ]

  resolvedPlugins.forEach((m) => m && m(context))

  const listen = server.listen.bind(server)
  server.listen = (async (port: number, ...args: any[]) => {
    if (optimizeDeps.auto !== false) {
      await require('../optimizer').optimizeDeps(config)
    }
    const listener = listen(port, ...args)
    context.port = server.address().port
    return listener
  }) as any

  return server
}
```

在瀏覽器中造訪 http://localhost:3000/，得到主體內容，如下。

```
<body>
  <di v id="app"></div>
  <script type="module" src="/src/main.js"></script>
</body>
```

依據 ESM 規範在瀏覽器 script 標籤中的實現，對於 <script type="module" src="./bar.js"> </script> 內容：當出現 script 標籤的 type 屬性為 module 時，瀏覽器將請求模組相應內容。

另一種 ESM 規範在瀏覽器 script 標籤中的實現如下。

```
<script type="module">
  import { bar } from './bar.js'
</script>
```

瀏覽器會發起 HTTP 請求，請求 HTTP Server 託管的 bar.js 檔案。

Vite Server 處理 http://localhost:3000/src/main.js 請求後，最終傳回了以下內容，如圖 5-3 所示。

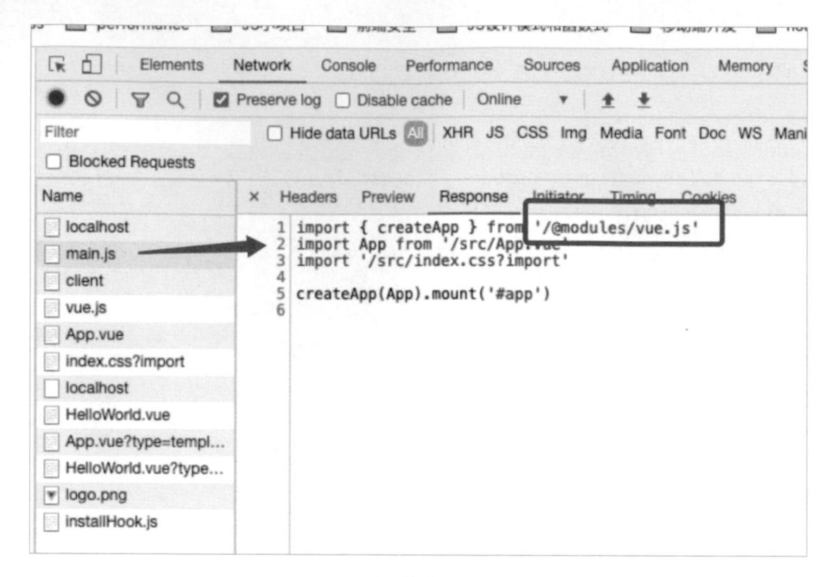

▲ 圖 5-3

傳回內容和專案中的 ./src/main.js 檔案內容略有差別，專案中的 ./src/main.js 檔案內容如下。

```
import { createApp } from 'vue'
import App from './App.vue'
import './index.css'
```

而此刻在瀏覽器中得到的內容如下。

```
import { createApp } from '/@modules/vue.js'
import App from '/src/App.vue'
import '/src/index.css?import'
```

其中 import { createApp } from 'vue' 變為 import { createApp } from '/@modules/vue.js'，原因很明顯，import 對應的路徑只支援以 "/" "./" 或 "../" 開頭的內容，直接使用模組名稱會立即顯示出錯。

所以 Vite Server 在處理請求時，會透過 serverPluginModuleRewrite 這個中介軟體將 import from 'A' 中的 A 改動為 from '/@modules/A'，原始程式如下。

```
const resolvedPlugins = [
  // ...
  moduleRewritePlugin,
  // ...
]
resolvedPlugins.forEach((m) => m && m(context))
```

上述程式中出現的 moduleRewritePlugin 外掛程式實現起來也並不困難，主要透過 rewriteImports 方法來執行 resolveImport 方法，並進行改寫。這裡不再展開講解，大家可以自行學習。

整個過程和呼叫鏈路較長，對於 Vite 處理 import 方法的規範，總結如下。

- 在 Koa 中介軟體裡獲取請求 path 對應的 body 內容。
- 透過 es-module-lexer 解析資源 AST，並獲取 import 的內容。
- 如果判斷 import 資源是絕對路徑，即可認為該資源為 npm 模組，並傳回處理後的資源路徑。比如 vue → /@modules/vue。這個變化在上面的兩個 ./src/main.js 檔案中可以看到。

對於形如 import App from './App.vue' 和 import './index.css' 的內容的處理，過程與上述情況類似，具體如下。

- 在 Koa 中介軟體裡獲取請求 path 對應的 body 內容。
- 透過 es-module-lexer 解析資源 AST，並獲取 import 的內容。
- 如果判斷 import 資源是相對路徑，即可認為該資源為專案應用中的資源，並傳回處理後的資源路徑。比如 ./App.vue → /src/App.vue。

接下來瀏覽器根據 main.js 檔案的內容，分別請求以下內容。

```
/@modules/vue.js
/src/App.vue
/src/index.css?import
```

/@module/ 類別請求較為容易，我們只需要完成下面三步。

- 在 Koa 中介軟體裡獲取請求 path 對應的 body 內容。
- 判斷路徑是否以 /@module/ 開頭，如果是，則取出套件名稱（這裡為 vue.js）。
- 去 node_modules 檔案中找到對應的 npm 函式庫，傳回內容。

上述步驟在 Vite 中使用 serverPluginModuleResolve 中介軟體實現。

接著，對 /src/App.vue 類別請求進行處理，這就涉及 Vite 伺服器的編譯能力了。我們先看結果，對比專案中的 App.vue，瀏覽器請求得到的結果大變樣，如圖 5-4 所示。

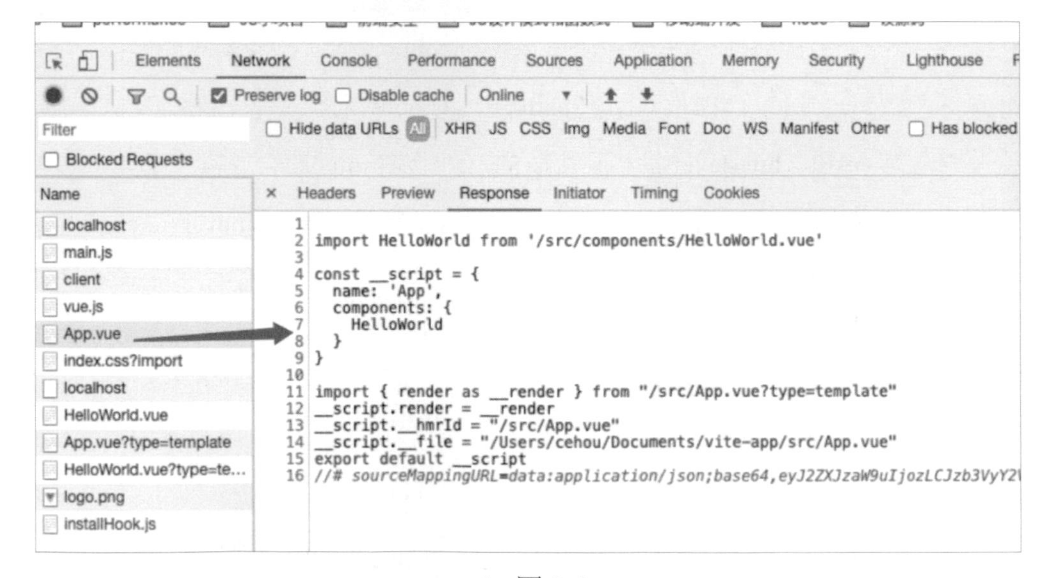

▲ 圖 5-4

實際上，App.vue 這樣的單檔案元件對應 script、style 和 template，在經過 Vite Server 處理後，伺服器端對 script、style 和 template 三部分分別處理，對應的中介軟體為 serverPluginVue。這個中介軟體的實現很簡單，即對 .vue 檔案請求進行處理，透過 parseSFC 方法解析單檔案元件，並透過 compileSFCMain 方法將單檔案元件拆分為圖 5-4 中的內容，對應中介軟體關鍵內容可在原始程式 vuePlugin 中找到。原始程式中涉及 parseSFC 具體操作，具體是呼叫 @vue/compiler-sfc 進行單檔案元件解析。上述過程的精簡邏輯如下，希望能幫助你理解。

```
if (!query.type) {
  ctx.body = `
    const __script = ${descriptor.script.content.replace('export default ', '')}

    // 在單檔案元件中，對於 style 部分，應編譯為對應 style 樣式的 import 請求
    ${descriptor.styles.length ? `import "${url}?type=style"` : ''}

    // 在單檔案元件中，對於 template 部分，應編譯為對應 template 樣式的 import 請求
    import { render as __render } from "${url}?type=template"

    // 著色 template 的內容
    __script.render = __render;
    export default __script;
  `;
}
```

總而言之，每一個 .vue 單檔案元件都被拆分成了多個請求。比如上面的場景，瀏覽器接收 App.vue 對應的實際內容後，發出 HelloWorld.vue 及 App.vue?type=template 請求（透過 type 來表示是 template 類型還是 style 類型）。Koa Server 分別進行處理並傳回內容，這些請求也會分別被上面提到的 serverPluginVue 中介軟體處理：對於 template 類型請求，使用 @vue/compiler-dom 進行編譯並傳回內容。

上述過程的精簡邏輯如下，希望能幫助你理解。

```
if (query.type === 'template') {
       const template = descriptor.template;
       const render = require('@vue/compiler-dom').compile(template.content, {
         mode: 'module',
       }).code;
       ctx.type = 'application/javascript';
       ctx.body = render;
}
```

對於上面提到的 http://localhost:3000/src/index.css?import 請求，需透過 serverPluginVue 來實現解析，相對比較複雜，程式如下。

```
// style 類型請求
if (query.type === 'style') {
  const index = Number(query.index)
  const styleBlock = descriptor.styles[index]
  if (styleBlock.src) {
    filePath = await resolveSrcImport(root, styleBlock, ctx, resolver)
  }
  const id = hash_sum(publicPath)
  // 呼叫 compileSFCStyle 方法來編譯單檔案元件
  const result = await compileSFCStyle(
    root,
    styleBlock,
    index,
    filePath,
    publicPath,
    config
  )
  ctx.type = 'js'
  // 傳回樣式內容
  ctx.body = codegenCss(`${id}-${index}`, result.code, result.modules)
  return etagCacheCheck(ctx)
}
```

呼叫 serverPluginCss 中介軟體的 codegenCss 方法，如下。

```
export function codegenCss(
  id: string,
  css: string,
  modules?: Record<string, string>
): string {
  // 樣式程式範本
  let code =
    `import { updateStyle } from "${clientPublicPath}"\n` +
    `const css = ${JSON.stringify(css)}\n` +
    `updateStyle(${JSON.stringify(id)}, css)\n`
  if (modules) {
```

```
    code += dataToEsm(modules, { namedExports: true })
  } else {
    code += `export default css`
  }
  return code
}
```

該方法會在瀏覽器中執行 updateStyle 方法，原始程式如下。

```
const supportsConstructedSheet = (() => {
  try {
    // 生成 CSSStyleSheet 實例，試探是否支援 ConstructedSheet
    new CSSStyleSheet()
    return true
  } catch (e) {}
  return false
})()

export function updateStyle(id: string, content: string) {
  let style = sheetsMap.get(id)
  if (supportsConstructedSheet && !content.includes('@import')) {
    if (style && !(style instanceof CSSStyleSheet)) {
      removeStyle(id)
      style = undefined
    }

    if (!style) {
      // 生成 CSSStyleSheet 實例
      style = new CSSStyleSheet()
      style.replaceSync(content)
      document.adoptedStyleSheets = [...document.adoptedStyleSheets, style]
    } else {
      style.replaceSync(content)
    }
  } else {
    if (style && !(style instanceof HTMLStyleElement)) {
      removeStyle(id)
      style = undefined
    }
```

```
    if (!style) {
      // 生成新的 style 標籤並插入 document 當中
      style = document.createElement('style')
      style.setAttribute('type', 'text/css')
      style.innerHTML = content
      document.head.appendChild(style)
    } else {
      style.innerHTML = content
    }
  }
  sheetsMap.set(id, style)
}
```

經過上述步驟，即可完成在瀏覽器中插入樣式的操作。

至此，我們解析並列舉了較多原始程式內容。以上內容需要一步步整理，強烈建議你打開 Vite 原始程式，自己剖析。

Vite 這種 bundleless 方案的執行原理如圖 5-5 所示。

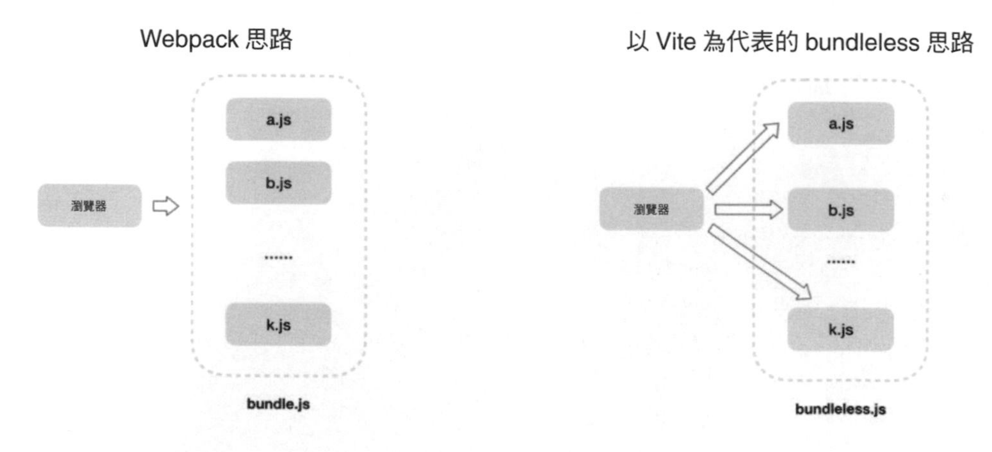

▲ 圖 5-5

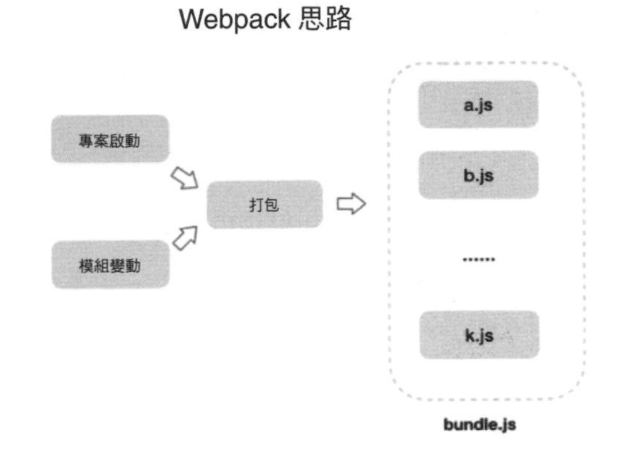

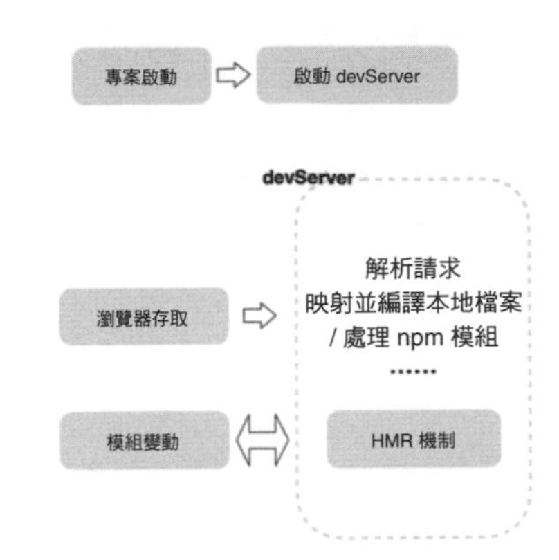

▲ 圖 5-5（續）

接下來我們對 vite 的實現原理進行簡單總結。

- Vite 利用瀏覽器原生支援 ESM 這一特性，省略了對模組的打包，不需要生成 bundle，因此初次啟動更快，對 HMR 機制支援友善。
- 在 Vite 開發模式下，透過啟動 Koa 伺服器在伺服器端完成模組的改寫（比如單檔案的解析編譯等）和請求處理，可實現真正的隨選編譯。
- Vite Server 的所有邏輯基本都相依中介軟體實現。這些中介軟體攔截請求之後完成了以下操作。

  * 處理 ESM 語法，比如將業務程式中的 import 第三方相依路徑轉為瀏覽器可辨識的相依路徑。

  * 對 .ts、.vue 檔案進行即時編譯。

  * 對 Sass/Less 需要預先編譯的模組進行編譯。

  * 和瀏覽器端建立 Socket 連接，實現 HMR。

Vite HMR 實現原理

Vite 的打包命令使用 Rollup 實現，這並沒有什麼特別之處，我們不再展開。而 Vite 的 HMR 特性，主要是按照以下步驟實現的。

- 透過 watcher 監聽檔案改動。
- 透過伺服器端編譯資源，並推送新模組內容給瀏覽器。
- 瀏覽器收到新的模組內容，執行框架層面的 rerender/reload 操作。

當瀏覽器請求 HTML 頁面時，伺服器端透過 serverPluginHtml 外掛程式向 HTML 內容注入一段指令稿。如圖 5-6 所示，我們可以看到，index.html 中就有一段引入了 /vite/client 的程式，用於進行 WebSocket 的註冊和監聽。

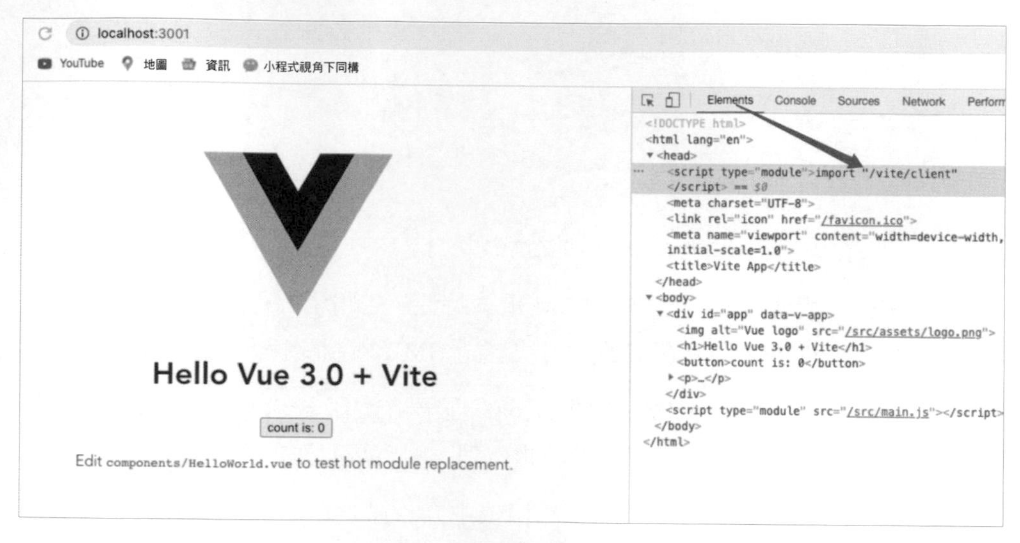

▲ 圖 5-6

對於 /vite/client 請求的處理，在伺服器端由 serverPluginClient 外掛程式完成，程式如下。

```
export const clientPlugin: ServerPlugin = ({ app, config }) => {
  const clientCode = fs
    .readFileSync(clientFilePath, 'utf-8')
    .replace('__MODE__', JSON.stringify(config.mode || 'development'))
    .replace(
      '__DEFINES__',
      JSON.stringify({
        ...defaultDefines,
        ...config.define
```

```
      })
    )
  // 相應中介軟體處理
  app.use(async (ctx, next) => {
    if (ctx.path === clientPublicPath) {
      ctx.type = 'js'
      ctx.status = 200
      // 傳回具體內容
      ctx.body = clientCode.replace('__PORT__', ctx.port.toString())
    } else {
      // 相容歷史邏輯，進行錯誤訊息
      if (ctx.path === legacyPublicPath) {
        console.error(
          chalk.red(
            '[vite] client import path has changed from "/vite/hmr" to "/vite/c
lient".' +
              'please update your code accordingly.'
          )
        )
      }
      return next()
    }
  })
}
```

傳回的 /vite/src/client/client.js 程式在瀏覽器端主要透過 WebSocket 監聽一些更新的內容，並對這些更新分別進行處理。

在伺服器端，我們透過 chokidar 建立一個用於監聽檔案改動的 watcher，程式如下。

```
const watcher = chokidar.watch(root, {
       ignored: [/node_modules/, /\.git/],
       // #610
       awaitWriteFinish: {
         stabilityThreshold: 100,
         pollInterval: 10
       }
}) as HMRWatcher
```

另外，我們透過 serverPluginHmr 發布變動，通知瀏覽器。更多原始程式不再一一貼出。這裡我總結了上述操作的流程圖供大家參考，如圖 5-7 所示。

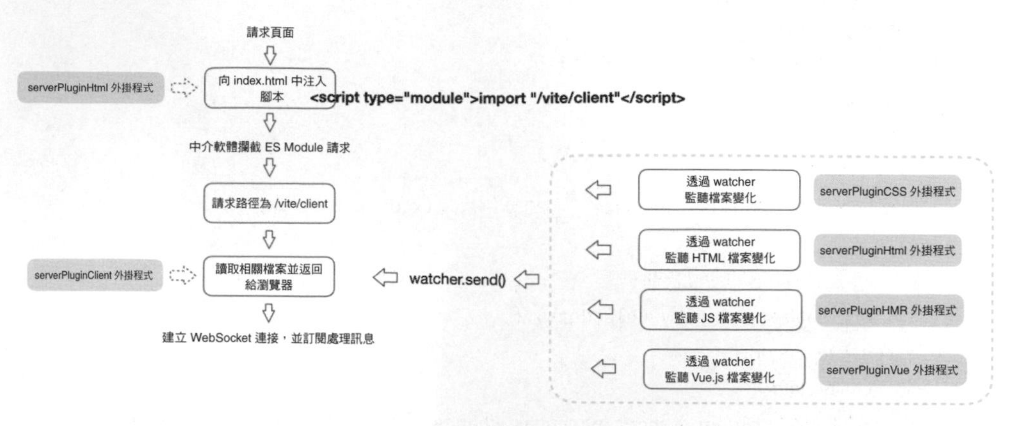

▲ 圖 5-7

總結

本篇聚焦 Vite 實現，分析了如何利用 ESM 建構一個 bundleless 風格的現代化開發專案方案。原始程式較多，也涉及一定的專案化架構設計內容，但 Vite 實現流程清晰，易讀性高，原始程式閱讀性很好。

事實上，Vite 相依最佳化的靈感來自 Snowpack，這類 bundleless 工具也代表著一種新趨勢、新方向。我認為，夯實技術功底固然是很重要的，但培養技術敏感度也非常關鍵。

第二部分 PART TWO

現代化前端開發和架構生態

這部分將一網打盡大部分開發者每天都會接觸卻很少真正理解的基礎知識。希望透過第二部分，讀者能夠真正意識到，Webpack 工程師的職責並不是寫寫設定檔那麼簡單，Babel 生態系統也不是使用 AST 技術玩轉編譯原理而已。這部分內容能夠幫助讀者培養前端專案化基礎建設思想，這也是設計一個公共函式庫、主導一項技術方案的基礎知識。

第 6 章

談談 core-js 及 polyfill 理念

即使你不熟悉 core-js，也一定在專案中直接或間接地使用過它。core-js 是一個 JavaScript 標準函式庫，其中包含了相容 ECMAScript 2020 多項特性的 polyfill[①]，以及 ECMAScript 在 proposals 階段的特性、WHATWG/W3C 新特性等。因此，core-js 是一個現代化前端專案的「標準套件」。

除了 core-js 本身的重要性，它的實現理念、設計方式都值得我們學習。事實上，core-js 可以說是前端開發的一扇大門，具體原因如下。

- 透過 core-js，我們可以窺見前端專案化的各方面。
- core-js 和 Babel 深度綁定，因此學習 core-js 也能幫助開發者更進一步地理解 Babel 生態，進而加深對前端生態的理解。
- 透過對 core-js 的解析，我們正好可以整理前端領域一個極具特色的概念——polyfill。

因此，在本篇中，我們就來深入談談 core-js 及 polyfill 理念。

① polyfill，也可稱為補丁。在不同場景下，對這個詞的使用習慣也不同，不會刻意統一。

core-js 專案一覽

core-js 是一個透過 Lerna 架設的 Monorepo 風格的專案，在它的類別檔案中，我們能看到五個相關套件：core-js、core-js-pure、core-js-compact、core-js-builder、core-js-bundle。

core-js 套件實現的基礎 polyfill 能力是整個 core-js 的核心邏輯。

比如我們可以按照以下方式引入全域 polyfill。

```
import 'core-js';
```

或按照以下方式，隨選在業務專案入口引入某些 polyfill。

```
import 'core-js/features/array/from';
```

core-js 為什麼有這麼多的套件呢？實際上，它們各司其職又緊密配合。

core-js-pure 提供了不污染全域變數的 polyfill 能力，比如我們可以按照以下方式來實現獨立匯出命名空間的操作，進而避免污染全域變數。

```
import _from from 'core-js-pure/features/array/from';
import _flat from 'core-js-pure/features/array/flat';
```

core-js-compact 維護了遵循 Browserslist 規範的 polyfill 需求資料，可以幫助我們找到「符合目標環境」的 polyfill 需求集合，範例如下。

```
const {
  list, // array of required modules
  targets, // object with targets for each module
} = require('core-js-compat')({
  targets: '> 2.5%'
});
```

執行以上程式，我們可以篩選出全球瀏覽器使用份額大於 2.5% 的區域，並提供在這個區域內需要支援的 polyfill 能力。

core-js-builder 可以結合 core-js-compact 及 core-js 使用，並利用 Webpack 能力，根據需求打包 core-js 程式，範例如下。

```
require('core-js-builder')({
  targets: '> 0.5%',
  filename: './my-core-js-bundle.js',
}).then(code => {}).catch(error => {});
```

執行以上程式，符合需求的 core-js polyfill 將被打包到 my-core-js-bundle.js 檔案中。整個流程的程式如下。

```
require('./packages/core-js-builder')({ filename:
'./packages/core-js-bundle/index.js' }).then(done).catch(error => {
  // eslint-disable-next-line no-console
  console.error(error);
  process.exit(1);
});
```

總之，根據分套件的設計，我們能發現，core-js 將自身能力充分解耦，提供的多個套件都可以被其他專案所相依。

- core-js-compact 可以被 Babel 生態使用，由 Babel 分析出環境需要的 polyfill。
- core-js-builder 可以被 Node.js 服務使用，建構出不同場景所需的 polyfill 套件。

從巨觀設計上來說，core-js 表現了專案重複使用能力。下面我們透過一個微觀的 polyfill 實現案例，進一步幫助大家加深理解。

如何重複使用一個 polyfill

Array.prototype.every 是一個常見且常用的陣列原型方法。該方法用於判斷一個陣列內的所有元素是否都能透過某個指定函式的測試，並最終傳回一個布林值來表示測試是否透過。它的瀏覽器相容性如圖 6-1 所示。

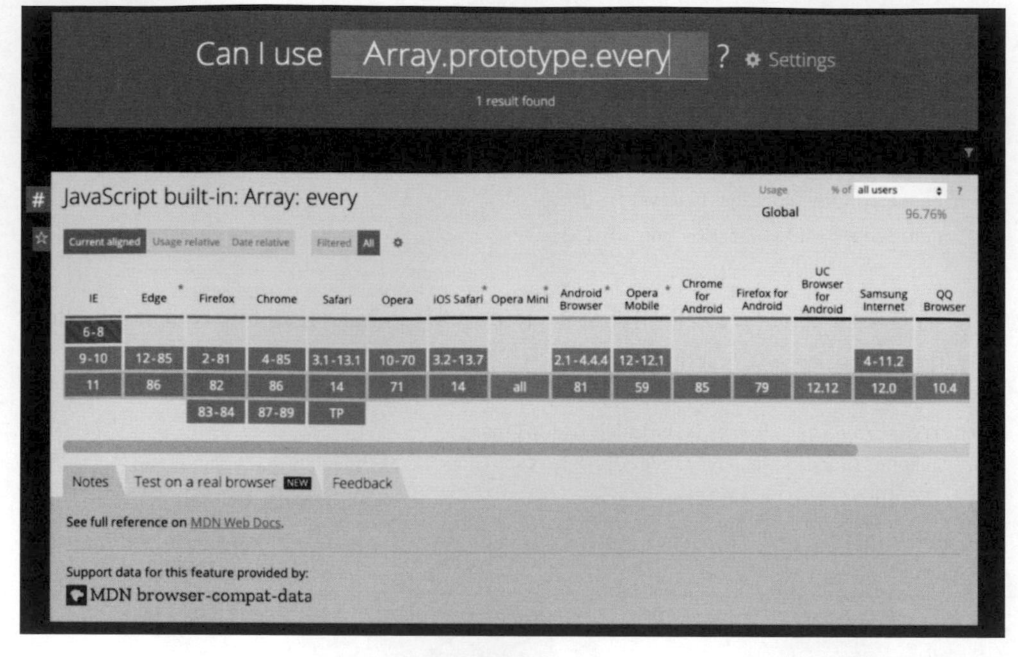

▲ 圖 6-1

Array.prototype.every 的函式名稱如下。

```
arr.every(callback(element[, index[, array]])[, thisArg])
```

對一個有經驗的前端程式設計師來說，如果瀏覽器不支援 Array.prototype.every，手動撰寫一個支援 Array.prototype.every 的 polyfill 並不困難。

```
if (!Array.prototype.every) {
  Array.prototype.every = function(callbackfn, thisArg) {
    'use strict';
    var T, k;

    if (this == null) {
      throw new TypeError('this is null or not defined');
    }

    var O = Object(this);
```

```
    var len = O.length >>> 0;

    if (typeof callbackfn !== 'function') {
      throw new TypeError();
    }

    if (arguments.length > 1) {
      T = thisArg;
    }

    k = 0;

    while (k < len) {

      var kValue;

      if (k in O) {
        kValue = O[k];
        var testResult = callbackfn.call(T, kValue, k, O);
        if (!testResult) {
          return false;
        }
      }
      k++;
    }
    return true;
  };
}
```

核心想法很容易理解：遍歷陣列，令陣列的每一項執行回呼方法，傳回一個值表示是否透過測試。但是站在專案化的角度，從 core-js 的角度出發就不是這麼簡單了。

比如，我們知道 core-js-pure 不同於 core-js，它提供了不污染命名空間的引用方式，因此上述 Array.prototype.every 的 polyfill 核心邏輯實現，就需要被 core-js-pure 和 core-js 同時引用，只要區分最後匯出的方式即可。那麼按照這個想法，我們如何讓 polyfill 被最大限度地重複使用呢？

實際上，Array.prototype.every 的 polyfill 核心邏輯在 ./packages/core-js/modules/es.array. every.js 中實現，原始程式如下。

```
'use strict';
var $ = require('../internals/export');
var $every = require('../internals/array-iteration').every;
var arrayMethodIsStrict = require('../internals/array-method-is-strict');
var arrayMethodUsesToLength = require('../internals/array-method-uses-to-length');

var STRICT_METHOD = arrayMethodIsStrict('every');
var USES_TO_LENGTH = arrayMethodUsesToLength('every');

$({ target: 'Array', proto: true, forced: !STRICT_METHOD || !USES_TO_LENGTH }, {
  every: function every(callbackfn /* , thisArg */) {
    // 呼叫 $every 方法
    return $every(this, callbackfn, arguments.length > 1 ? arguments[1] : undefined);
  }
});
```

對應的 $every 的原始程式如下。

```
var bind = require('../internals/function-bind-context');
var IndexedObject = require('../internals/indexed-object');
var toObject = require('../internals/to-object');
var toLength = require('../internals/to-length');
var arraySpeciesCreate = require('../internals/array-species-create');

var push = [].push;

// 對 Array.prototype.{ forEach, map, filter, some, every, find, findIndex } 等方法
// 進行模擬和連線
var createMethod = function (TYPE) {
  // 透過魔法常數來表示具體需要對哪種方法進行模擬
  var IS_MAP = TYPE == 1;
  var IS_FILTER = TYPE == 2;
  var IS_SOME = TYPE == 3;
  var IS_EVERY = TYPE == 4;
  var IS_FIND_INDEX = TYPE == 6;
  var NO_HOLES = TYPE == 5 || IS_FIND_INDEX;
```

```
  return function ($this, callbackfn, that, specificCreate) {
    var O = toObject($this);
    var self = IndexedObject(O);
    // 透過 bind 方法建立一個 boundFunction，保留 this 指向
    var boundFunction = bind(callbackfn, that, 3);
    var length = toLength(self.length);
    var index = 0;
    var create = specificCreate || arraySpeciesCreate;
    var target = IS_MAP ? create($this, length) : IS_FILTER ? create($this, 0) :
undefined;
    var value, result;
    // 迴圈遍歷並執行回呼方法
    for (;length > index; index++) if (NO_HOLES || index in self) {
      value = self[index];
      result = boundFunction(value, index, O);
      if (TYPE) {
        if (IS_MAP) target[index] = result; // map
        else if (result) switch (TYPE) {
          case 3: return true;              // some
          case 5: return value;             // find
          case 6: return index;             // findIndex
          case 2: push.call(target, value); // filter
        } else if (IS_EVERY) return false;  // every
      }
    }
    return IS_FIND_INDEX ? -1 : IS_SOME || IS_EVERY ? IS_EVERY : target;
  };
};

module.exports = {
  forEach: createMethod(0),
  map: createMethod(1),
  filter: createMethod(2),
  some: createMethod(3),
  every: createMethod(4),
  find: createMethod(5),
  findIndex: createMethod(6)
};
```

以上程式同樣使用遍歷方式，並由 ../internals/function-bind-context 提供 this 綁定能力，用魔法常數處理 forEach、map、filter、some、every、find、findIndex 這些陣列原型方法。

重點是，在 core-js 中，作者透過 ../internals/export 方法匯出了實現原型，原始程式如下。

```
module.exports = function (options, source) {
  var TARGET = options.target;
  var GLOBAL = options.global;
  var STATIC = options.stat;
  var FORCED, target, key, targetProperty, sourceProperty, descriptor;
  if (GLOBAL) {
    target = global;
  } else if (STATIC) {
    target = global[TARGET] || setGlobal(TARGET, {});
  } else {
    target = (global[TARGET] || {}).prototype;
  }
  if (target) for (key in source) {
    sourceProperty = source[key];
    if (options.noTargetGet) {
      descriptor = getOwnPropertyDescriptor(target, key);
      targetProperty = descriptor && descriptor.value;
    } else targetProperty = target[key];
    FORCED = isForced(GLOBAL ? key : TARGET + (STATIC ? '.' : '#') + key, options.
forced);

    if (!FORCED && targetProperty !== undefined) {
      if (typeof sourceProperty === typeof targetProperty) continue;
      copyConstructorProperties(sourceProperty, targetProperty);
    }

    if (options.sham || (targetProperty && targetProperty.sham)) {
      createNonEnumerableProperty(sourceProperty, 'sham', true);
    }

    redefine(target, key, sourceProperty, options);
```

```
  }
};
```

對應 Array.prototype.every 原始程式，參數為 target: 'Array', proto: true，表示 core-js 需要在陣列 Array 的原型之上以「污染陣列原型」的方式來擴展方法，而 core-js-pure 則單獨維護了一份 export 鏡像 ../internals/export。

同時，core-js-pure 套件中的 override 檔案在建構階段複製了 packages/core-js/ 內的核心邏輯，提供了複寫核心 polyfill 邏輯的能力，透過建構流程實現 core-js-pure 與 override 內容的替換。

```
{
        expand: true,
        cwd: './packages/core-js-pure/override/',
        src: '**',
        dest: './packages/core-js-pure',
}
```

這是一種非常巧妙的「利用建構能力實現重複使用」的方案。但我認為，既然是 Monorepo 風格的倉庫，也許一種更好的設計是將 core-js 核心 polyfill 單獨放入一個套件中，由 core-js 和 core-js-pure 分別進行引用——這種方式更能利用 Monorepo 的能力，且能減少建構過程中的魔法常數處理。

尋找最佳的 polyfill 方案

前文多次提到了 polyfill（墊片、更新），這裡我們正式對 polyfill 進行定義：

A polyfill, or polyfiller, is a piece of code (or plugin) that provides the technology that you, the developer, expect the browser to provide natively. Flattening the API landscape if you will.

簡單來說，polyfill 就是用社區上提供的一段程式，讓我們在不相容某些新特性的瀏覽器上使用該新特性。

隨著前端的發展，尤其是 ECMAScript 的迅速成長及瀏覽器的頻繁改朝換代，前端使用 polyfill 的情況屢見不鮮。那麼如何能在專案中尋找並設計一個「最完美」的 polyfill 方案呢？注意，這裡的最完美指的是侵入性最小，專案化、自動化程度最高，業務影響最低。

手動進行更新是一種方案。這種方式最為簡單直接，也能天然做到「隨選系統更新」，但這不是一種專案化的解決方案，方案原始且難以維護，同時對 polyfill 的實現要求較高。

於是，es5-shim 和 es6-shim 等「輪子」出現了，它們伴隨著前端開發走過了一段艱辛的歲月。但 es5-shim 和 es6-shim 這種笨重的解決方案很快被 babel-polyfill 取代，babel-polyfill 融合了 core-js 和 regenerator-runtime。

但如果粗暴地使用 babel-polyfill 一次性將全量 polyfill 匯入專案，不和 @babel/preset-env 等方案結合，babel-polyfill 會將其所包含的所有 polyfill 都應用在專案當中，這樣直接造成了專案所佔記憶體過大，且存在污染全域變數的潛在問題。

於是，babel-polyfill 結合 @babel/preset-env + useBuiltins（entry）+ preset-env targets 的方案誕生且迅速流行起來，@babel/preset-env 定義了 Babel 所需外掛程式，同時 Babel 根據 preset-env targets 設定的支援環境自動隨選載入 polyfill，使用方式如下。

```
{
  "presets": [
    ["@babel/env", {
      useBuiltIns: 'entry',
      targets: { chrome: 44 }
    }]
  ]
}
```

在專案程式入口處需要增加 import '@babel/polyfill'，並被編譯為以下形式。

```
import "core-js/XXXX/XXXX";
import "core-js/XXXX/XXXXX";
```

這樣的方式省力省心，也是 core-js 和 Babel 深度綁定並結合的典型案例。

上文提到，babel-polyfill 融合了 core-js 和 regenerator-runtime，既然如此，我們也可以不使用 babel-polyfill 而直接使用 core-js。這裡我對比了 babel-polyfill、core-js、es5-shim、es6-shim 的使用頻率，如圖 6-2 所示。

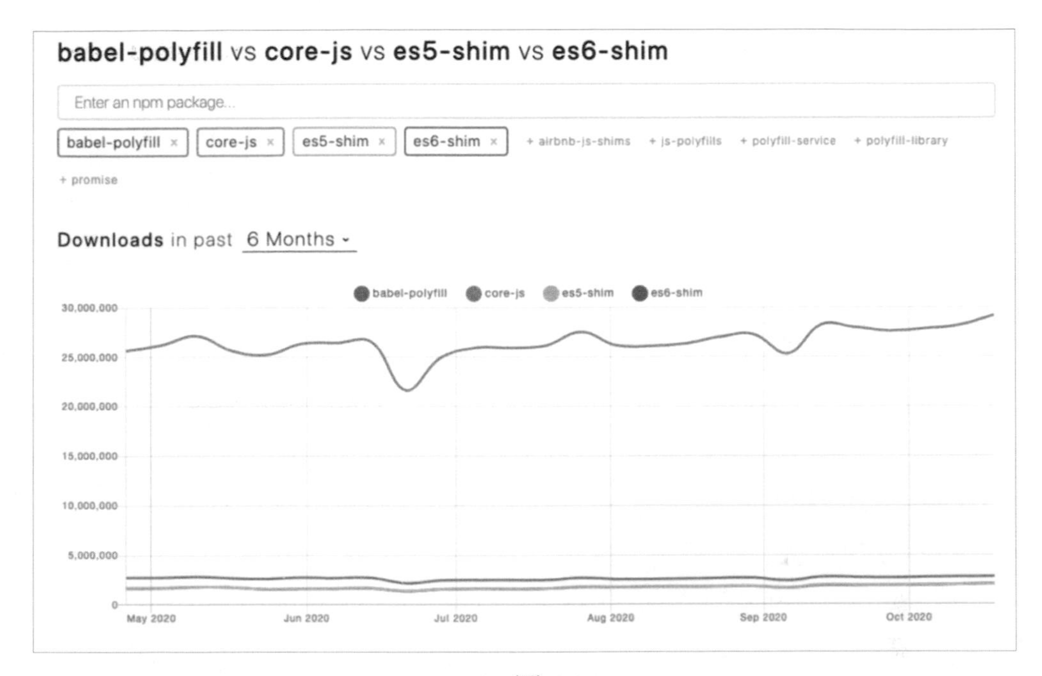

▲ 圖 6-2

圖 6-2 顯示，core-js 使用頻率最高，這是因為它既可以在專案中單獨使用，也可以和 Babel 綁定，作為低層相依出現。

我們再來考慮這種情況：如果某個業務的程式中並沒有用到設定環境填充的 polyfill，那麼這些 polyfill 的引入反而帶來了引用浪費的問題。實際上，環境需要是一回事，程式是否需要卻是另一回事。比如，我的 MPA（多頁面應用）專案需要提供 Promise polyfill，但是某個業務頁面中並沒有使用 Promise 特性，理想情況下並不需要在當前頁面中引入 Promise polyfill bundle。

針對這種情況，@babel/preset-env + useBuiltins（usage）+ preset-env targets 的解決方案出現了。注意這裡的 useBuiltins 被設定為 usage，它可以真正根據程式情況分析 AST（抽象語法樹）並進行更細粒度的隨選引用。但是這種基於靜態編譯隨選載入 polyfill 的操作也是相對的，因為 JavaScript 是一種弱規則的動態語言，比如這樣的程式 foo.includes(() => {//...}) ，我們無法判斷出這裡的 includes 是陣列原型方法還是字串原型方法，因此一般做法是，將陣列原型方法和字串原型方法同時打包為 polyfill bundle。

除了在打包建構階段植入 polyfill，另外一個想法是「線上動態系統更新」。這種方案以 Polyfill.io 為代表，它提供了 CDN 服務，使用者可以根據環境生成打包連結，如圖 6-3 所示。

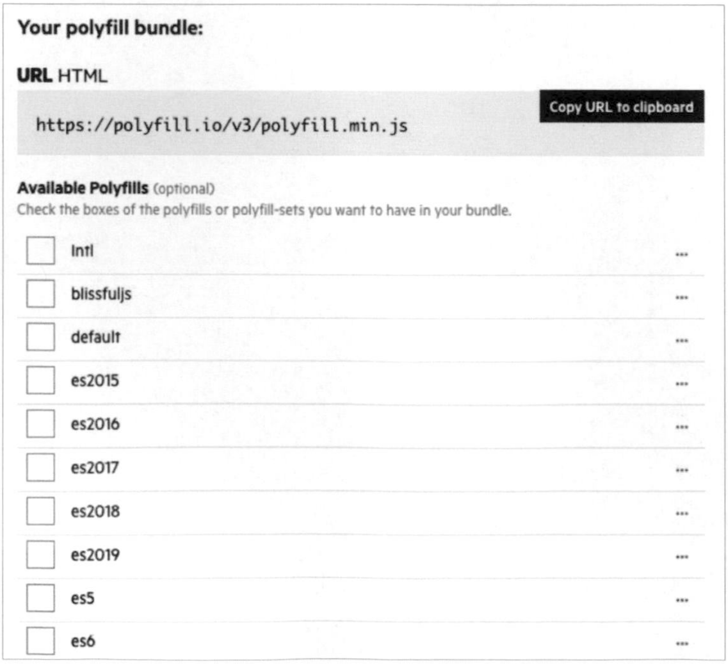

▲ 圖 6-3

例如對於打包連結 https://polyfill.io/v3/polyfill.min.js?features=es2015，在業務中我們可以直接引入 polyfill bundle。

```
<script src="https://polyfill.io/v3/polyfill.min.js?features=es2015"></script>
```

在高版本瀏覽器上可能會傳回空內容，因為該瀏覽器已經支援了 ES2015 特性。但在低版本瀏覽器中，我們將得到真實的 polyfill bundle。

從專案化的角度來說，一個趨於完美的 polyfill 設計應該滿足的核心原則是「隨選系統更新」，這個「隨選」主要包括兩方面。

- 按照使用者終端環境進行更新。
- 按照業務程式使用情況進行更新。

隨選系統更新表示 bundle 體積更小，直接決定了應用的性能。

總結

從對前端專案的影響程度上來講，core-js 不只是一個 polyfill 倉庫；從前端技術設計的角度來看，core-js 能讓我們獲得更多啟發和靈感。本篇分析了 core-js 的設計實現，並由此延伸出了專案中 polyfill 設計的各方面。前端基礎建設和專案化中的每一個環節都相互連結，我們將在後面的篇章中繼續探索。

第 7 章

整理混亂的 Babel，拒絕編譯顯示出錯

Babel 在前端領域擁有舉足輕重的歷史地位，幾乎所有的大型前端應用專案都離不開 Babel 的支援。同時，Babel 還是一個工具鏈（toolchain），是前端基礎建設中絕對重要的一環。

作為前端工程師，你可能設定過 Babel，也可能看過一些關於 Babel 外掛程式或原理的文章。但我認為，「配置工程師」只是我們的起點，透過閱讀幾篇關於 Babel 外掛程式撰寫的文章並不能真正掌握 Babel 的設計思想和原理。對於 Babel 的學習不能停留在設定層面，我們需要從更高的角度認識 Babel 在專案設計上的思想和原理。本篇將深入 Babel 生態，介紹前端基建專案中最重要的一環。

Babel 是什麼

Babel 官方對其的介紹如下：

Babel is a JavaScript compiler.

Babel 其實就是一個 JavaScript 的「編譯器」。但是一個簡單的編譯器如何能成為影響前端專案的「大殺器」呢？究其原因，主要是前端語言特性和宿主環境（瀏覽器、Node.js 等）高速發展，但宿主環境無法第一時間支援新語言特性，而開發者又需要相容各種宿主環境，因此語言特性的降級成為剛性需求。

另一方面，前端框架「自訂 DSL」的風格越來越明顯，使得前端各種程式被編譯為 JavaScript 程式的需求成為標準配備。因此，Babel 的職責半徑越來越大，它需要完成以下內容。

- 語法轉換，一般是高階語言特性的降級。
- polyfill 特性的實現和連線。
- 原始程式轉換，比如 JSX 等。

為了完成這些工作，Babel 不能大包大攬地實現一切，更不能用麵條式的毫無設計模式可言的方式來開發程式。因此，從專案化的角度來講，Babel 的設計需要秉承以下理念。

- 可抽換（Pluggable），比如 Babel 需要有一套靈活的外掛程式機制，方便連線各種工具。
- 可偵錯（Debuggable），比如 Babel 在編譯過程中要提供一套 Source Map 來幫助使用者在編譯結果和編譯前原始程式之間建立映射關係，方便偵錯。
- 基於協定（Compact），主要是指實現靈活的設定方式，比如大家熟悉的 Babel loose 模式，Babel 提供 loose 選項可幫助開發者在「儘量還原規範」和「更小的編譯產出體積」之間找到平衡。

總結一下，編譯是 Babel 的核心目標，因此它自身的實現基於編譯原理，深入 AST（抽象語法樹）來生成目標程式，同時需要專案化協作，需要和各種工具（如 Webpack）相互配合。因此，Babel 一定是龐大、複雜的。下面我們就一起來了解這個「龐然大物」的運作方式和實現原理。

Babel Monorepo 架構套件解析

為了以最完美的方式支援上述需求，Babel 家族可謂枝繁葉茂。Babel 是一個使用 Lerna 建構的 Monorepo 風格的倉庫，其 ./packages 目錄下有 140 多個套件，其中 Babel 的部分套件大家可能見過或使用過，但並不確定它們能造成什麼作用，而有些套件你可能都沒有聽說過。總的來說，這些套件的作用可以分為兩種。

- Babel 的一些套件的意義是在專案上起作用，因此對業務來說是不透明的，比如一些外掛程式可能被 Babel preset 預設機制打包並對外輸出。
- Babel 的另一些套件是供純專案使用的，或執行在 Node.js 環境中，這些套件相對來講大家會更熟悉。

下面，我會對一些 Babel 家族的重點成員進行整理，並簡單說明它們的基本使用原理。

@babel/core 是 Babel 實現轉換的核心，它可以根據設定進行原始程式的編譯轉換，範例如下。

```
var babel = require("@babel/core");

babel.transform(code, options, function(err, result) {
  result; // => { code, map, ast }
});
```

@babel/cli 是 Babel 提供的命令列，可以在終端中透過命令列方式執行，編譯檔案或目錄。其實現原理是，使用 commander 庫架設基本的命令列。以編譯檔案為例，其關鍵原始程式如下。

```
import * as util from "./util";

const results = await Promise.all(
  _filenames.map(async function (filename: string): Promise<Object> {
    let sourceFilename = filename;
    if (cliOptions.outFile) {
```

```
    sourceFilename = path.relative(
      path.dirname(cliOptions.outFile),
      sourceFilename,
    );
  }
  // 獲取檔案名稱
  sourceFilename = slash(sourceFilename);

  try {
    return await util.compile(filename, {
      ...babelOptions,
      sourceFileName: sourceFilename,
      // 獲取 sourceMaps 設定項目
      sourceMaps:
        babelOptions.sourceMaps === "inline"
          ? true
          : babelOptions.sourceMaps,
    });
  } catch (err) {
    if (!cliOptions.watch) {
      throw err;
    }

    console.error(err);
    return null;
  }
 }),
);
```

在上述程式中，@babel/cli 使用了 util.compile 方法執行關鍵的編譯操作，該方法定義在 babel-cli/src/babel/util.js 中。

```
import * as babel from "@babel/core";
// 核心編譯方法
export function compile(
  filename: string,
  opts: Object | Function,
): Promise<Object> {
  // 編譯設定
```

```
  opts = {
    ...opts,
    caller: CALLER,
  };

  return new Promise((resolve, reject) => {
    // 呼叫 transformFile 方法執行編譯過程
    babel.transformFile(filename, opts, (err, result) => {
      if (err) reject(err);
      else resolve(result);
    });
  });
}
```

由此可見，@babel/cli 負責獲取設定內容，並最終相依 @babel/core 完成編譯。

事實上，關於上述原理，我們可以在 @babel/cli 的 package.json 檔案中找到線索，請看以下程式。

```
"peerDependencies": {
       "@babel/core": "^7.0.0-0"
},
```

作為 @babel/cli 的關鍵相依，@babel/core 提供了基礎的編譯能力。

上面我們整理了 @babel/cli 和 @babel/core 套件，希望幫助你形成 Babel 各個套件之間協作分工的整體感知，這也是 Monorepo 風格倉庫常見的設計形式。接下來，我們再繼續看更多的「家族成員」。

@babel/standalone 這個套件非常有趣，它可以在非 Node.js 環境（比如瀏覽器環境）下自動編譯 type 值為 text/babel 或 text/jsx 的 script 標籤，範例如下。

```
<script src="https://unpkg.com/@babel/standalone/babel.min.js"></script>
<script type="text/babel">
       const getMessage = () => "Hello World";
       document.getElementById('output').innerHTML = getMessage();
</script>
```

上述編譯行為由以下程式支援。

```
import {
  transformFromAst as babelTransformFromAst,
  transform as babelTransform,
  buildExternalHelpers as babelBuildExternalHelpers,
} from "@babel/core";
```

@babel/standalone 可以在瀏覽器中直接執行，因此這個套件對於瀏覽器環境動態插入具有高階語言特性的指令稿、線上自動解析編譯非常有意義。我們知道的 Babel 官網也用到了這個套件，JSFiddle、JS Bin 等也都是使用 @babel/standalone 的受益者。

我認為，在前端發展方向之一——Web IDE 和智慧化方向上，類似的設計和技術將有更多的施展空間，@babel/standalone 能為現代化前端發展提供想法和啟發。

我們知道 @babel/core 被多個 Babel 套件應用，而 @babel/core 的能力由更底層的 @babel/parser、@babel/code-frame、@babel/generator、@babel/traverse、@babel/types 等套件提供。這些 Babel 家族成員提供了基礎的 AST 處理能力。

@babel/parser 是 Babel 用來對 JavaScript 語言進行解析的解析器。

@babel/parser 的實現主要相依並參考了 acorn 和 acorn-jsx，典型用法如下。

```
require("@babel/parser").parse("code", {
  sourceType: "module",

  plugins: [
    "jsx",
    "flow"
  ]
});
```

@bable/parser 原始程式實現如下。

```
export function parse(input: string, options?: Options): File {
  if (options?.sourceType === "unambiguous") {
    options = {
      ...options,
    };
    try {
      options.sourceType = "module";
      // 獲取相應的編譯器
      const parser = getParser(options, input);
      // 使用編譯器將原始程式轉為 AST 程式
      const ast = parser.parse();

      if (parser.sawUnambiguousESM) {
        return ast;
      }

      if (parser.ambiguousScriptDifferentAst) {
        try {
          options.sourceType = "script";
          return getParser(options, input).parse();
        } catch {}
      } else {
        ast.program.sourceType = "script";
      }

      return ast;
    } catch (moduleError) {
      try {
        options.sourceType = "script";
        return getParser(options, input).parse();
      } catch {}

      throw moduleError;
    }
  } else {
    return getParser(options, input).parse();
  }
}
```

由上述程式可見，require("@babel/parser").parse() 方法可以傳回一個針對原始程式編譯得到的 AST，這裡的 AST 符合 Babel AST 格式要求。

有了 AST，我們還需要對它進行修改，以產出編譯後的程式。這就涉及對 AST 的遍歷了，此時 @babel/traverse 將派上用場，使用方式如下。

```
traverse(ast, {
  enter(path) {
    if (path.isIdentifier({ name: "n" })) {
      path.node.name = "x";
    }
  }
});
```

遍歷的同時，如何對 AST 上的指定內容進行修改呢？這就要引出另一個家族成員 @babel/types 了，該套件提供了對具體的 AST 節點進行修改的能力。

得到編譯後的 AST 之後，最後使用 @babel/generator 對新的 AST 進行聚合並生成 JavaScript 程式，如下。

```
const output = generate(
  ast,
  {
    /* options */
  },
  code
);
```

以上便是一個典型的 Babel 底層編譯範例，流程如圖 7-1 所示。

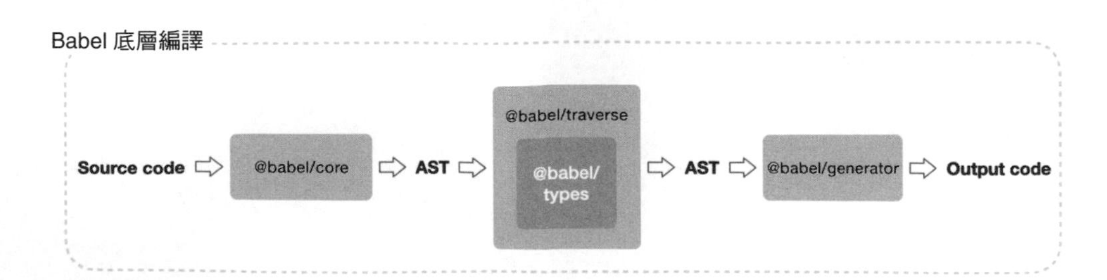

▲ 圖 7-1

圖 7-1 也是 Babel 外掛程式運作的基礎。基於對 AST 的操作，Babel 將上述所有能力開放給外掛程式，讓第三方能夠更方便地操作 AST，並聚合成最終編譯產出的程式。

基於以上原理，Babel 具備了編譯處理能力，但在專案中運用時，我們一般不會感知這些內容，你可能也很少直接操作 @babel/core、@babel/types 等，而是對 @babel/preset-env 更加熟悉，畢竟 @babel/preset-env 才是在業務中直接暴露給開發者的套件。

在專案中，我們需要 Babel 做到的是編譯降級，而這個編譯降級一般透過 @babel/preset-env 來設定。@babel/preset-env 允許我們設定需要支援的目標環境（一般是瀏覽器範圍或 Node.js 版本範圍），利用 babel-polyfill 完成更新連線。

結合上一篇內容，@babel/polyfill 其實就是 core-js 和 regenerator-runtime 兩個套件的結合，在原始程式層面，@babel/polyfill 透過 build-dist.sh 指令稿，利用 Browserify 進行打包，具體如下。

```
#!/bin/sh
set -ex

mkdir -p dist

yarn browserify lib/index.js \
  --insert-global-vars 'global' \
  --plugin bundle-collapser/plugin \
  --plugin derequire/plugin \
  >dist/polyfill.js
yarn uglifyjs dist/polyfill.js \
  --compress keep_fnames,keep_fargs \
  --mangle keep_fnames \
  >dist/polyfill.min.js
```

這裡需要注意，@babel/polyfill 並非重點，大家了解即可。

新的 Babel 生態（@babel/preset-env 7.4.0 版本）鼓勵開發者直接在程式中引入 core-js 和 regenerator-runtime。但是不管是直接引入 core-js 和 regenerator-runtime，還是直接引入 @babel/polyfill，其實都是引入了全量的 polyfill，那麼 @babel/preset-env 如何根據目標調配環境隨選引入業務所需的 polyfill 呢？

事實上，@babel/preset-env 透過設定 targets 參數，遵循 Browserslist 規範，結合 core-js-compat，即可篩選出目標調配環境所需的 polyfill（或 plugin），關鍵原始程式如下。

```
export default declare((api, opts) => {

  // 規範參數
  const {
    bugfixes,
    configPath,
    debug,
    exclude: optionsExclude,
    forceAllTransforms,
    ignoreBrowserslistConfig,
    include: optionsInclude,
    loose,
    modules,
    shippedProposals,
    spec,
    targets: optionsTargets,
    useBuiltIns,
    corejs: { version: corejs, proposals },
    browserslistEnv,
  } = normalizeOptions(opts);

  let hasUglifyTarget = false;

  // 獲取對應的 targets 參數
  const targets = getTargets(
    (optionsTargets: InputTargets),
    { ignoreBrowserslistConfig, configPath, browserslistEnv },
  );
  const include = transformIncludesAndExcludes(optionsInclude);
  const exclude = transformIncludesAndExcludes(optionsExclude);
```

```
const transformTargets = forceAllTransforms || hasUglifyTarget ? {} : targets;

// 獲取需要相容的內容
const compatData = getPluginList(shippedProposals, bugfixes);

const modulesPluginNames = getModulesPluginNames({
  modules,
  transformations: moduleTransformations,
  shouldTransformESM: modules !== "auto" || !api.caller?.(supportsStaticESM),
  shouldTransformDynamicImport:
    modules !== "auto" || !api.caller?.(supportsDynamicImport),
  shouldTransformExportNamespaceFrom: !shouldSkipExportNamespaceFrom,
  shouldParseTopLevelAwait: !api.caller || api.caller(supportsTopLevelAwait),
});

// 獲取目標 plugin 名稱
const pluginNames = filterItems(
  compatData,
  include.plugins,
  exclude.plugins,
  transformTargets,
  modulesPluginNames,
  getOptionSpecificExcludesFor({ loose }),
  pluginSyntaxMap,
);
removeUnnecessaryItems(pluginNames, overlappingPlugins);

const polyfillPlugins = getPolyfillPlugins({
  useBuiltIns,
  corejs,
  polyfillTargets: targets,
  include: include.builtIns,
  exclude: exclude.builtIns,
  proposals,
  shippedProposals,
  regenerator: pluginNames.has("transform-regenerator"),
  debug,
});
```

```
  const pluginUseBuiltIns = useBuiltIns !== false;
  // 根據 pluginNames 傳回一個 plugin 設定清單
  const plugins = Array.from(pluginNames)
    .map(pluginName => {
      if (
        pluginName === "proposal-class-properties" ||
        pluginName === "proposal-private-methods" ||
        pluginName === "proposal-private-property-in-object"
      ) {
        return [
          getPlugin(pluginName),
          {
            loose: loose
              ? "#__internal__@babel/preset-env__prefer-true-but-false-is-ok-if-it-
prevents-an-error"
              : "#__internal__@babel/preset-env__prefer-false-but-true-is-ok-if-it-
prevents-an-error",
          },
        ];
      }
      return [
        getPlugin(pluginName),
        { spec, loose, useBuiltIns: pluginUseBuiltIns },
      ];
    })
    .concat(polyfillPlugins);

  return { plugins };
});
```

這部分內容可以與上一篇結合學習，相信你會對前端「隨選引入 polyfill」有一個更加清晰的認知。

至於 Babel 家族的其他成員，相信你也一定見過 @babel/plugin-transform-runtime，它可以重複使用 Babel 注入的 helper 函式，達到節省程式空間的目的。

比如，對於一段簡單的程式 class Person{}，經過 Babel 編譯後將得到以下內容。

```
function _instanceof(left, right) {
  if (right != null && typeof Symbol !== "undefined" &&   right[Symbol.hasInstance]) {
    return !!right[Symbol.hasInstance](left);
  }
  else {
    return left instanceof right;
  }
}

function _classCallCheck(instance, Constructor) {
  if (!_instanceof(instance, Constructor)) { throw new TypeError("Cannot call a class
as a function"); }
}

var Person = function Person() {
  _classCallCheck(this, Person);
};
```

其中 _instanceof 和 _classCallCheck 都是 Babel 內建的 helper 函式。如果每個類別的編譯結果都在程式中植入這些 helper 函式的具體內容，則會對產出程式的體積產生明顯的負面影響。在啟用 @babel/plugin-transform-runtime 外掛程式後，上述編譯結果將變為以下形式。

```
var _interopRequireDefault = require("@babel/runtime/helpers/interopRequireDefault");

var _classCallCheck2 =
_interopRequireDefault(require("@babel/runtime/helpers/classCallCheck"));

var Person = function Person() {
  (0, _classCallCheck2.default)(this, Person);
};
```

從上述程式中可以看到，_classCallCheck 作為模組相依被引入檔案，基於打包工具的 cache 能力減小產出程式的體積。需要注意的是，_classCallCheck2 這個 helper 函式由 @babel/runtime 提出，@babel/runtime 是 Babel 家族的另一個套件。

@babel/runtime 中含有 Babel 編譯所需的一些執行時期 helper 函式，同時提供了 regenerator-runtime 套件，對 generator 和 async 函式進行編譯降級。

關於 @babel/plugin-transform-runtime 和 @babel/runtime，總結如下。

- @babel/plugin-transform-runtime 需要和 @babel/runtime 配合使用。
- @babel/plugin-transform-runtime 在編譯時使用，作為 devDependencies。
- @babel/plugin-transform-runtime 將業務程式進行編譯，引用 @babel/runtime 提供的 helper 函式，達到縮減編譯產出程式體積的目的。
- @babel/runtime 用於執行時期，作為 dependencies。

另外，@babel/plugin-transform-runtime 和 @babel/runtime 配合使用除了可以實現「程式瘦身」，還能避免污染全域作用域。比如，一個生成器函式 function* foo() {} 在經過 Babel 編譯後，產出內容如下。

```
var _marked = [foo].map(regeneratorRuntime.mark);

function foo() {
  return regeneratorRuntime.wrap(
    function foo$(_context) {
      while (1) {
        switch ((_context.prev = _context.next)) {
          case 0:
          case "end":
            return _context.stop();
        }
      }
    },
    _marked[0],
    this
  );
}
```

其中，regeneratorRuntime 是一個全域變數，經過上述編譯過程後，全域作用域受到了污染。結合 @babel/plugin-transform-runtime 和 @babel/runtime，上述程式將變為以下形式。

```
// 特別命名為 _regenerator 和 _regenerator2，避免污染全域作用域
var _regenerator = require("@babel/runtime/regenerator");
var _regenerator2 = _interopRequireDefault(_regenerator);

function _interopRequireDefault(obj) {
  return obj && obj.__esModule ? obj : { default: obj };
}

var _marked = [foo].map(_regenerator2.default.mark);
// 將 await 編譯為 Generator 模式
function foo() {
  return _regenerator2.default.wrap(
    function foo$(_context) {
      while (1) {
        switch ((_context.prev = _context.next)) {
          case 0:
          case "end":
            return _context.stop();
        }
      }
    },
    _marked[0],
    this
  );
}
```

此時，regenerator 由 require("@babel/runtime/regenerator") 匯出，且匯出結果被賦值為一個檔案作用域內的 _regenerator 變數，從而避免了全域作用域污染。理清這層關係，相信你在使用 Babel 家族成員時，能夠更準確地從原理層面理解各項設定功能。

最後，我們再來整理其他幾個重要的 Babel 家族成員及其能力和實現原理。

- @babel/plugin 是 Babel 外掛程式集合。
- @babel/plugin-syntax-* 是 Babel 的語法外掛程式。它的作用是擴展 @babel/parser 的一些能力，供專案使用。比如，@babel/plugin-syntax-top-level-await 外掛程式提供了使用 top level await 新特性的能力。

- @babel/plugin-proposal-* 用於對提議階段的語言特性進行編譯轉換。
- @babel/plugin-transform-* 是 Babel 的轉換外掛程式。比如，簡單的 @babel/plugin-transform- react-display-name 外掛程式可以自動調配 React 元件 DisplayName，範例如下。

```
var foo = React.createClass({}); // React <= 15
var bar = createReactClass({});  // React 16+
```

上述呼叫經過 @babel/plugin-transform-react-display-name 的處理後被編譯為以下內容。

```
var foo = React.createClass({
  displayName: "foo"
}); // React <= 15
var bar = createReactClass({
  displayName: "bar"
}); // React 16+
```

- @babel/template 封裝了基於 AST 的範本能力，可以將字串程式轉為 AST，在生成一些輔助程式時會用到這個套件。
- @babel/node 類似於 Node.js CLI，@babel/node 提供了在命令列執行高級語法的環境，也就是說，相比於 Node.js CLI，它支援更多特性。
- @babel/register 實際上為 require 增加了一個 hook，使用之後，所有被 Node.js 引用的檔案都會先被 Babel 轉碼。

這裡請注意，@babel/node 和 @babel/register 都是在執行時期進行編譯轉換的，因此會對執行時期的性能產生影響。在生產環境中，我們一般不直接使用 @babel/node 和 @babel/register。

上述內容涉及對業務開發者黑盒的編譯產出、原始程式層面的實現原理、各個套件的分工和協調，內容較多，要想做到真正理解並非一夕之功。接下來，我們從更加巨觀的角度來加深認識。

Babel 專案生態架構設計和分層理念

了解了上述內容，你也許會問：平時開發中出鏡率極高的 @babel/loader 怎麼沒有看到？

事實上，Babel 的生態是內聚的，也是開放的。我們透過 Babel 對程式進行編譯，該過程從微觀上可視為前端基建的環節，這個環節融入在整個專案中，也需要和其他環節相互配合。@babel/loader 就是用於 Babel 與 Webpack 結合的。

在 Webpack 編譯生命週期中，@babel/loader 作為一個 Webpack loader 承擔著檔案編譯的職責。我們暫且將 @babel/loader 放到 Babel 家族中，可以得到如圖 7-2 所示的「全家福」。

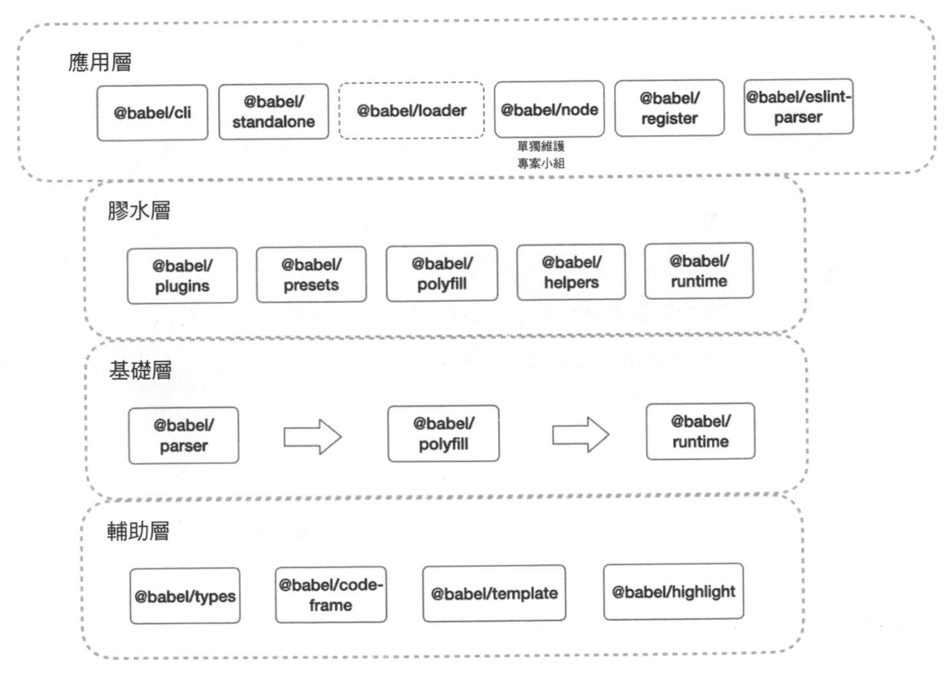

▲ 圖 7-2

如圖 7-2 所示，Babel 生態按照輔助層 → 基礎層 → 膠水層 → 應用層四級完成建構。其中某些層級的界定有些模糊，比如 @babel/highlight 也可以作為應用層工具。

基礎層提供了基礎的編譯能力，完成分詞、解析 AST、生成產出程式的工作。在基礎層中，我們將一些抽象能力下沉到輔助層，這些抽象能力被基礎層使用。在基礎層之上的膠水層，我們建構了如 @babel/presets 等預設 / 外掛程式能力，這些類似「膠水」的套件完成了程式編譯降級所需更新的建構、執行時期邏輯的模組化抽象等工作。在最上面的應用層，Babel 生態提供了終端命令列、瀏覽器端編譯等應用等級的能力。

分層的意義在於應用，下面我們從一個應用場景來具體分析，看看 Babel 專案化設計能所帶來什麼樣的啟示。

從 @babel/eslint-parser 看 Babel 專案化

相信你一定知道 ESLint，它可以用來幫助我們審查 ECMAScript、JavaScript 程式，其原理是基於 AST 語法分析進行規則驗證。那這和 Babel 有什麼連結呢？

試想一下，如果業務程式使用了較多的試驗性 ECMAScript 語言特性，那麼 ESLint 如何辨識這些新的語言特性，做到新特性程式檢查呢？

事實上，ESLint 的解析工具只支援最終進入 ECMAScript 語言標準的特性，如果想對試驗性特性或 Flow/TypeScript 進行程式檢查，ESLint 提供了更換 parser 的能力。@babel/eslint-parser 就是配合 ESLint 檢查合法 Babel 程式的解析器。

上述實現原理也很簡單，ESLint 支援 custom-parser，允許我們使用自訂的第三方編譯器，比以下面是一個將 espree 作為 custom-parser 的場景。

```
{
    "parser": "./path/to/awesome-custom-parser.js"
}


var espree = require("espree");
// awesome-custom-parser.js
exports.parseForESLint = function(code, options) {
    return {
```

```
        ast: espree.parse(code, options),
        services: {
            foo: function() {
                console.log("foo");
            }
        },
        scopeManager: null,
        visitorKeys: null
    };
};
```

@babel/eslint-parser 原始程式的實現保留了相同的範本，它透過自訂的 parser 最終傳回了 ESLint 所需要的 AST 內容，根據具體的 ESLint 規則進行程式檢查。

```
export function parseForESLint(code, options = {}) {
  const normalizedOptions = normalizeESLintConfig(options);
  const ast = baseParse(code, normalizedOptions);
  const scopeManager = analyzeScope(ast, normalizedOptions);

  return { ast, scopeManager, visitorKeys };
}
```

在上述程式中，ast 是 espree 相容的格式，可以被 ESLint 理解。visitorKeys 定義了編譯 AST 的能力，ScopeManager 定義了新（試驗）特性的作用域。

由此可見，Babel 生態和前端專案中的各個環節都是打通的。它可以以 @babel/loader 的形式和 Webpack 協作，也可以以 @babel/eslint-parser 形式和 ESLint 協作。現代化的前端專案是一環扣一環的，作為專案鏈上的一環，外掛程式化能力、協作能力是設計的重點和關鍵。

總結

作為前端開發者，你可能會被如何設定 Babel、Webpack 這些工具所困擾，遇到「設定到自己的專案中就各種顯示出錯」的問題。此時，你可能花費了一天的時間透過 Google 找到了最終的設定解法，但是解決之道卻沒搞清楚；你可能看過一些關於 Babel 外掛程式和原理的文章，自以為掌握了 AST、窺探了編譯，但真正手寫一個分詞器 Tokenizer 卻一頭霧水。

我們需要對 Babel 進行系統學習，學習目的是了解其專案化設計，方便在前端基建的過程中進行最佳設定實踐，不再被編譯顯示出錯所困擾。

第 8 章

前端工具鏈：統一標準化的 babel-preset

公共函式庫是前端生態中的重要角色。公共函式庫的模組化規範、編譯標準，甚至壓縮方式都有講究，同時公共函式庫與使用它們的業務專案也要密切配合，這樣才能打造一個完整的基建環境。請你仔細檢查手上的專案：編譯建構過程是否做到了最高效，產出程式是否配備了最高等級的安全保障，是否做到了性能體驗最佳？

在本篇中，我們會從公共函式庫的角度出發，整理當前的前端生態，還原一個趨於完美的公共函式庫設計標準。

從公共函式庫處理的問題，談如何做好「掃雷人」

讓我們以一篇網紅文章《報告老闆，我們的 H5 頁面在 iOS 11 系統上白屏了！》開始本節的內容，先簡單整理和總結一下文章內容，如下。

- 作者發現某些機型上出現頁面當機情況。
- 出現在顯示出錯頁面上的資訊非常明顯，即當前瀏覽器不支援擴展運算子。

- 出錯的程式碼（使用了擴展運算子的程式碼）是某個公共函式庫程式碼，它沒有使用 Babel 外掛程式進行降級處理，因此線上原始程式碼中出現了擴展運算子。

問題找到了，或許直接對出現問題的公共函式庫程式碼用 Babel 進行編譯降級就可以解決，但在文中環境下，需要在 vue.config.js 中加入對問題公共函式庫 module-name/library-name 的 Babel 編譯流程。

```
transpileDependencies: [
  'module-name/library-name' // 出現問題的公共函式庫
],
```

vue-cli 對 transpileDependencies 有以下說明：

預設情況下，@babel/loader 會忽略所有 node_modules 中的檔案。如果想要透過 Babel 顯式轉譯一個相依，可以在 transpileDependencies 選項中列出這個相依。

按照上述說法操作後，我們卻獲得了新的顯示出錯：Uncaught TypeError: Cannot assign to read only property 'exports' of object '#<Object>'。出現問題的原因如下。

- plugin-transform-runtime 會根據 sourceType 選擇注入 import 或 require，sourceType 的預設值是 module，因此會預設注入 import。
- Webpack 不會處理包含 import/export 的檔案中的 module.exports 匯出，所以需要讓 Babel 自動判斷 sourceType，根據檔案內是否存在 import/export 來決定注入什麼樣的程式。

為了調配上述問題，Babel 設置了 sourceType 屬性，其中的 unambiguous 表示 Babel 會根據檔案上下文（比如是否含有 import/export）來決定是否按照 ESM 語法處理檔案，設定如下。

```
module.exports = {
  ... // 省略設定
  sourceType: 'unambiguous',
```

```
  ... // 省略設定
}
```

但是這種做法在專案上並不推薦，上述方式對所有編譯檔案都生效，但也增加了編譯成本（因為設置 sourceType:unambiguous 後，編譯時需要做的事情更多），同時還會有一個潛在問題：並不是所有的 ESM 模組（這裡指使用 ESNext 特性的檔案）中都含有 import/export，因此，即使某個待編譯檔案屬於 ESM 模組，也可能被 Babel 錯誤地判斷為 CommonJS 模組，引發誤判。

因此，一個更合適的做法是，只對目標第三方函式庫 'module-name/library-name' 設置 sourceType：unambiguous，這時，Babel overrides 屬性就派上用場了，具體使用方式如下。

```
module.exports = {
        ... // 省略設定
        overrides: [
                { include: './node_modules/module-name/library-name/name.common.js',
                // 使用的第三方函式庫
                sourceType: 'unambiguous'
                }
        ],
         ... // 省略設定
};
```

至此，這個「iOS 11 系統當機」的問題就告一段落了，問題及解決想法如下。

- 出現線上問題。
- 某個公共函式庫沒有處理擴展運算子特性。
- 使用 transpileDependencies 選項，用 Babel 編譯該公共函式庫。
- 該公共函式庫輸出 CommonJS 程式，因此未被處理。
- 設置 sourceType:unambiguous，用 Babel overrides 屬性進行處理。

我們回過頭再來看這個問題，實際上業務方對線上測試回歸不徹底是造成問題的直接原因，但問題其實出現在一個公共函式庫上，因此前端生態的混亂和複雜也許才是更本質的原因。

- 對於公共函式庫，我們應該如何建構編譯程式讓業務方更有保障地使用它呢？
- 作為使用者，我們應該如何處理第三方公共函式庫，是否還需要對其進行額外的編譯和處理？

被動地發現問題、解決問題只會讓我們被人「牽著鼻子走」，這不是我們的期望。我們應該從更底層拆解問題。

應用專案建構和公共函式庫建構的差異

首先我們要認清應用專案建構和公共函式庫建構的差異。作為前端團隊，我們建構了很多應用專案，對一個應用專案來說，它「只要能在需要相容的環境中跑起來」就達到了基本目的。而對一個公共函式庫來說，它可能被各種環境所引用或需要支援各種相容需求，因此它要兼顧性能和好用性，要注重品質和廣泛度。由此看來，公共函式庫的建構機制在理論上更加複雜。

說到底，如果你能設計出一個好的公共函式庫，那麼通常也能使用好一個公共函式庫。因此，下面我們重點討論如何設計並產出一個企業級公共函式庫，以及如何在業務中更進一步地使用它。

一個企業級公共函式庫的設計原則

這裡說的企業級公共函式庫主要是指在企業內被重複使用的公共函式庫，它可以被發布到 npm 上進行社區共用，也可以在企業的私有 npm 中被限定範圍地共用。總之，企業級公共函式庫是需要在業務中被使用的。我認為一個企業級公共函式庫的設計原則應該包括以下幾點。

- 對於開發者，應最大化確保開發體驗。

  * 最快地架設偵錯和開發環境。
  * 安全地發版維護。
- 對於使用者，應最大化確保使用體驗。
  * 公共函式庫文件建設完善。
  * 公共函式庫品質有保障。
  * 連線和使用負擔最小。

基於上述原則，在團隊裡設計一個公共函式庫前，需要考慮以下問題。

- 自研公共函式庫還是使用社區已有的「輪子」？
- 公共函式庫的執行環境是什麼？將會決定公共函式庫的編譯建構目標。
- 公共函式庫是偏向業務的還是「業務 free」的？將會決定公共函式庫的職責和邊界。

上述內容並非純理論原則，而是可以直接決定公共函式庫實現技術選型的標準。比如，為了建設更完整的文件，尤其是 UI 元件類別文件，可以考慮部署靜態元件展示網站及用法說明。對於更智慧、更專案化的內容，我們可以考慮使用類似 JSDoc 這樣的工具來實現 JavaScript API 文件。元件類別公共函式庫可以考慮將 Storybook 或 Styleguides 作為標準連線方案。

再比如，我們的公共函式庫調配環境是什麼？一般來講可能需要相容瀏覽器、Node.js、同構環境等。不同環境對應不同的編譯和打包標準，那麼，如果目標是瀏覽器環境，如何才能實現性能最佳解呢？比如，幫助業務方實現 Tree Shaking 等最佳化技術。

同時，為了減輕業務使用負擔，作為企業級公共函式庫，以及對應使用這些企業級公共函式庫的應用專案，可以指定標準的 babel-preset，保證編譯產出的統一。這樣一來，業務專案（即使用公共函式庫的一方）可以以統一的標準被連線。

下面是我基於對目前前端生態的理解，草擬的一份 babel-preset（該 preset 具有時效性）。

制定一個統一標準化的 babel-preset

在企業中，所有的公共函式庫和應用專案都使用同一套 @lucas/babel-xxx-preset，並按照其編譯要求進行編譯，以保證業務使用時的連線標準統一化。原則上講，這樣的統一化能夠有效避免本文開頭提到的「線上問題」。同時，@lucas/babel-preset 應該能夠適應各種專案需求，比如使用 TypeScript、Flow 等擴展語法。

這裡列出一份設計方案，具體如下。

- 支援 NODE_ENV = 'development' | 'production' | 'test' 三種環境，並有對應的最佳化措施。
- 設定外掛程式預設不開啟 Babel loose: true 設定選項，讓外掛程式的行為盡可能地遵循規範，但對有較嚴重性能損耗或有相容性問題的場景，需要保留修改入口。
- 方案實踐後，應該支援應用編譯和公共函式庫編譯，即可以按照 @lucas/babel-preset/app、@lucas/babel-preset/library 和 @lucas/babel-preset/library/compact、@lucas/babel-preset/ dependencies 進行區分使用。

@lucas/babel-preset/app、@lucas/babel-preset/dependencies 都可以作為編譯應用專案的預設使用，但它們也有所差別，具體如下。

- @lucas/babel-preset/app 負責編譯除 node_modules 以外的業務程式。
- @lucas/babel-preset/dependencies 負責編譯 node_modules 第三方程式。

@lucas/babel-preset/library 和 @lucas/babel-preset/library/compact 都可以作為編譯公共函式庫的預設使用，它們也有所差別。

- @lucas/babel-preset/library 按照當前 Node.js 環境編譯輸出程式。
- @lucas/babel-preset/library/compact 會將程式編譯降級為 ES5 程式。

對於企業級公共函式庫，建議使用標準 ES 特性來發布；對 Tree Shaking 有強烈需求的函式庫，應同時發布 ES Module 格式程式。企業級公共函式庫發布的程式不包含 polyfill，由使用方統一處理。

對於應用編譯，應使用 @babel/preset-env 同時編譯應用程式與第三方函式庫程式。我們需要對 node_modules 進行編譯，並且為 node_modules 設定 sourceType:unambiguous，以確保第三方相依套件中的 CommonJS 模組能夠被正確處理。還需要啟用 plugin-transform-runtime 避免同樣的程式被重複注入多個檔案，以縮減打包後檔案的體積。同時自動注入 regenerator-runtime，以避免污染全域作用域。要注入絕對路徑引用的 @babel/runtime 套件中對應的 helper 函式，以確保能夠引用正確版本的 @babel/runtime 套件中的檔案。

此外，第三方函式庫可能透過 dependencies 相依自己的 @babel/runtime，而 @babel/runtime 不同版本之間不能確保相容（比如 6.x 版本和 7.x 版本之間），因此我們為 node_modules 內程式進行 Babel 編譯並注入 runtime 時，要使用路徑正確的 @babel/runtime 套件。

基於以上設計，對於 CSR 應用的 Babel 編譯流程，預計業務方使用的預設程式如下。

```
// webpack.config.js

module.exports = {
  presets: ['@lucas/babel-preset/app'],
}
// 相關 Webpack 設定
module.exports = {
  module: {
    rules: [
      {
        test: /\.js$/,
        oneOf: [
          {
            exclude: /node_modules/,
            loader: 'babel-loader',
            options: {
              cacheDirectory: true,
            },
          },
          {
```

```
            loader: 'babel-loader',
            options: {
              cacheDirectory: true,
              configFile: false,
              // 使用 @lucas/babel-preset
              presets: ['@lucas/babel-preset/dependencies'],
              compact: false,
            },
          },
        ],
      },
    ],
  },
}
```

可以看到，上述方式對相依程式進行了區分（一般我們不需要再編譯第三方相依程式），對於 node_modules，我們開啟了 cacheDirectory 快取。對於應用，我們則使用 @babel/loader 進行編譯。@lucas/babel-preset/dependencies 的內容如下。

```
const path = require('path')
const {declare} = require('@babel/helper-plugin-utils')

const getAbsoluteRuntimePath = () => {
  return path.dirname(require.resolve('@babel/runtime/package.json'))
}

module.exports = ({
  targets,
  ignoreBrowserslistConfig = false,
  forceAllTransforms = false,
  transformRuntime = true,
  absoluteRuntime = false,
  supportsDynamicImport = false,
} = {}) => {
  return declare(
    (
      api,
```

```
  {modules = 'auto', absoluteRuntimePath = getAbsoluteRuntimePath()},
) => {
  api.assertVersion(7)
  // 傳回設定內容
  return {
    // https://github.com/webpack/webpack/issues/4039#issuecomment-419284940
    sourceType: 'unambiguous',
    exclude: /@babel\/runtime/,
    presets: [
      [
        require('@babel/preset-env').default,
        {
          // 統一 @babel/preset-env 設定
          useBuiltIns: false,
          modules,
          targets,
          ignoreBrowserslistConfig,
          forceAllTransforms,
          exclude: ['transform-typeof-symbol'],
        },
      ],
    ],
    plugins: [
      transformRuntime && [
        require('@babel/plugin-transform-runtime').default,
        {
          absoluteRuntime: absoluteRuntime ? absoluteRuntimePath : false,
        },
      ],
      require('@babel/plugin-syntax-dynamic-import').default,
      !supportsDynamicImport &&
        !api.caller(caller => caller && caller.supportsDynamicImport) &&
        require('babel-plugin-dynamic-import-node'),
      [
        require('@babel/plugin-proposal-object-rest-spread').default,
        {loose: true, useBuiltIns: true},
      ],
    ].filter(Boolean),
```

```
        env: {
          test: {
            presets: [
              [
                require('@babel/preset-env').default,
                {
                  useBuiltIns: false,
                  targets: {node: 'current'},
                  ignoreBrowserslistConfig: true,
                  exclude: ['transform-typeof-symbol'],
                },
              ],
            ],
            plugins: [
              [
                require('@babel/plugin-transform-runtime').default,
                {
                  absoluteRuntime: absoluteRuntimePath,
                },
              ],
              require('babel-plugin-dynamic-import-node'),
            ],
          },
        },
      }
    },
  )
}
```

基於以上設計，對於 SSR 應用的編譯（需要編譯調配 Node.js 環境）方法如下。

```
// webpack.config.js
const target = process.env.BUILD_TARGET // 'web' | 'node'

module.exports = {
  target,
  module: {
    rules: [
```

```
      {
        test: /\.js$/,
        oneOf: [
          {
            exclude: /node_modules/,
            loader: 'babel-loader',
            options: {
              cacheDirectory: true,
              presets: [['@lucas/babel-preset/app', {target}]],
            },
          },
          {
            loader: 'babel-loader',
            options: {
              cacheDirectory: true,
              configFile: false,
              presets: [['@lucas/babel-preset/dependencies', {target}]],
              compact: false,
            },
          },
        ],
      },
    ],
  },
}
```

上述程式同樣按照 node_modules 對相依進行了區分，對於 node_modules 第三方相依，我們使用 @lucas/babel-preset/dependencies 編譯預設，同時傳入 target 參數。對於非 node_modules 業務程式，使用 @lucas/babel-preset/app 編譯預設，同時傳入相應環境的 target 參數，@lucas/babel-preset/app 內容如下。

```
const path = require('path')
const {declare} = require('@babel/helper-plugin-utils')

const getAbsoluteRuntimePath = () => {
  return path.dirname(require.resolve('@babel/runtime/package.json'))
}
```

```
module.exports = ({
  targets,
  ignoreBrowserslistConfig = false,
  forceAllTransforms = false,
  transformRuntime = true,
  absoluteRuntime = false,
  supportsDynamicImport = false,
} = {}) => {
  return declare(
    (
      api,
      {
        modules = 'auto',
        absoluteRuntimePath = getAbsoluteRuntimePath(),
        react = true,
        presetReactOptions = {},
      },
    ) => {
      api.assertVersion(7)

      return {
        presets: [
          [
            require('@babel/preset-env').default,
            {
              useBuiltIns: false,
              modules,
              targets,
              ignoreBrowserslistConfig,
              forceAllTransforms,
              exclude: ['transform-typeof-symbol'],
            },
          ],
          react && [
            require('@babel/preset-react').default,
            {useBuiltIns: true, runtime: 'automatic', ...presetReactOptions},
          ],
        ].filter(Boolean),
        plugins: [
```

```
    transformRuntime && [
      require('@babel/plugin-transform-runtime').default,
      {
        useESModules: 'auto',
        absoluteRuntime: absoluteRuntime ? absoluteRuntimePath : false,
      },
    ],

    [
      require('@babel/plugin-proposal-class-properties').default,
      {loose: true},
    ],
    require('@babel/plugin-syntax-dynamic-import').default,
    !supportsDynamicImport &&
      !api.caller(caller => caller && caller.supportsDynamicImport) &&
      require('babel-plugin-dynamic-import-node'),
    [
      require('@babel/plugin-proposal-object-rest-spread').default,
      {loose: true, useBuiltIns: true},
    ],
    require('@babel/plugin-proposal-nullish-coalescing-operator').default,
    require('@babel/plugin-proposal-optional-chaining').default,
  ].filter(Boolean),

  env: {
    development: {
      presets: [
        react && [
          require('@babel/preset-react').default,
          {
            useBuiltIns: true,
            development: true,
            runtime: 'automatic',
            ...presetReactOptions,
          },
        ],
      ].filter(Boolean),
    },
```

```
          test: {
            presets: [
              [
                require('@babel/preset-env').default,
                {
                  useBuiltIns: false,
                  targets: {node: 'current'},
                  ignoreBrowserslistConfig: true,
                  exclude: ['transform-typeof-symbol'],
                },
              ],
              react && [
                require('@babel/preset-react').default,
                {
                  useBuiltIns: true,
                  development: true,
                  runtime: 'automatic',
                  ...presetReactOptions,
                },
              ],
            ].filter(Boolean),
            plugins: [
              [
                require('@babel/plugin-transform-runtime').default,
                {
                  useESModules: 'auto',
                  absoluteRuntime: absoluteRuntimePath,
                },
              ],
              require('babel-plugin-dynamic-import-node'),
            ],
          },
        },
      }
    },
  )
}
```

對於一個公共函式庫，使用方式如下。

```
// babel.config.js
module.exports = {
  presets: ['@lucas/babel-preset/library'],
}
```

對應的 @lucas/babel-preset/library 編譯預設的內容如下。

```
const create = require('../app/create')

module.exports = create({
  targets: {node: 'current'},
  ignoreBrowserslistConfig: true,
  supportsDynamicImport: true,
})
```

這裡的預設會對公共函式庫程式按照當前 Node.js 環境標準進行編譯。如果需要將該公共函式庫的編譯降級到 ES5，需要使用 @lucas/babel-preset/library/compact 預設，內容如下。

```
const create = require('../app/create')

module.exports = create({
  ignoreBrowserslistConfig: true,
  supportsDynamicImport: true,
})
```

程式中的 ../app/create 即上述 @lucas/babel-preset/app 的內容。

需要說明以下內容。

- @lucas/babel-preset/app：應用專案使用，編譯專案程式。SSR 專案可以設定參數 target: 'web' | 'node'。預設支援 JSX 語法，並支援一些常用的語法提案（如 class properties)。

- @lucas/babel-preset/dependencies：應用專案使用，編譯 node_modules。SSR 專案可以設定參數 target: 'web' | 'node'。只支援當前 ES 規範包含的語法，不支援 JSX 語法及提案中的語法。
- @lucas/babel-preset/library：公共函式庫專案使用，用於 prepare 階段的 Babel 編譯。預設支援 JSX 語法，並支援一些常用的語法提案（如 class properties）。如果要將 library 編譯為支援 ES5 規範，需要使用 @lucas/babel-preset/library/compat。

上述設計參考了 facebook/create-react-app 部分內容，建議大家閱讀原始程式，結合註釋理解其中的細節，比如，對於 transform-typeof-symbol 的編譯如下。

```
(isEnvProduction || isEnvDevelopment) && [
    // 最新穩定的 ES 特性
    require('@babel/preset-env').default,
    {
      useBuiltIns: 'entry',
      corejs: 3,
      // 排除 transform-typeof-symbol，避免編譯過慢
      exclude: ['transform-typeof-symbol'],
    },
  ],
```

使用 @babel/preset-env 時，我們使用 useBuiltIns: ‹entry› 來設置 polyfill，同時將 @babel/plugin- transform-typeof-symbol 排除在外，這是因為，@babel/plugin-transform-typeof-symbol 會綁架 typeof 特性，使得程式執行變慢。

總結

本篇從一個「線上問題」出發，剖析了公共函式庫和應用方的不同編譯理念，並透過設計一個 Babel 預設闡明公共函式庫的編譯和應用的使用需要密切配合，這樣才能在當前前端生態中保障基礎建設根基的合理。相關知識並未結束，我們將在下一篇中從 0 到 1 打造一個公共函式庫來進行實踐。

第 9 章

從 0 到 1 建構一個符合標準的公共函式庫

在上一篇中，我們從 Babel 編譯預設的角度厘清了前端生態中的公共函式庫和應用的絲縷連結，本篇將從實戰出發，剖析一個公共函式庫從設計到完成的過程。

實戰打造一個公共函式庫

我們的目標是，借助公共 API，透過網路請求獲取 Dog、Cat、Goat 三種動物的隨機影像並進行展示。更重要的是，要將整個邏輯過程抽象成可以在瀏覽器端和 Node.js 端重複使用的 npm 套件，編譯建構使用 Webpack 和 Babel 完成。

首先建立以下檔案。

- $ mkdir animal-api
- $ cd animal-api
- $ npm init

同時，透過 npm init 命令初始化一個 package.json 檔案。

```
{
  "name": "animal-api",
  "version": "1.0.0",
  "description": "",
  "main": "index.js",
  "scripts": {
    "test": "echo \"Error: no test specified\" && exit 1"
  },
  "author": "",
  "license": "ISC"
}
```

撰寫 index.js 檔案程式，邏輯非常簡單，如下。

```
import axios from 'axios';

const getCat = () => {
    // 發送請求
    return axios.get('https://aws.random.cat/meow').then((response) => {
        const imageSrc = response.data.file
        const text = 'CAT'
        return {imageSrc, text}
    })
}

const getDog = () => {
    return axios.get('https://random.dog/woof.json').then((response) => {
        const imageSrc = response.data.url
        const text = 'DOG'
        return {imageSrc, text}
    })
}

const getGoat = () => {
    const imageSrc = 'http://placegoat.com/200'
    const text = 'GOAT'
    return Promise.resolve({imageSrc, text})
```

```
}

export default {
    getDog,
    getCat,
    getGoat
}
```

我們透過 https://random.dog/woof.json、https://aws.random.cat/meow、http://placegoat.com/200 三個介面封裝了三個獲取圖片位址的函式，分別是 getDog()、getCat()、getGoat()。原始程式透過 ESM 方式提供對外介面，請注意這裡的模組化方式，這是一個公共函式庫設計的關鍵點之一。

對公共函式庫來說，品質保證至關重要。我們使用 Jest 來進行 animal-api 公共函式庫的單元測試。Jest 作為 devDependecies 被安裝，命令如下。

```
npm install --save-dev jest
```

撰寫測試指令稿 animal-api/spec/index.spec.js，程式如下。

```
import AnimalApi from '../index'

describe('animal-api', () => {
    it('gets dogs', () => {
        return AnimalApi.getDog()
            .then((animal) => {
                expect(animal.imageSrc).not.toBeUndefined()
                expect(animal.text).toEqual('DOG')
            })
   })
})
```

改寫 package.json 檔案中的 test script 為 "test": "jest"，執行 npm run test 來執行測試。這時候會得到顯示出錯：SyntaxError: Unexpected identifier，如圖 9-1 所示。

```
> animal-api@1.0.0 test /Users/cehou/Documents/animal-api
> jest

 FAIL  spec/index.spec.js
  ● Test suite failed to run

    /Users/cehou/Documents/animal-api/spec/index.spec.js:1
    ({"Object.<anonymous>":function(module,exports,require,__dirname,__filename
global,jest){import AnimalApi from './index';

                    ^^^^^^^^^

    SyntaxError: Unexpected identifier

      at Runtime.createScriptFromCode (node_modules/jest-runtime/build/index.js
1350:14)

Test Suites: 1 failed, 1 total
Tests:       0 total
Snapshots:   0 total
```

▲ 圖 9-1

不要慌，這是因為 Jest 並不「認識」import 這樣的關鍵字。Jest 執行在 Node.js 環境中，大部分 Node.js 版本（v10 以下）執行時期並不支援 ESM，為了可以使用 ESM 方式撰寫測試指令稿，我們需要安裝 babel-jest 和 Babel 相關相依到開發環境中。

```
npm install --save-dev babel-jest @babel/core @babel/preset-env
```

同時建立 babel.config.js 檔案，內容如下。

```
module.exports = {
  presets: [
    [
      '@babel/preset-env',
      {
        targets: {
          node: 'current',
        },
      },
    ],
  ],
};
```

注意上述程式，我們將 @babel/preset-env 的 targets.node 屬性設置為當前環境 current。再次執行 npm run test 命令，得到顯示出錯 Cannot find module 'axios' from 'index.js'，如圖 9-2 所示。

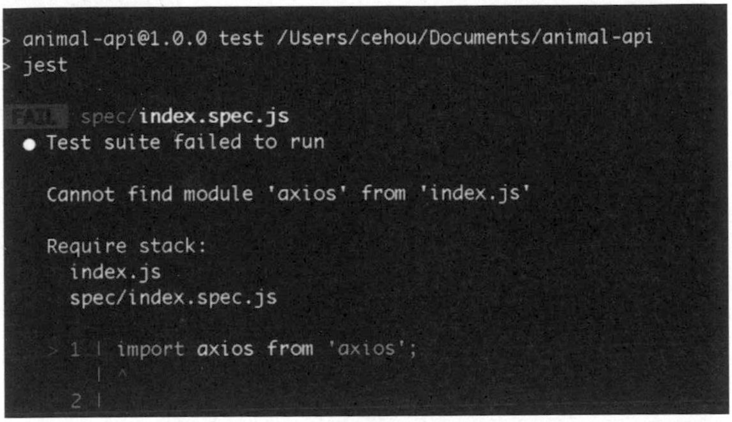

```
> animal-api@1.0.0 test /Users/cehou/Documents/animal-api
> jest

 FAIL  spec/index.spec.js
 ● Test suite failed to run

   Cannot find module 'axios' from 'index.js'

   Require stack:
     index.js
     spec/index.spec.js

   > 1 | import axios from 'axios';
       | ^
     2 |
```

▲ 圖 9-2

查看顯示出錯資訊即可知道原因，我們需要安裝 axios，命令如下。注意：axios 應該作為生產相依被安裝。

```
npm install --save axios
```

現在，測試指令稿就可以正常執行了，如圖 9-3 所示。

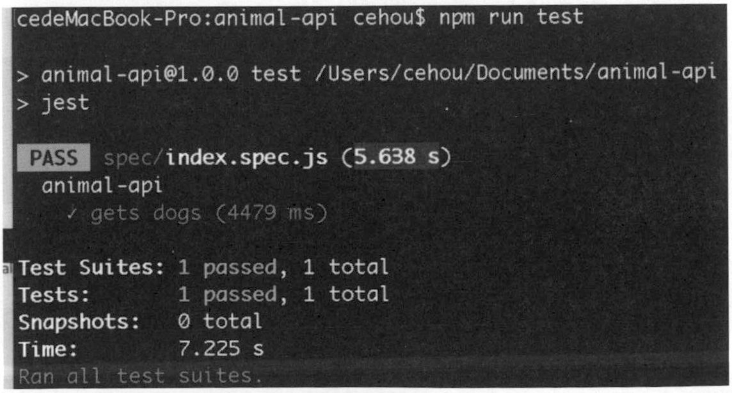

```
cedeMacBook-Pro:animal-api cehou$ npm run test

> animal-api@1.0.0 test /Users/cehou/Documents/animal-api
> jest

 PASS  spec/index.spec.js (5.638 s)
  animal-api
    ✓ gets dogs (4479 ms)

Test Suites: 1 passed, 1 total
Tests:       1 passed, 1 total
Snapshots:   0 total
Time:        7.225 s
Ran all test suites.
```

▲ 圖 9-3

當然，這只是給公共函式庫連線測試，「萬里長征」才開始第一步。接下來我們按照場景的不同進行更多關於公共函式庫的探索。

打造公共函式庫，支援 script 標籤引入程式

在大部分不支援 import 語法特性的瀏覽器中，為了讓指令稿直接在瀏覽器中使用 script 標籤引入程式，首先需要將已有公共函式庫指令稿編譯為 UMD 格式。

類似於使用 babel-jest 將測試指令稿編譯降級為當前 Node.js 版本支援的程式，我們還需要 Babel。不同之處在於，這裡的降級需要將程式內容輸出到一個 output 目錄中，以便瀏覽器可以直接引入該 output 目錄中的編譯後資源。我們使用 @babel/plugin-transform-modules-umd 來完成對程式的降級編譯，命令如下。

```
$ npm install --save-dev @babel/plugin-transform-modules-umd @babel/core @babel/cli
```

同時在 package.json 中加入相關 script 內容："build": "babel index.js -d lib"，執行 npm run build 命令得到產出，如圖 9-4 所示。

```
cedeMacBook-Pro:animal-api cehou$ npm run build

> animal-api@1.0.0 build /Users/cehou/Documents/animal-api
> babel index.js -d lib

Successfully compiled 1 file with Babel (646ms).
```

▲ 圖 9-4

我們在瀏覽器中驗證產出，如下。

```
<script src="./lib/index.js"></script>
<script>
    AnimalApi.getDog().then(function(animal) {
        document.querySelector('#imageSrc').textContent = animal.imageSrc
        document.querySelector('#text').textContent = animal.text
```

```
  })
</script>
```

結果顯示出現了以下顯示出錯。

```
index.html:11 Uncaught ReferenceError: AnimalApi is not defined
    at index.html:11
```

顯示出錯顯示，並沒有找到 AnimalApi 這個物件，我們重新翻看編譯產出原始程式。

```
"use strict";

Object.defineProperty(exports, "__esModule", {
  value: true
});
exports.default = void 0;
// 引入 axios
var _axios = _interopRequireDefault(require("axios"));
//  相容 default 匯出
function _interopRequireDefault(obj) { return obj && obj.__esModule ? obj : { default:
obj }; }
// 原 getCat 方法
const getCat = () => {
  return _axios.default.get('https://aws.random.cat/meow').then(response => {
    const imageSrc = response.data.file;
    const text = 'CAT';
    return {
      imageSrc,
      text
    };
  });
};
// 原 getDog 方法
const getDog = () => {
  return _axios.default.get('https://random.dog/woof.json').then(response => {
    const imageSrc = response.data.url;
    const text = 'DOG';
    return {
```

```
      imageSrc,
      text
    };
  });
};
// 原 getGoat 方法
const getGoat = () => {
  const imageSrc = 'http://placegoat.com/200';
  const text = 'GOAT';
  return Promise.resolve({
    imageSrc,
    text
  });
};
// 預設匯出物件
var _default = {
  getDog,
  getCat,
  getGoat
};
exports.default = _default;
```

透過上述程式可以發現，出現顯示出錯是因為 Babel 的編譯產出如果要支援全域命名（AnimalApi）空間，需要增加以下設定。

```
  plugins: [
      ["@babel/plugin-transform-modules-umd", {
      exactGlobals: true,
      globals: {
        index: 'AnimalApi'
      }
    }]
  ],
```

調整後再執行編譯，得到以下原始程式。

```
// UMD 格式
(function (global, factory) {
  // 相容 AMD 格式
```

```
  if (typeof define === "function" && define.amd) {
    define(["exports", "axios"], factory);
  } else if (typeof exports !== "undefined") {
    factory(exports, require("axios"));
  } else {
    var mod = {
      exports: {}
    };
    factory(mod.exports, global.axios);
    // 掛載 AnimalApi 物件
    global.AnimalApi = mod.exports;
  }
})(typeof globalThis !== "undefined" ? globalThis : typeof self !== "undefined" ? self :
this, function (_exports, _axios) {
  "use strict";

  Object.defineProperty(_exports, "__esModule", {
    value: true
  });
  _exports.default = void 0;
  _axios = _interopRequireDefault(_axios);
  // 相容 default 匯出
  function _interopRequireDefault(obj) { return obj && obj.__esModule ? obj : {
default: obj }; }

  const getCat = () => {
    return _axios.default.get('https://aws.random.cat/meow').then(response => {
      const imageSrc = response.data.file;
      const text = 'CAT';
      return {
        imageSrc,
        text
      };
    });
  };

  const getDog = () => {
    // 省略
  };
```

```
  const getGoat = () => {
    // 省略
  };

  var _default = {
    getDog,
    getCat,
    getGoat
  };
  _exports.default = _default;
});
```

這時，編譯原始程式產出內容變為，透過 IIFE 形式實現的命名空間。同時觀察以下原始程式。

```
global.AnimalApi = mod.exports;
...
var _default = {
    getDog,
    getCat,
    getGoat
  };
  _exports.default = _default;
```

為了相容 ESM 特性，匯出內容全部掛載在 default 屬性上（可以透過 libraryExport 屬性來切換），引用方式需要改為以下形式。

```
AnimalApi.default.getDog().then(function(animal) {
    ...
})
```

解決了以上所有問題，看似大功告成了，但是專案的設計沒有這麼簡單。事實上，在原始程式中，我們沒有使用引入並編譯 index.js 所需要的相依，比如 axios 並沒有被引入。正確的方式應該是將公共函式庫需要的相依按照相依關係進行打包和引入。

為了解決上面這個問題，此時需要引入 Webpack。

```
npm install --save-dev webpack webpack-cli
```

同時增加 webpack.config.js 檔案，內容如下。

```
const path = require('path');

module.exports = {
  entry: './index.js',
  output: {
    path: path.resolve(__dirname, 'lib'),
    filename: 'animal-api.js',
    library: 'AnimalApi',
    libraryTarget: 'var'
  },
};
```

我們設置入口為 ./index.js，建構產出為 ./lib/animal-api.js，同時透過設置 library 和 libraryTarget 將 AnimalApi 作為公共函式庫對外暴露的命名空間。修改 package.json 檔案中的 build script 為 "build": "webpack"，執行 npm run build 命令，得到產出，如圖 9-5 所示。

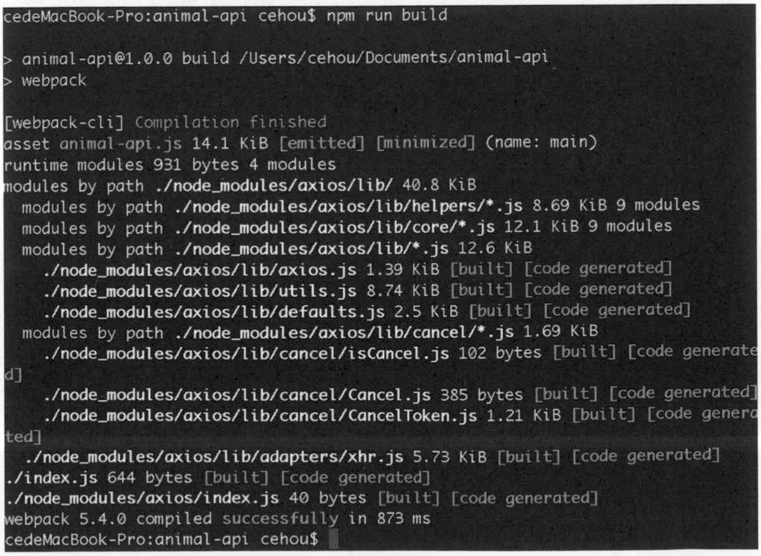

```
cedeMacBook-Pro:animal-api cehou$ npm run build

> animal-api@1.0.0 build /Users/cehou/Documents/animal-api
> webpack

[webpack-cli] Compilation finished
asset animal-api.js 14.1 KiB [emitted] [minimized] (name: main)
runtime modules 931 bytes 4 modules
modules by path ./node_modules/axios/lib/ 40.8 KiB
  modules by path ./node_modules/axios/lib/helpers/*.js 8.69 KiB 9 modules
  modules by path ./node_modules/axios/lib/core/*.js 12.1 KiB 9 modules
  modules by path ./node_modules/axios/lib/*.js 12.6 KiB
    ./node_modules/axios/lib/axios.js 1.39 KiB [built] [code generated]
    ./node_modules/axios/lib/utils.js 8.74 KiB [built] [code generated]
    ./node_modules/axios/lib/defaults.js 2.5 KiB [built] [code generated]
  modules by path ./node_modules/axios/lib/cancel/*.js 1.69 KiB
    ./node_modules/axios/lib/cancel/isCancel.js 102 bytes [built] [code generate
d]
    ./node_modules/axios/lib/cancel/Cancel.js 385 bytes [built] [code generated]
    ./node_modules/axios/lib/cancel/CancelToken.js 1.21 KiB [built] [code genera
ted]
  ./node_modules/axios/lib/adapters/xhr.js 5.73 KiB [built] [code generated]
./index.js 644 bytes [built] [code generated]
./node_modules/axios/index.js 40 bytes [built] [code generated]
webpack 5.4.0 compiled successfully in 873 ms
cedeMacBook-Pro:animal-api cehou$
```

▲ 圖 9-5

至此，我們終於建構出了能夠在瀏覽器中透過 script 標籤引入程式的公共函式庫。當然，一個現代化的公共函式庫還需要支援更多場景。

打造公共函式庫，支援 Node.js 環境

實現了公共函式庫的瀏覽器端支援，下面我們要集中精力調配一下 Node.js 環境。首先撰寫一個 node.test.js 檔案，進行 Node.js 環境驗證。

```
const AnimalApi = require('./index.js')

AnimalApi.getCat().then(animal => {
    console.log(animal)
})
```

這個檔案的功能是，測試公共函式庫是否能在 Node.js 環境下使用。執行 node node-test.js，不出意料得到顯示出錯，如圖 9-6 所示。

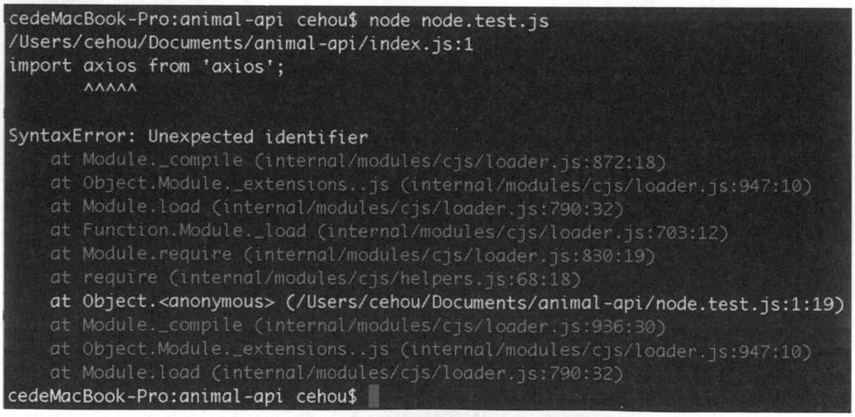

```
cedeMacBook-Pro:animal-api cehou$ node node.test.js
/Users/cehou/Documents/animal-api/index.js:1
import axios from 'axios';
       ^^^^^

SyntaxError: Unexpected identifier
    at Module._compile (internal/modules/cjs/loader.js:872:18)
    at Object.Module._extensions..js (internal/modules/cjs/loader.js:947:10)
    at Module.load (internal/modules/cjs/loader.js:790:32)
    at Function.Module._load (internal/modules/cjs/loader.js:703:12)
    at Module.require (internal/modules/cjs/loader.js:830:19)
    at require (internal/modules/cjs/helpers.js:68:18)
    at Object.<anonymous> (/Users/cehou/Documents/animal-api/node.test.js:1:19)
    at Module._compile (internal/modules/cjs/loader.js:936:30)
    at Object.Module._extensions..js (internal/modules/cjs/loader.js:947:10)
    at Module.load (internal/modules/cjs/loader.js:790:32)
cedeMacBook-Pro:animal-api cehou$
```

▲ 圖 9-6

這個錯誤我們並不陌生，在 Node.js 環境中，我們不能透過 require 來引入一個透過 ESM 撰寫的模組化檔案。在上面的操作中，我們透過 Webpack 編譯出了符合 UMD 規範的程式，嘗試修改 node.test.js 檔案如下。

```
const AnimalApi = require('./lib/index').default

AnimalApi.getCat().then((animal) => {
    console.log(animal)
})
```

如上面的程式所示，我們按照 require('./lib/index').default 方式進行引用，就可以使公共函式庫在 Node.js 環境下執行了。

事實上，相依上一步的建構產出，我們只需要按照正確的路徑引用就可以輕鬆相容 Node.js 環境。是不是有些恍恍惚惚，仿佛什麼都沒做就搞定了。下面，我們從程式原理上說明。

符合 UMD 規範的程式，一般結構如下。

```
(function (root, factory) {
    if (typeof define === 'function' && define.amd) {
        define(['b'], factory);
    } else if (typeof module === 'object' && module.exports) {
        // Node.
        module.exports = factory(require('b'));
    } else {
        // Browser globals (root is window)
        root.returnExports = factory(root.b);
    }
}(typeof self !== 'undefined' ? self : this, function (b) {
    return {};
}));
```

透過 if...else 判斷是否根據環境載入程式。我們的編譯產出類似上面的 UMD 格式，因此是天然支援瀏覽器和 Node.js 環境的。

但是這樣的設計將 Node.js 和瀏覽器環境融合在了一個產出套件當中，並不優雅，也不利於使用方進行最佳化。另外一個常見的做法是將公共函式庫按環境區分，產出兩個套件，分別支援 Node.js 和瀏覽器環境。上述兩種情況的結構如圖 9-7 所示。

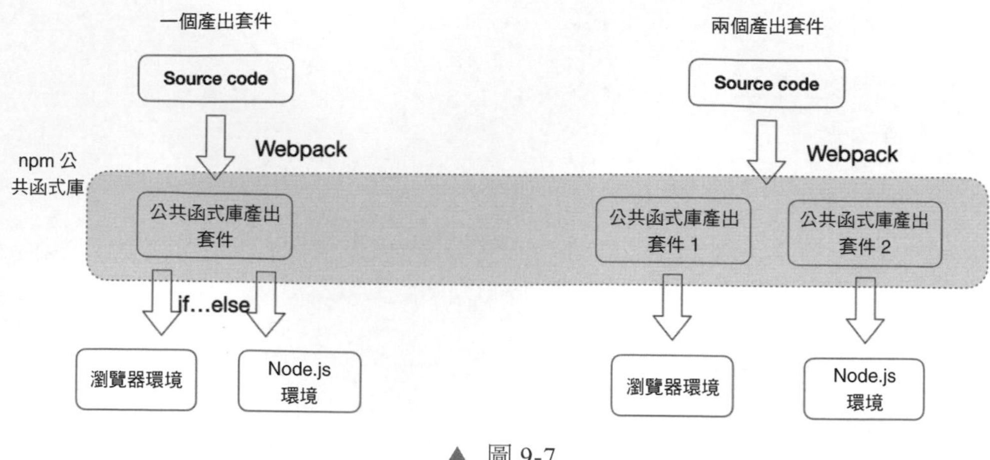

▲ 圖 9-7

當然，如果編譯和產出為兩種不同環境的資源，還得設置 package.json 中的相關欄位。事實上，如果一個 npm 需要在不同環境下載入 npm 套件不同的入口檔案，就會牽扯到 main 欄位、module 欄位、browser 欄位。

- main 定義了 npm 套件的入口檔案，瀏覽器環境和 Node.js 環境均可使用。
- module 定義了 npm 套件的 ESM 規範的入口檔案，瀏覽器環境和 Node.js 環境均可使用。
- browser 定義了 npm 套件在瀏覽器環境下的入口檔案。

而這三個欄位也需要區分優先順序，打包工具對於不同環境調配不同入口的欄位在選擇上還是要以實際情況為準。經測試後，Webpack 在瀏覽器環境下，優先選擇 browser > module > main，在 Node.js 環境下的選擇順序為 module > main。

從開放原始碼函式庫總結生態設計

本節來總結一下編譯調配不同環境的公共函式庫最佳實踐。

simple-date-format 可以將 Date 類型轉為標準定義格式的字串類型，它支援多種環境，範例如下。

```
import SimpleDateFormat from "@riversun/simple-date-format";

const SimpleDateFormat = require('@riversun/simple-date-format');

<script
src="https://cdn.jsdelivr.net/npm/@riversun/simple-date-format@1.1.2/lib/
simple-date-format.js"></script>
```

其使用方式也很簡單，範例如下。

```
const date = new Date('2018/07/17 12:08:56');
const sdf = new SimpleDateFormat();
console.log(sdf.formatWith("yyyy-MM-dd'T'HH:mm:ssXXX", date));//to be "2018-07-
17T12:08:56+09:00"
```

我們來看一下這個公共函式庫的相關設計，原始程式如下。

```
// 入口設定
entry: {
  'simple-date-format': ['./src/simple-date-format.js'],
},
// 產出設定
output: {
  path: path.join(__dirname, 'lib'),
  publicPath: '/',
  // 根據環境產出不同的檔案名稱
  filename: argv.mode === 'production' ? '[name].js' : '[name].js',  //'[name].min.js'
  library: 'SimpleDateFormat',
  libraryExport: 'default',
  // 模組化方式
  libraryTarget: 'umd',
  globalObject: 'this',//for both browser and node.js
  umdNamedDefine: true,
  // 在 output.library 和 output.libraryTarget 一起使用時，
  // auxiliaryComment 選項允許使用者精靈出檔案中插入註釋
  auxiliaryComment: {
    root: 'for Root',
    commonjs: 'for CommonJS environment',
    commonjs2: 'for CommonJS2 environment',
    amd: 'for AMD environment'
```

```
  }
},
```

設計方式與前文中的類似，因為這個函式庫的目標是：作為一個 helper 函式程式庫，同時支援瀏覽器和 Node.js 環境。它採取了比較「偷懶」的方式，使用 UMD 規範來輸出程式。

我們再看另一個例子，在 Lodash 的建構指令稿中，命令分為以下幾種。

```
"build": "npm run build:main && npm run build:fp",
"build:fp": "node lib/fp/build-dist.js",
"build:fp-modules": "node lib/fp/build-modules.js",
"build:main": "node lib/main/build-dist.js",
"build:main-modules": "node lib/main/build-modules.js",
```

其中主命令為 build，同時按照編譯所需，提供 ES 版本、FP 版本等。官方甚至提供了 lodash-cli 支援開發者自訂建構，更多相關內容可以參考 Custom Builds。

我們在建構環節「頗費筆墨」，目的是讓大家知道前端生態天生「混亂」，不統一的執行環境會使公共函式庫的架構，尤其是相關的建構設計變得更加複雜。更多建構相關內容，我們會在後續篇章中繼續討論。

總結

在本篇和上一篇中，我們從公共函式庫的設計和使用方連線兩個方面進行了整理。當前前端生態多種規範並行、多類別環境共存，因此「啟用或設計一個公共函式庫」並不簡單，單純執行 npm install 命令後，一系列專案化問題才剛開始表現。

與此同時，開發者經常疲於業務開發，對於編譯和建構，以及公共函式庫設計和前端生態的理解往往不夠深入，但這些內容正是前端基礎建設道路上的重要一環，也是開發者通往前端架構師的必經之路。建議大家將本篇內容融入自己手中的真實專案，追根究底，相信一定會有更多收穫！

第 10 章 程式拆分與隨選載入

隨著 Webpack 等建構工具的能力越來越強，開發者在建構階段便可以隨心所欲地打造專案流程，程式拆分和隨選載入技術在業界的曝光度也越來越高。事實上，程式拆分和隨選載入決定著專案化建構的結果，將直接影響應用的性能表現。因為程式拆分和隨選載入能夠使初始程式的體積更小，頁面載入更快，因此，合理設計程式拆分和隨選載入，是對一個專案架構情況的整體把握。

程式拆分與隨選載入的應用場景

我們來看一個案例。如圖 10-1 所示的場景：點擊左圖中的播放按鈕後，頁面上出現視訊清單浮層（如右圖所示，類似單頁應用，視訊清單仍在同一頁面上）。視訊列表浮層中包含捲動處理、視訊播放等多項複雜邏輯，因此這個浮層對應的指令稿在頁面初始化時不需要被載入。同理，在專案上，我們需要對視訊清單浮層指令稿進行拆分，使其和初始化指令稿分離。在使用者點擊浮層觸發按鈕後，執行某一單獨部分指令稿的請求。

這其實是一個真實的線上案例，透過後期對頁面互動統計資料的分析可以發現，使用者點擊浮層觸發按鈕的機率只有 10% 左右。也就是說，大部分使用者（90%）並不會看到這一浮層，也就不需要對相關指令稿進行載入，因此，隨選載入設計是有統計資料支援的。了解了場景，下面我們從技術環節方面詳細說明。

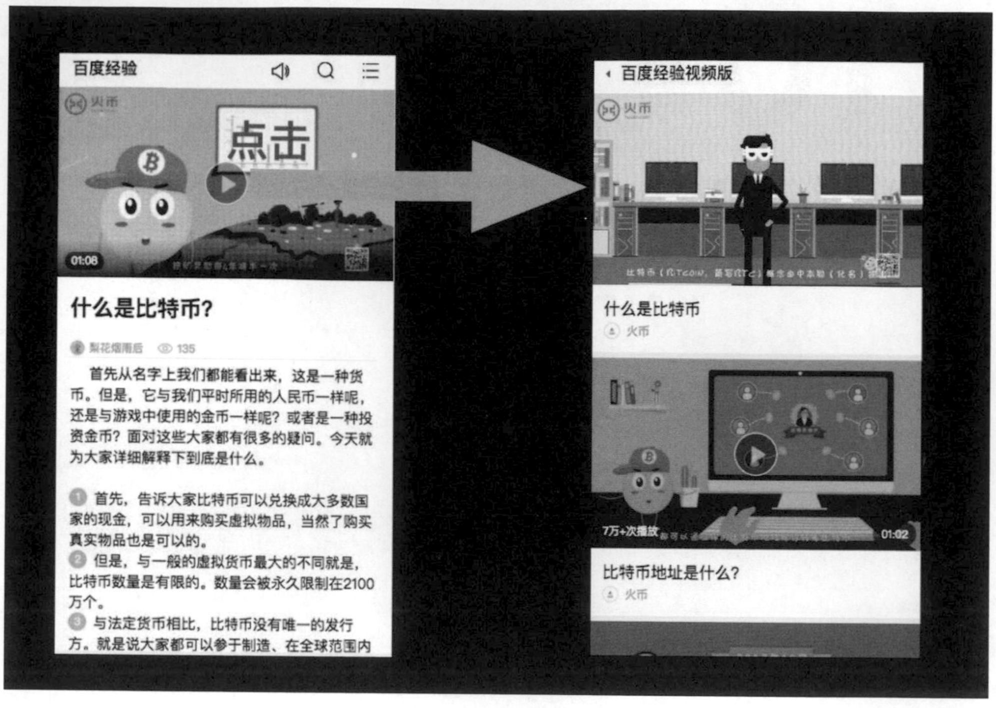

▲ 圖 10-1（編按：本圖例為簡體中文介面）

程式拆分與隨選載入技術的實現

首先我來教大家如何區分隨選載入和隨選打包，介紹實現隨選載入和隨選打包的相關技術，並深入介紹動態匯入。

隨選載入和隨選打包

事實上，當前社區對於隨選載入和隨選打包並沒有一個準確的、命名上的劃分約定。因此，從命名上很難區分它們。

其實，隨選載入表示程式模組在互動時需要動態匯入；而隨選打包針對第三方相依函式庫及業務模組，只打包真正在執行時期可能會用到的程式。

我們不妨先說明隨選打包的概念和實施方法。目前，隨選打包一般透過兩種方法實現。

- 使用 ES Module 支援的 Tree Shaking 方案，在使用建構工具打包時完成隨選打包。
- 使用以 babel-plugin-import 為主的 Babel 外掛程式實現自動隨選打包。

1. 透過 Tree Shaking 實現隨選打包

我們來看一個場景，假設業務中使用 antd 的 Button 元件，命令如下。

```
import { Button } from 'antd';
```

這樣的引用會使最終打包的程式中包含所有 antd 匯出的內容。假設應用中並沒有使用 antd 提供的 TimePicker 元件，那麼對打包結果來說，無疑增加了程式體積。在這種情況下，如果元件函式庫提供了 ES Module 版本，並開啟了 Tree Shaking 功能，那麼我們就可以透過「搖樹」特性將不會被使用的程式在建構階段移除。

Webpack 可以在 package.json 檔案中設置 sideEffects:false。我們在 antd 原始程式中可以找到以下內容。

```
"sideEffects": [
        "dist/*",
        "es/**/style/*",
        "lib/**/style/*",
        "*.less"
],
```

2. 撰寫 Babel 外掛程式實現自動隨選打包

如果第三方函式庫不支援 Tree Shaking 方案，我們依然可以透過 Babel 外掛程式改變業務程式中對模組的引用路徑來實現隨選打包。

比如 babel-plugin-import 這個外掛程式，它是 antd 團隊推出的 Babel 外掛程式，我們透過一個例子來理解它的原理。

```
import {Button as Btn,Input,TimePicker,ConfigProvider,Haaaa} from 'antd'
```

上面的程式可以被編譯為以下內容。

```
import _ConfigProvider from "antd/lib/config-provider";
import _Button from "antd/lib/button";
import _Input from "antd/lib/input";
import _TimePicker from "antd/lib/time-picker";
```

撰寫一個類似的 Babel 外掛程式也不是一件難事，Babel 外掛程式的核心在於對 AST 的解析和操作。它本質上就是一個函式，在 Babel 對 AST 語法樹進行轉換的過程中介入，透過相應的操作，最終讓生成結果發生改變。

Babel 內建了幾個核心的分析、操作 AST 的工具集，Babel 外掛程式透過「觀察者 + 存取者」模式，對 AST 節點統一遍歷，因此具備了良好的擴展性和靈活性。比如，以下程式

```
import {Button as Btn, Input} from 'antd'
```

經過 Babel AST 分析後，會得到以下結構。

```
{
    "type": "ImportDeclaration",
    "specifiers": [
        {
            "type": "ImportSpecifier",
            "imported": {
                "type": "Identifier",
                "loc": {
                    "identifierName": "Button"
                },
                "name": "Button"
            },
            "importKind": null,
            "local": {
                "type": "Identifier",
                "loc": {
                    "identifierName": "Btn"
```

```
                },
                "name": "Btn"
            }
        },
        {
            "type": "ImportSpecifier",
            "imported": {
                "type": "Identifier",
                "loc": {
                    "identifierName": "Input"
                },
                "name": "Input"
            },
            "importKind": null,
            "local": {
                "type": "Identifier",
                "start": 23,
                "end": 28,
                "loc": {
                    "identifierName": "Input"
                },
                "name": "Input"
            }
        }
    ],
    "importKind": "value",
    "source": {
        "type": "StringLiteral",
        "value": "antd"
    }
}
```

透過上述結構，我們很容易遍歷 specifiers 屬性，至於更改程式最後的 import 部分，可以參考 babel-plugin-import 相關處理邏輯。

首先透過 buildExpressionHandler 方法對 import 路徑進行改寫。

```
buildExpressionHandler(node, props, path, state) {
    // 獲取檔案
```

```
    const file = (path && path.hub && path.hub.file) || (state && state.file);
    const { types } = this;
    const pluginState = this.getPluginState(state);
    // 進行遍歷
    props.forEach(prop => {
      if (!types.isIdentifier(node[prop])) return;
      if (
        pluginState.specified[node[prop].name] &&
        types.isImportSpecifier(path.scope.getBinding(node[prop].name).path)
      ) {
        // 改寫路徑
        node[prop] = this.importMethod(pluginState.specified[node[prop].name], file,
pluginState); // eslint-disable-line
      }
    });
}
```

buildExpressionHandler 方法相依 importMethod 方法，importMethod 方法如下。

```
importMethod(methodName, file, pluginState) {
    if (!pluginState.selectedMethods[methodName]) {
      const { style, libraryDirectory } = this;
      // 獲取執行方法名稱
      const transformedMethodName = this.camel2UnderlineComponentName
// eslint-disable-line
        ? transCamel(methodName, '_')
        : this.camel2DashComponentName
        ? transCamel(methodName, '-')
        : methodName;
      // 獲取相應路徑
      const path = winPath(
        this.customName
          ? this.customName(transformedMethodName, file)
          : join(this.libraryName, libraryDirectory, transformedMethodName, this.
fileName), // eslint-disable-line
      );
      pluginState.selectedMethods[methodName] = this.transformToDefaultImport
// eslint-disable-line
```

```
        ? addDefault(file.path, path, { nameHint: methodName })
        : addNamed(file.path, methodName, path);
      if (this.customStyleName) {
        const stylePath = winPath(this.customStyleName(transformedMethodName));
        addSideEffect(file.path, `${stylePath}`);
      } else if (this.styleLibraryDirectory) {
        const stylePath = winPath(
          join(this.libraryName, this.styleLibraryDirectory, transformedMethodName,
this.fileName),
        );
        addSideEffect(file.path, `${stylePath}`);
      } else if (style === true) {
        addSideEffect(file.path, `${path}/style`);
      } else if (style === 'css') {
        addSideEffect(file.path, `${path}/style/css`);
      } else if (typeof style === 'function') {
        const stylePath = style(path, file);
        if (stylePath) {
          addSideEffect(file.path, stylePath);
        }
      }
    }
    return { ...pluginState.selectedMethods[methodName] };
}
```

importMethod 方法呼叫了 @babel/helper-module-imports 中的 addSideEffect 方法來執行路徑的轉換操作。addSideEffect 方法在原始程式中透過實例化一個 Import Injector 並呼叫實例方法完成了 AST 轉換。

重新認識動態匯入

ES module 無疑在專案化方面給前端插上了一雙翅膀。透過溯源歷史可以發現：早期的匯入是完全靜態化的，而如今動態匯入（dynamic import）提案從天而降，目前已進入 stage 4。從名稱上看，我們就能知曉這個新特性和隨選載入密不可分。但在深入講解動態匯入之前，我想先從靜態匯入說起，以幫助你進行全方位的理解。

標準用法的 import 操作屬於靜態匯入，它只支援一個字串類型的 module specifier（模組路徑宣告），這樣的特性會使所有被匯入的模組在載入時就被編譯。從某些角度來看，這種做法在絕大多數場景下性能是好的，因為這表示對專案程式的靜態分析是可行的，進而使得類似於 Tree Shaking 這樣的方案有了應用空間。

但是對於一些特殊場景，靜態匯入也可能成為性能的缺陷。當我們需要隨選載入一個模組或根據執行事件選定一個模組時，動態匯入就變得尤為重要了。比如，在瀏覽器端根據使用者的系統語言選擇載入不同的語言模群組或根據使用者的操作去載入不同的內容邏輯。

MDN 文件中列出了關於動態匯入的更具體的使用場景，如下。

- 靜態匯入的模組明顯降低了程式的載入速度且被使用的可能性很低，或不需要馬上使用。
- 靜態匯入的模組明顯佔用了大量系統記憶體且被使用的可能性很低。
- 被匯入的模組在載入時並不存在，需要非同步獲取。
- 匯入模組的修飾詞需要動態建構（靜態匯入只能使用靜態修飾詞）。
- 被匯入的模組有其他作用（可以視為模組中直接執行的程式），這些作用只有在觸發某些條件時才被需要。

深入理解動態匯入

這裡我們不再贅述動態匯入的標準用法，你可以從官方規範和 TC39 提案中找到最全面、最原始的內容。

除了基礎用法，我想從語言層面強調一個 Function-like 的概念。我們先來看這樣一段程式。

```
// HTML 部分
<nav>
  <a href="" data-script-path="books">Books</a>
  <a href="" data-script-path="movies">Movies</a>
  <a href="" data-script-path="video-games">Video Games</a>
```

```
</nav>

<div id="content">
</div>

// script 部分
<script>
  // 獲取 element
  const contentEle = document.querySelector('#content');
  const links = document.querySelectorAll('nav > a');
  // 遍歷綁定點擊邏輯
  for (const link of links) {
    link.addEventListener('click', async (event) => {
      event.preventDefault();
      try {
        const asyncScript = await import('/${link.dataset.scriptPath}.js');
        // 非同步載入指令稿
        asyncScript.loadContentTo(contentEle);
      } catch (error) {
        contentEle.textContent = 'We got error: ${error.message}';
      }
    });
  }
</script>
```

點擊頁面中的 a 標籤會動態載入一個模組，並呼叫模組定義的 loadContentTo 方法完成頁面內容的填充。

表面上看，await import() 用法使得 import 像一個函式，該函式透過 () 操作符號呼叫並傳回一個 Promise。事實上，動態匯入只是一個 Function-like 語法形式。在 ES 的類別特性中，super() 與動態匯入類似，也是一個 Function-like 語法形式。因此，它和函式還是有著本質區別的。

- 動態匯入並非繼承自 Function.prototype，因此不能使用 Function 建構函式原型上的方法。
- 動態匯入並非繼承自 Object.prototype，因此不能使用 Object 建構函式原型上的方法。

雖然動態匯入並不是真正意義上的函式用法，但我們可以透過實現 dynamicImport 函式模式來實現動態匯入功能，進一步加深對其語法特性的理解。

dynamicImport 函式實現如下。

```
const dynamicImport = url => {
  // 傳回一個新的 Promise 實例
  return new Promise((resolve, reject) => {
    // 建立 script 標籤
    const script = document.createElement("script");

    const tempGlobal = "__tempModuleLoadingVariable" + Math.random().toString(32).
                      substring(2);

    script.type = "module";
    script.textContent = 'import * as m from "${url}"; window.${tempGlobal} = m;';
    // load 回呼
    script.onload = () => {
      resolve(window[tempGlobal]);
      delete window[tempGlobal];
      script.remove();
    };
    // error 回呼
    script.onerror = () => {
      reject(new Error("Failed to load module script with URL " + url));
      delete window[tempGlobal];
      script.remove();
    };

    document.documentElement.appendChild(script);
  });
}
```

這裡，我們透過動態插入一個 script 標籤來實現對目標 script URL 的載入，並將模組匯出內容賦值給 Window 物件。我們使用 "__tempModuleLoadingVariable" + Math.random().toString(32).substring(2) 保證模組匯出物件的名稱不會出現衝突。

至此，我們對動態匯入的分析告一段落。總之，程式拆分和隨選載入並不完全是專案化層面的實施，也要求對語言深刻理解和掌握。

Webpack 賦能程式拆分和隨選載入

透過前面的學習，我們了解了程式拆分和隨選載入，學習了動態匯入特性。接下來，我想請你思考，如何在程式中安全地使用動態匯入而不用過多關心瀏覽器的相容情況？如何在專案環境中實現程式拆分和隨選載入？

以最常見、最典型的前端建構工具 Webpack 為例，我們來分析如何在 Webpack 環境下支援程式拆分和隨選載入。總的來說，Webpack 提供了三種相關能力。

- 透過入口設定手動分割程式。
- 動態匯入。
- 透過 splitChunk 外掛程式提取公共程式（公共程式分割）。

其中，第一種能力透過設定 Entry 由開發者手動進行程式專案打包，與本篇主題並不相關，就不展開講解了。下面我們從動態匯入和 splitChunk 外掛程式層面進行詳細解析。

Webpack 對動態匯入能力的支援

事實上，Webpack 早期版本提供了 require.ensure() 能力。請注意，這是 Webpack 特有的實現：require.ensure() 能夠將其參數對應的檔案拆分到一個單獨的 bundle 中，這個 bundle 會被非同步載入。

目前，require.ensure() 已經被符合 ES 規範的動態匯入方法取代。呼叫 import()，被請求的模組和它引用的所有子模組會被分離到一個單獨的 chunk 中。值得學習的是，Webpack 對於 import() 的支援和處理非常「巧妙」，我們知道，ES 中關於動態匯入的規範是，只接收一個參數表示模組的路徑。

```
import('${path}') -> Promise
```

但是，Webpack 是一個建構工具，Webpack 中對於 import() 的處理是，透過註釋接收一些特殊的參數，無須破壞 ES 對動態匯入的規定，範例如下。

```
import(
  /* webpackChunkName: "chunk-name" */
  /* webpackMode: "lazy" */
  'module'
);
```

在建構時，Webpack 可以讀取到 import 參數，即使是參數內的註釋部分，Webpack 也可以獲取並處理。如上述程式，webpackChunkName: "chunk-name" 表示自訂新的 chunk 名稱；webpackMode: "lazy" 表示每個 import() 匯入的模組會生成一個可延遲載入的 chunk。此外，webpackMode 的設定值還可以是 lazy-once、eager、weak。

你可能很好奇，Webpack 在編譯建構時會如何處理程式中的動態匯入敘述呢？下面，我們一探究竟。index.js 檔案的內容如下。

```
import('./module').then((data) => {
  console.log(data)
});
```

module.js 檔案的內容如下。

```
const module = {
        value: 'moduleValue'
}
export default module
```

設定入口檔案為 index.js，輸出檔案為 bundle.js，簡單的 Webpack 設定資訊如下。

```
const path = require('path');
module.exports = {
  mode: 'development',
  entry: './index.js',
  output: {
    filename: 'bundle.js',
```

```
    path: path.resolve(__dirname, 'dist'),
  },
};
```

執行建構命令後，獲得了兩個檔案 0.bundle.js 和 bundle.js。

bundle.js 中對 index.js 的動態匯入敘述的編譯結果如下。

```
/******/ ({

/***/ "./index.js":
/*!******************!*\
  !*** ./index.js ***!
  \******************/
/*! no static exports found */
/***/ (function(module, exports, __webpack_require__) {

eval("__webpack_require__.e(/*! import() */ 0).then(__webpack_require__.bind(null,
/*! ./module */ \"./module.js\")).then((data) => {\n  console.log(data)\n});\n\n//#
sourceURL=webpack:///./index.js?");

/***/ })

/******/ });
```

由此可知，對於動態匯入程式，Webpack 會將其轉換成自訂的 webpack_require.e 函式。這個函式傳回了一個 Promise 陣列，最終模擬出了動態匯入的效果，webpack_require.e 原始程式如下。

```
/******/        __webpack_require__.e = function requireEnsure(chunkId) {
/******/                var promises = [];
/******/
/******/
/******/
/******/                var installedChunkData = installedChunks[chunkId];
/******/                if(installedChunkData !== 0) {
/******/
/******/                        if(installedChunkData) {
/******/                                promises.push(installedChunkData[2]);
/******/                        } else {
```

```
/******/                                        var promise = new Promise(function(resolve,
reject) {
/******/                                                installedChunkData =
installedChunks[chunkId] = [resolve, reject];
/******/                                        });
/******/                                        promises.push(installedChunkData[2] =
promise);
/******/
/******/                                        var script = document.
createElement('script');
/******/                                        var onScriptComplete;
/******/
/******/                                        script.charset = 'utf-8';
/******/                                        script.timeout = 120;
/******/                                        if (__webpack_require__.nc) {
/******/                                                script.setAttribute("nonce", __
webpack_require__.nc);
/******/                                        }
/******/                                        script.src = jsonpScriptSrc(chunkId);
/******/
/******/                                        var error = new Error();
/******/                                        onScriptComplete = function (event) {
/******/                                                script.onerror = script.onload =
null;
/******/                                                clearTimeout(timeout);
/******/                                                var chunk =
installedChunks[chunkId];
/******/                                                if(chunk !== 0) {
/******/                                                        if(chunk) {
/******/                                                                var errorType =
event && (event.type === 'load' ? 'missing' : event.type);
/******/                                                                var realSrc = event
&& event.target && event.target.src;
/******/                                                                error.message =
'Loading chunk ' + chunkId + ' failed.\n(' + errorType + ': ' + realSrc + ')';
/******/                                                                error.name =
'ChunkLoadError';
/******/                                                                error.type =
errorType;
/******/                                                                error.request =
```

```
realSrc;
/******/                                                    chunk[1](error);
/******/                                               }
/******/                                               installedChunks[chunkId] =
undefined;
/******/                                          }
/******/                                     };
/******/                                     var timeout = setTimeout(function(){
/******/                                          onScriptComplete({ type: 'timeout',
target: script });
/******/                                     }, 120000);
/******/                                     script.onerror = script.onload =
onScriptComplete;
/******/                                     document.head.appendChild(script);
/******/                          }
/******/                     }
/******/                     return Promise.all(promises);
/******/          };
```

程式已經非常直觀，webpack_require.e 主要實現了以下功能。

- 定義一個陣列，名為 promises，最終以 Promise.all(promises) 形式傳回。
- 透過 installedChunkData 變數判斷當前模組是否已經被載入。如果當前模組已經被載入，將模組內容 push 到陣列 promises 中。如果當前模組沒有被載入，則先定義一個 Promise 陣列，然後建立一個 script 標籤，載入模組內容，並定義這個 script 標籤的 onload 和 onerror 回呼。
- 最終將新增的 script 標籤對應的 promise（resolve/reject）處理方法定義在 webpackJsonpCallback 函式中，如下。

```
/******/          function webpackJsonpCallback(data) {
/******/                     var chunkIds = data[0];
/******/                     var moreModules = data[1];
/******/
/******/
/******/                     var moduleId, chunkId, i = 0, resolves = [];
/******/                     for(;i < chunkIds.length; i++) {
/******/                          chunkId = chunkIds[i];
/******/                          if(Object.prototype.hasOwnProperty.
```

```
call(installedChunks, chunkId) && installedChunks[chunkId]) {
/******/                                resolves.push(installedChunks[chunkId][0]);
/******/                        }
/******/                        installedChunks[chunkId] = 0;
/******/                }
/******/                for(moduleId in moreModules) {
/******/                        if(Object.prototype.hasOwnProperty.call(moreModules,
moduleId)) {
/******/                                modules[moduleId] = moreModules[moduleId];
/******/                        }
/******/                }
/******/                if(parentJsonpFunction) parentJsonpFunction(data);
/******/
/******/                while(resolves.length) {
/******/                        resolves.shift()();
/******/                }
/******/
/******/        };
```

完整的原始程式不再列出，大家可以參考圖 10-2 中的處理流程。

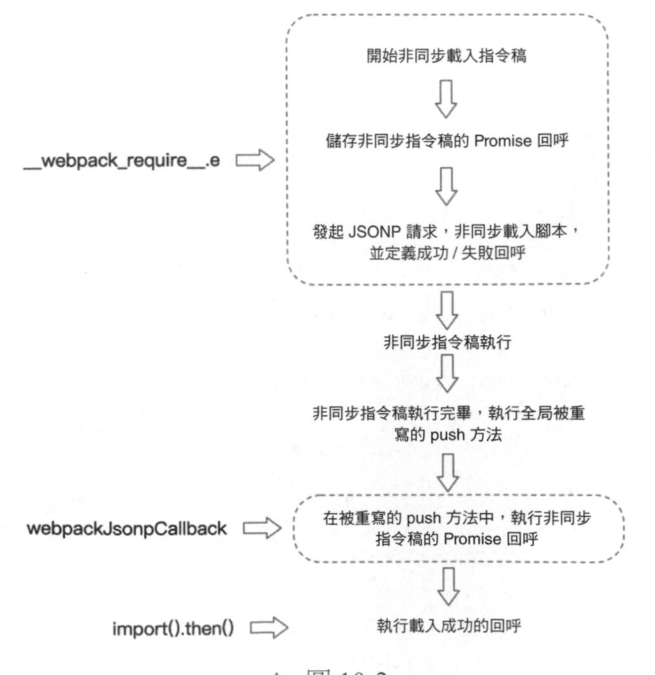

▲ 圖 10-2

Webpack 中的 splitChunk 外掛程式和程式拆分

你可能對 Webpack 4.0 版本推出的 splitChunk 外掛程式並不陌生。這裡需要注意的是，程式拆分與動態匯入並不同，它們本質上是兩個概念。前面介紹的動態匯入本質上是一種懶載入——隨選載入，即只有在需要的時候才載入。而以 splitChunk 外掛程式為代表的程式拆分技術，與程式合併打包是一個互逆的過程。

程式拆分的核心意義在於避免重複打包及提高快取使用率，進而提升存取速度。比如，我們對不常變化的第三方相依函式庫進行程式拆分，方便對第三方相依函式庫快取，同時抽離公共邏輯，減小單一檔案的體積。

Webpack splitChunk 外掛程式在模組滿足下述條件時，將自動進行程式拆分。

- 模組是可以共用的（即被重複引用），或儲存於 node_modules 中。
- 壓縮前的體積大於 30KB。
- 隨選載入模組時，並行載入的模組數不得超過 5 個。
- 頁面初始化載入時，並行載入的模組數不得超過 3 個。

當然，上述設定資料完全可以由開發者掌握，並根據專案的實際情況進行調整。不過需要注意的是，splitChunk 外掛程式的預設參數是 Webpack 團隊所設定的通用性最佳化手段，是經過「千挑萬選」才確定的，因此適用於多數開發場景。在沒有實際測試的情況下，不建議開發者手動最佳化這些參數。

另外，Webpack splitChunk 外掛程式也支援前面提到的「隨選載入」，即可以與動態匯入搭配使用。比如，在 page1 和 page2 頁面裡動態匯入 async.js 時，邏輯如下。

```
import(/* webpackChunkName: "async.js" */"./async").then(common => {
 console.log(common);
})
```

進行建構後，async.js 會被單獨打包。如果進一步在 async.js 檔案中引入 module.js 模組，則 async.js 中的程式如下。

```
import(/* webpackChunkName: "module.js" */"./module.js").then(module => {
 console.log(module);
})
```

上述相依關係圖如圖 10-3 所示。最終的打包結果會隨選動態匯入 async.js 檔案，同時 module.js 模組也會被成功拆分出來。

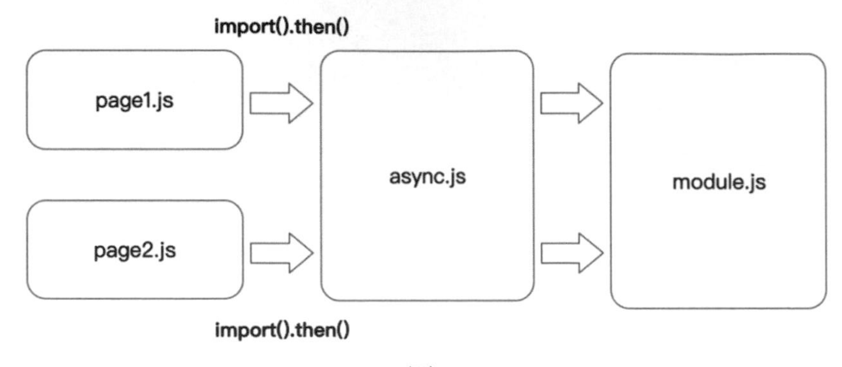

▲ 圖 10-3

總結

本篇就程式拆分和隨選載入這一話題進行了分析。

首先，從程式拆分和隨選載入的業務場景入手，分析技術手段的必要性和價值。接著，從 ES 規範入手，深入解讀動態匯入這一核心特性，同時從 Tree Shaking 和撰寫 Babel 外掛程式的角度，在較深層的語法和專案理念上對比了隨選打包和隨選載入。最後，透過對 Webpack 能力的探究，剖析了如何在專案中實現程式拆分和隨選載入。

在實際工作中，希望你能基於本篇內容，結合專案實際情況，排除程式拆分和隨選載入是否合理，如有不合理之處，可以進行實驗論證。

第 11 章 Tree Shaking：移除 JavaScript 上下文中的未引用程式

Tree Shaking 對前端工程師來說已經不是一個陌生的名詞了。Tree Shaking 譯為「搖樹」，通常用於移除 JavaScript 上下文中的未引用程式（dead-code）。

據我觀察，Tree Shaking 經常出現在諸多面試者的簡歷當中。然而可惜的是，大部分面試者對 Tree Shaking 只是「知其然而不知其所以然」，並沒有在專案中真正實踐過 Tree Shaking 技術，更沒有深入理解 Tree Shaking 的原理。

在本篇中，我們將真正深入學習 Tree Shaking。

Tree Shaking 必會理論

Tree Shaking 概念很容易理解，這個詞最先在 Rollup 社區流行，後續蔓延到整個前端生態圈。Tree Shaking 背後的理論知識獨成系統，我們先從其原理入手，試著分析並回答以下問題。

問題一：Tree Shaking 為什麼要相依 ESM 規範

事實上，Tree Shaking 是在編譯時進行未引用程式消除的，因此它需要在編譯時確定相依關係，進而確定哪些程式可以被「搖掉」，而 ESM 規範具備以下特點。

- import 模組名稱只能是字串常數。
- import 一般只能在模組的頂層出現。
- import 相依的內容是不可變的。

這些特點使得 ESM 規範具有靜態分析能力。而 CommonJS 定義的模組化規範，只有在執行程式後才能動態確定相依模組，因此不具備支援 Tree Shaking 的先天條件。

在傳統編譯型語言中，一般由編譯器將未引用程式從 AST（抽象語法樹）中刪除，而前端 JavaScript 中並沒有正統的「編譯器」概念，因此 Tree Shaking 需要在專案鏈中由專案化工具實現。

問題二：什麼是副作用模組，如何對副作用模組進行 Tree Shaking 操作

如果你熟悉函式開發理念，可能聽說過「副作用函式」，但什麼是「副作用模組」呢？它和 Tree Shaking 又有什麼連結呢？很多人對 Tree Shaking 的了解只是皮毛，並不知道 Tree Shaking 其實無法「搖掉」副作用模組。我們來看以下範例。

```
export function add(a, b) {
      return a + b
}

export const memoizedAdd = window.memoize(add)
```

當上述模組程式被匯入時，window.memoize 方法會被執行。對於專案化工具（比如 Webpack），其分析想法是這樣的。

- 建立一個純函式 add，如果沒有其他模組引用 add 函式，那麼 add 函式可以被 Tree Shaking 處理掉。
- 接著呼叫 window.memoize 方法，並傳入 add 函式作為參數。
- 專案化工具（如 Webpack）並不知道 window.memoize 方法會做什麼，也許 window.memoize 方法會呼叫 add 函式，並觸發某些副作用（比如維護一個全域的 Cache Map）。
- 為了安全起見，即使沒有其他模組相依 add 函式，專案化工具（如 Webpack）也要將 add 函式打包到最後的 bundle 中。

因此，具有副作用的模組難以被 Tree Shaking 最佳化，即使開發者知道 window.memoize 方法是沒有副作用的。

為了解決「具有副作用的模組難以被 Tree Shaking 最佳化」這個問題，Webpack 列出了自己的方案，我們可以利用 package.json 的 sideEffects 屬性來告訴專案化工具，哪些模組具有副作用，哪些模組沒有副作用並可以被 Tree Shaking 最佳化。

```
{
  "name": "your-project",
  "sideEffects": false
}
```

以上範例表示，全部模組均沒有副作用，可告知 Webpack 安全地刪除沒有用到的相依。

```
{
  "name": "your-project",
  "sideEffects": [
    "./src/some-side-effectful-file.js",
    "*.css"
  ]
}
```

以上範例透過陣列表示，./src/some-side-effectful-file.js 和所有 .css 檔案模組都有副作用。對於 Webpack 工具，開發者可以在 module.rule 設定中宣告副作用模組。

事實上，對於前面提到的 add 函式，即使不宣告 sideEffects，Webpack 也足夠智慧，能夠分析出 Tree Shaking 可處理的部分，不過這需要我們對程式進行重構，具體如下。

```
import { memoize } from './util'

export function add(a, b) {
       return a + b
}

export const memoizedAdd = memoize(add)
```

此時，Webpack 的分析邏輯如下。

- memoize 函式是一個 ESM 模組，可以去 util.js 中檢查 memoize 函式的內容。
- 在 util.js 中，我們發現 memoize 函式是一個純函式，因此如果 add 函式沒有被其他模組相依，則可以安全地被 Tree Shaking 處理。

所以，我們能總結出一個 Tree Shaking 的最佳實踐——在業務專案中，設置最小化副作用範圍，同時透過合理的設定，給專案化工具最多的副作用資訊。

一個 Tree Shaking 友善的匯出模式

首先我們參考以下兩段程式。

```
// 第一段
export default {
       add(a, b) {
              return a + b
       }
       subtract(a, b) {
              return a - b
```

```
        }
}

// 第二段
export class Number {
        constructor(num) {
                this.num = num
        }
        add(otherNum) {
                return this.num + otherNum
        }
        subtract(otherNum) {
                return this.num - otherNum
        }
}
```

對於上述情況，以 Webpack 為例，Webpack 會趨向於保留整個預設匯出物件或類別（Webpack 和 Rollup 只處理函式和頂層的 import/export 變數，不能將沒用到的物件或類別內部的方法消除），因此，以下情況都不利於進行 Tree Shaking 處理。

- 匯出一個包含多個屬性和方法的物件。
- 匯出一個包含多個屬性和方法的類別。
- 使用 export default 方法匯出。

即使現代化專案工具或 Webpack 支援對物件或類別方法屬性進行剪裁，但這會產生不必要的成本，增加編譯時的負擔。

我們更推薦的做法是，遵循原子化和顆粒化原則匯出。以下範例就是一個更好的實踐。

```
export function add(a, b) {
        return a + b
}

export function subtract(a, b) {
        return a - b
}
```

這種方式可以讓 Webpack 更進一步地在編譯時掌控和分析 Tree Shaking 資訊，使 bundle 體積更優。

前端專案化生態和 Tree Shaking 實踐

透過上述內容，我們可以看出，Tree Shaking 依託於 ESM 靜態分析理論技術，其具體實踐過程需要依靠前端專案化工具，因此，Tree Shaking 鏈路自然和前端專案化生態相互綁定。下面我們將從前端專案化生態層面分析 Tree Shaking 實踐。

Babel 和 Tree Shaking

Babel 已經成為現代前端專案化基建方案的必備工具，但是考慮到 Tree Shaking，需要開發者注意：如果使用 Babel 對程式進行編譯，Babel 預設會將 ESM 規範程式編譯為 CommonJS 規範程式。而我們從前面的理論知識知道，Tree Shaking 必須依託於 ESM 規範。

為此，我們需要設定 Babel 對模組化程式的編譯降級，具體設定項目在 babel-preset-env#modules 中可以找到。

事實上，如果我們不使用 Babel 將程式編譯為 CommonJS 規範程式，某些專案鏈上的工具可能就要罷工了，比如 Jest。Jest 是基於 Node.js 開發的，執行在 Node.js 環境下。因此，使用 Jest 進行測試時，要求模組符合 CommonJS 規範。那麼，如何處理這種「模組鎖死」呢？

想法之一是，根據環境的不同採用不同的 Babel 設定。在 production 編譯環境下，我們進行以下設定。

```
production: {
   presets: [
    [
     '@babel/preset-env',
     {
      modules: false
```

```
      }
    ]
  ]
 },
}
```

在測試環境中，我們進行以下設定。

```
test: {
   presets: [
    [
     '@babel/preset-env',
     {
      modules: 'commonjs
     }
    ]
   ]
  },
}
```

但是在測試環境中，將業務程式編譯為 CommonJS 規範程式並不表示大功告成，我們還需要處理第三方模組程式。一些第三方模組程式為了方便支援 Tree Shaking 操作，暴露出符合 ESM 規範的模組程式，對於這些模組，比如 Library1、Library2，我們還需要進行處理，這時候需要設定 Jest，程式如下。

```
const path = require('path')

const librariesToRecompile = [
 'Library1',
 'Library2'
].join('|')

const config = {
 transformIgnorePatterns: [
  '[\\/]node_modules[\\/](?!(${librariesToRecompile})).*$'
 ],
 transform: {
  '^.+\.jsx?$': path.resolve(__dirname, 'transformer.js')
 }
}
```

transformIgnorePatterns 是 Jest 的設定項目，預設值為 node_modules，它表示 node_modules 中的第三方模組程式都不需要經過 babel-jest 編譯。因此，我們將 transformIgnorePatterns 的值自訂為一個包含了 Library1、Library2 的正規表示法即可。

Webpack 和 Tree Shaking

上面我們已經講解了很多關於 Webpack 處理 Tree Shaking 的內容，這裡我們進一步補充。事實上，Webpack 4.0 以上版本在 mode 為 production 時，會自動開啟 Tree Shaking 能力。預設 production mode 的設定如下。

```
const config = {
 mode: 'production',
 optimization: {
  usedExports: true,
  minimizer: [
   new TerserPlugin({...}) // 支援刪除未引用程式的壓縮器
  ]
 }
}
```

其實，Webpack 真正執行 Tree Shaking 時相依了 TerserPlugin、UglifyJS 等壓縮外掛程式。Webpack 負責對模組進行分析和標記，而這些壓縮外掛程式負責根據標記結果進行程式刪除。Webpack 在分析時有三類相關標記。

- used export：被使用過的 export 會被標記為 used export。
- unused harmony export：沒被使用過的 export 會被標記為 unused harmony export。
- harmony import：所有 import 會被標記為 harmony import。

上述標記實現的 Webpack 原始程式位於 lib/dependencies/ 檔案中，這裡不再進行原始程式解讀。具體實現過程如下。

- 在編譯分析階段，Webpack 將每一個模組放入 ModuleGraph 中維護。
- 依靠 HarmonyExportSpecifierDependency 和 HarmonyImportSpecifierDependency 分別辨識和處理 import 及 export 操作。

- 依靠 HarmonyExportSpecifierDependency 進行 used export 和 unused harmony export 標記。

至此，我們理解了使用 Webpack 進行 Tree Shaking 處理的原理。接下來，我們再看看著名的公共函式庫都是如何實現 Tree Shaking 處理的。

Vue.js 和 Tree Shaking

在 Vue.js 2.0 版本中，Vue.js 物件中會存在一些全域 API，如下。

```
import Vue from 'vue'

Vue.nextTick(() => {
  //...
})
```

如果我們沒有使用 Vue.nextTick 方法，那麼 nextTick 這樣的全域 API 就成了未引用程式，且不容易被 Tree Shaking 處理。為此，在 Vue.js 3.0 中，Vue.js 團隊考慮了對 Tree Shaking 的相容，進行了重構，全域 API 需要透過原生 ES Module 方式進行具名匯入，對應上述程式，即需要進行以下設定。

```
import { nextTick } from 'vue'

nextTick(() => {
  //...
})
```

除了這些全域 API，Vue.js 3.0 也實現了對很多內建元件及工具的具名匯出。這些都是前端生態中公共函式庫擁抱 Tree Shaking 的表現。

此外，我們也可以靈活使用 build-time flags 來幫助建構工具實現 Tree Shaking 操作。以 Webpack DefinePlugin 為例，程式如下。

```
import { validateoptions } from './validation'

function init(options) {
      if (!__PRODUCTION__) {
```

```
            validateoptions(options)
        }
}
```

透過 __PRODUCTION__ 變數，在 production 環境下，我們可以將 validateoptions 函式刪除。

設計一個兼顧 Tree Shaking 和好用性的公共函式庫

作為公共函式庫的設計者，我們應該如何設計一個兼顧 Tree Shaking 和好用性的公共函式庫呢？

試想，如果我們以 ESM 方式對外暴露程式，可能很難直接相容 CommonJS 規範。也就是說，在 Node.js 環境中，如果使用者直接以 require 方式引用程式，會得到顯示出錯；如果以 CommonJS 規範對外暴露程式，又不利於 Tree Shaking 的實現。

因此，如果希望一個 npm 套件既能提供 ESM 規範程式，又能提供 CommonJS 規範程式，我們就只能透過「協約」來定義清楚。實際上，npm package.json 及社區專案化規範解決了這個問題，方法如下。

```
{
  "name": "Library",
  "main": "dist/index.cjs.js",
  "module": "dist/index.esm.js",
}
```

其實，在標準 package.json 語法中只有一個入口 main。作為公共函式庫設計者，我們透過 main 來暴露 CommonJS 規範程式 dist/index.cjs.js。Webpack 等建構工具又支援 module 這個新的入口欄位。因此，module 並非 package.json 的標準欄位，而是打包工具專用的欄位，用來指定符合 ESM 規範的入口檔案。

這樣一來，當 require('Library') 執行時，Webpack 會找到 dist/index.cjs.js；當 import Library from 'Library' 執行時，Webpack 會找到 dist/index.esm.js。

這裡我們不妨舉一個著名的公共函式庫例子，這就是 Lodash。Lodash 其實並不支援 Tree Shaking，其 package.json 檔案的內容如下。

```
{
  "name": "lodash",
  "version": "5.0.0",
  "license": "MIT",
  "private": true,
  "main": "lodash.js",
  "engines": {
    "node": ">=4.0.0"
  },
  //...
}
```

只有一個 main 入口，而且 lodash.js 是 UMD 格式程式，不利於實現 Tree Shaking。為了支援 Tree Shaking，Lodash 打包出專門的 lodash-es，其 package.json 檔案的內容如下。

```
{
  "main": "lodash.js",
  "module": "lodash.js",
  "name": "lodash-es",
  "sideEffects": false,
  //...
}
```

由上述程式可知，lodash-es 中 main、module、sideEffects 三欄位齊全，透過 ESM 規範匯出，天然支援 Tree Shaking。

總之，萬變不離其宗，只要我們掌握了 Tree Shaking 的原理，在涉及公共函式庫時就能做到遊刃有餘，以各種形式支援 Tree Shaking。當然，普遍做法是在第三方函式庫打包建構時參考 antd，一般都會建構出 ib/ 和 es/ 兩個資料夾，並設定 package.json 檔案的 main、module 欄位。

CSS 和 Tree Shaking

以上內容都是針對 JavaScript 程式的 Tree Shaking，作為前端工程師，我們當然也要考慮對 CSS 程式進行 Tree Shaking 處理的場景。

實現想法也很簡單，CSS 的 Tree Shaking 要在樣式表中找出沒有被應用的選擇器的樣式程式，並進行刪除。我們只需要進行以下操作。

- 遍歷所有 CSS 檔案的選擇器。
- 在 JavaScript 程式中對所有 CSS 檔案的選擇器進行匹配。
- 如果沒有匹配到，則刪除對應選擇器的樣式程式。

如何遍歷所有 CSS 檔案的選擇器呢？Babel 依靠 AST 技術完成對 JavaScript 程式的遍歷分析，而在樣式世界中，PostCSS 有著 Babel 的作用。PostCSS 提供了一個解析器，能夠將 CSS 解析成 AST（抽象語法樹），我們可以透過 PostCSS 外掛程式對 CSS 對應的 AST 操作，實現 Tree Shaking。

PostCSS 原理如圖 11-1、圖 11-2 所示。

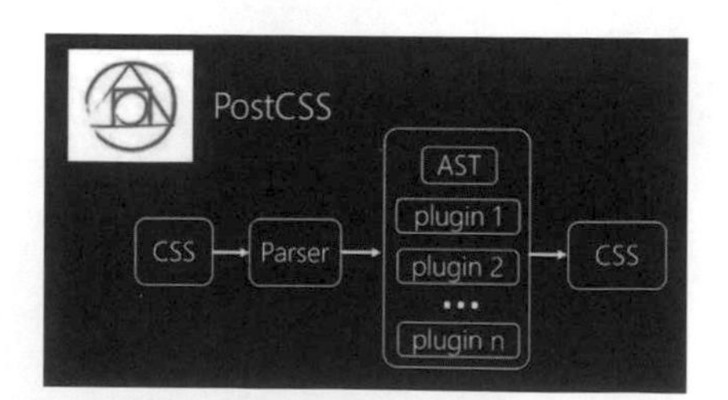

▲ 圖 11-1

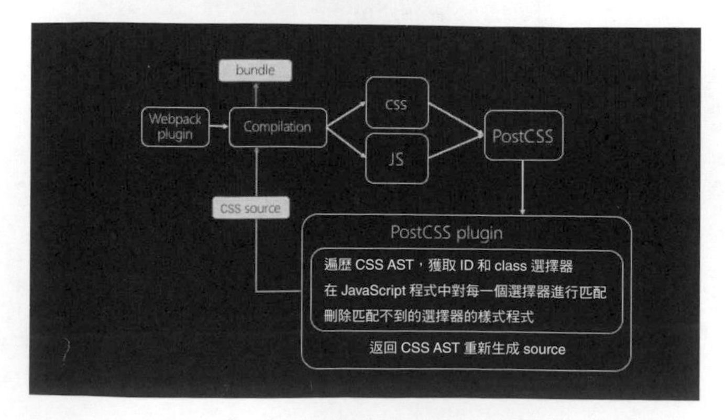

▲ 圖 11-2

這裡給大家推薦 purgecss-webpack-plugin 外掛程式，其工作原理也很簡單，步驟如下。

（1）監聽 Webpack compilation 完成階段，從 compilation 中找到所有的 CSS 檔案，原始程式如下。

```
export default class PurgeCSSPlugin {
  options: UserDefinedOptions;
  purgedStats: PurgedStats = {};

  constructor(options: UserDefinedOptions) {
    this.options = options;
  }

  apply(compiler: Compiler): void {
    compiler.hooks.compilation.tap(
      pluginName,
      this.initializePlugin.bind(this)
    );
  }

  //...

}
```

（2）將所有的 CSS 檔案交給 PostCSS 處理，原始程式關鍵部分如下。

```
public walkThroughCSS(
    root: postcss.Root,
    selectors: ExtractorResultSets
  ): void {
    root.walk((node) => {
      if (node.type === "rule") {
        return this.evaluateRule(node, selectors);
      }
      if (node.type === "atrule") {
        return this.evaluateAtRule(node);
      }
      if (node.type === "comment") {
```

```
      if (isIgnoreAnnotation(node, "start")) {
        this.ignore = true;
        // 刪除忽略的註釋
        node.remove();
      } else if (isIgnoreAnnotation(node, "end")) {
        this.ignore = false;
        // 刪除忽略的註釋
        node.remove();
      }
    }
  });
}
```

（3）利用 PostCSS 外掛程式能力，基於 AST 技術找出無用樣式程式並進行刪除。

總結

本篇分析了 Tree Shaking 相關知識，包括其原理、前端專案化生態與 Tree Shaking 實現。我們發現，這一理論內容還需要配合建構工具才能實踐，而這一系列過程不像想像中那樣簡單，需要大家不斷精進。

第 12 章 理解 AST 實現和編譯原理

經常留意前端開發技術的同學一定對 AST 技術不陌生。AST 技術是現代化前端基建和專案化建設的基石：Babel、Webpack、ESLint 等耳熟能詳的專案化基建工具或流程都離不開 AST 技術的支援，Vue.js、React 等經典前端框架也離不開基於 AST 技術的編譯。

目前社區不乏對 Babel 外掛程式、Webpack 外掛程式等知識的講解，但是涉及 AST 的部分往往使用現成的工具轉載範本程式。本篇我們就從 AST 基礎知識講起，並實現一個簡單的 AST 實戰指令稿。

AST 基礎知識

AST 是 Abstract Syntax Tree 的縮寫，表示抽象語法樹，我們先對 AST 下一個定義：

在電腦科學中，抽象語法樹（Abstract Syntax Tree，AST），或簡稱語法樹（Syntax Tree），是原始程式語法結構的一種抽象表示。它以樹狀形式表現程式語言的語法結構，樹上的每個節點都表示原始程式中的一種結構。之所以說語法是「抽象」的，是因為這裡的語法並不會表示出真實語境中出現的每個細節。

比如，巢狀結構括號被隱藏在樹的結構中，並沒有以節點的形式呈現；而類似 if-condition-then 這樣的條件跳躍陳述式，可以使用帶有三個分支的節點來表示。

AST 經常應用在原始程式編譯過程中：一般語法分析器建立出 AST，然後在語義分析階段增加一些資訊，甚至修改 AST 的內容，最終產出編譯後的程式。

AST 初體驗

了解了基礎，我們便對 AST 有了一個「感官認知」。這裡為大家提供一個平臺：AST Explorer。在這個平臺中，我們可以即時看到 JavaScript 程式轉為 AST 之後的產出結果，如圖 12-1 所示。

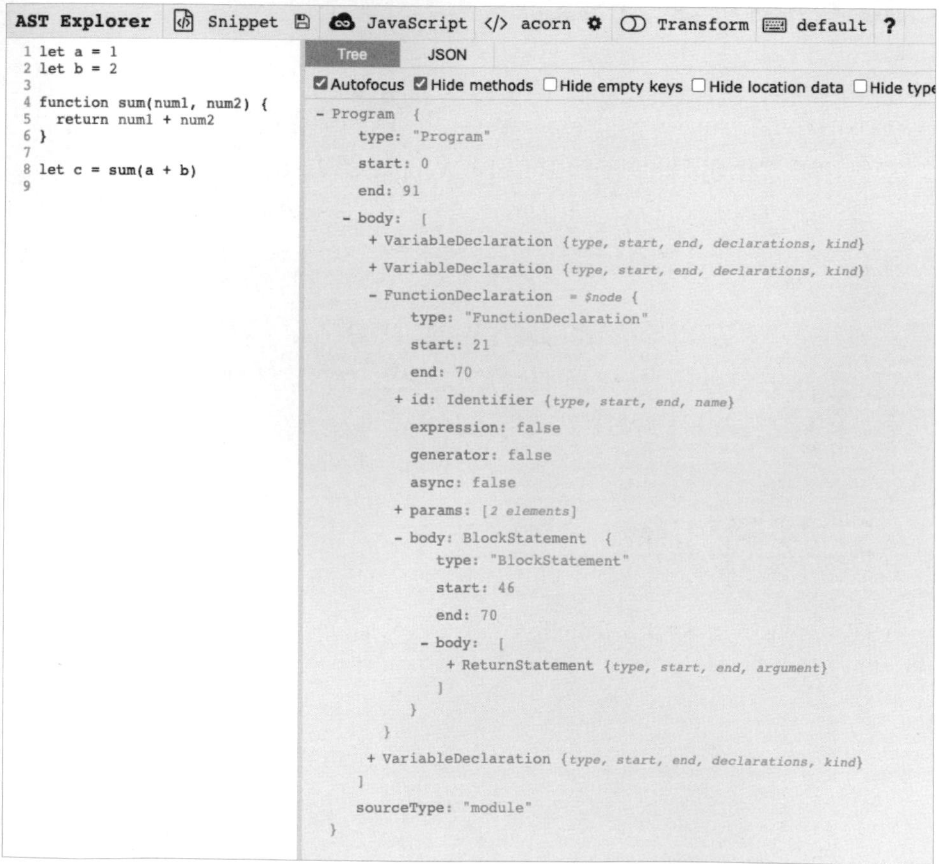

▲ 圖 12-1

可以看到，經過 AST 轉換，我們的 JavaScript 程式（左側）變成了一種符合 ESTree 規範的資料結構（右側），這種資料結構就是 AST。

這個平臺實際使用 acorn 作為 AST 解析器。下面我們就來介紹 acorn，本節要實現的指令稿也會相依 acorn 的能力。

acorn 解析

實際上，社區多個著名專案都相依 acorn 的能力（比如 ESLint、Babel、Vue.js 等）。acorn 是一個完全使用 JavaScript 實現的、小型且快速的 JavaScript 解析器。其基本用法非常簡單，範例如下。

```
let acorn = require('acorn')
let code = 1 + 2
console.log(acorn.parse(code))
```

更多 acorn 的使用方法我們不再一一列舉，大家可以結合相關原始程式進一步學習。

我們將視線更多地聚焦於 acorn 的內部實現。對所有語法解析器來說，其實現流程很簡單，如圖 12-2 所示。

▲ 圖 12-2

原始程式經過詞法分析（即分詞）得到 Token 序列，對 Token 序列進行語法分析，得到最終的 AST 結果。但 acorn 稍有不同，它會交替進行詞法分析和語法分析，只需要掃描一遍程式即可得到最終的 AST 結果。

acorn 的 Parser 類原始程式如下。

```
export class Parser {
  constructor(options, input, startPos) {
    // ...
  }
```

```
  parse() {
    // ...
  }
  get inFunction() { return (this.currentVarScope().flags & SCOPE_FUNCTION) > 0 }
  get inGenerator() { return (this.currentVarScope().flags & SCOPE_GENERATOR) > 0 }
  get inAsync() { return (this.currentVarScope().flags & SCOPE_ASYNC) > 0 }
  get allowSuper() { return (this.currentThisScope().flags & SCOPE_SUPER) > 0 }
  get allowDirectSuper() { return (this.currentThisScope().flags & SCOPE_DIRECT_SUPER) > 0 }
  get treatFunctionsAsVar() { return this.treatFunctionsAsVarInScope (this.
currentScope()) }
  get inNonArrowFunction() { return (this.currentThisScope().flags & SCOPE_FUNCTION) > 0 }

  static extend(...plugins) {
    // ...
  }
  // 解析入口
  static parse(input, options) {
    return new this(options, input).parse()
  }

  static parseExpressionAt(input, pos, options) {
    let parser = new this(options, input, pos)
    parser.nextToken()
    return parser.parseExpression()
  }
  // 分詞入口
  static tokenizer(input, options) {
    return new this(options, input)
  }
}
```

以上是 acorn 解析實現 AST 的入口骨架，實際的分詞環節需要明確要分析哪些 Token 類型。

- 關鍵字：import、function、return 等。
- 變數名稱。

- 運算子號。
- 結束符號。
- 狀態機：簡單來講就是消費每一個原始程式中的字元，對字元意義進行狀態機判斷。以對「/」的處理為例，對於 3/10 原始程式而言，/ 表示一個運算子號；對於 var re = /ab+c/ 原始程式而言，/ 表示正則運算的起始字元。

在分詞過程中，實現者往往使用一個 Context 來表達一個上下文，實際上 Context 是一個堆疊資料結果。

acorn 在語法分析階段主要完成 AST 的封裝及錯誤拋出。這個過程中涉及的原始程式可以用以下元素來描述。

- Program：整個程式。
- Statement：敘述。
- Expression：運算式。

當然，Program 中包含了多段 Statement，Statement 又由多個 Expression 或 Statement 組成。這三大元素就組成了遵循 ESTree 規範的 AST。最終的 AST 產出也是這三種元素的資料結構拼合。下面我們透過 acorn 及一個指令稿來實現非常簡易的 Tree Shaking 能力。

AST 實戰：實現一個簡易 Tree Shaking 指令稿

上一篇介紹了 Tree Shaking 技術的各方面。下面，我們基於本節內容的主題——AST，來實現一個簡單的 DCE（Dead Code Elimination），目標是實現一個 Node.js 指令稿，這個指令稿將被命名為 treeShaking.js，用來刪除冗餘碼。

執行以下命令。

```
node treeShaking test.js
```

這樣可以將 test.js 中的冗餘碼刪除，test.js 測試程式如下。

```
function add(a, b) {
    return a + b
}
function multiple(a, b) {
    return a * b
}

var firstOp = 9
var secondOp = 10
add(firstOp, secondOp)
```

理論上講，上述程式中的 multiple 方法可以被「搖掉」。

進入實現環節，圖 12-3 展示了具體的實現流程。

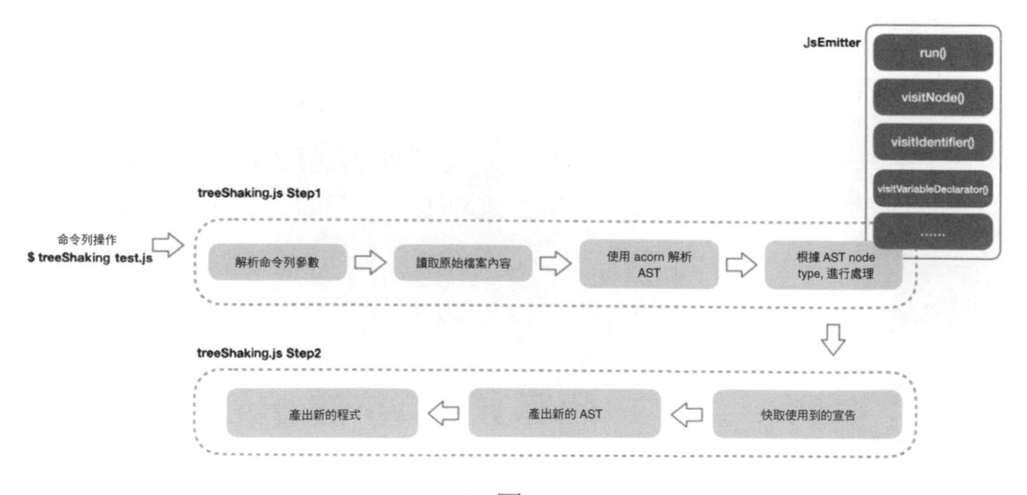

▲ 圖 12-3

設計 JSEmitter 類別，用於根據 AST 產出 JavaScript 程式（js-emitter.js 檔案內容）。

```
class JSEmitter {
    // 存取變數宣告，以下都是工具方法
    visitVariableDeclaration(node) {
```

```
        let str = ''
        str += node.kind + ' '
        str += this.visitNodes(node.declarations)
        return str + '\n'
    }
    visitVariableDeclarator(node, kind) {
        let str = ''
        str += kind ? kind + ' ' : str
        str += this.visitNode(node.id)
        str += '='
        str += this.visitNode(node.init)
        return str + ';' + '\n'
    }
    visitIdentifier(node) {
        return node.name
    }
    visitLiteral(node) {
        return node.raw
    }
    visitBinaryExpression(node) {
        let str = ''
        str += this.visitNode(node.left)
        str += node.operator
        str += this.visitNode(node.right)
        return str + '\n'
    }
    visitFunctionDeclaration(node) {
        let str = 'function '
        str += this.visitNode(node.id)
        str += '('
        for (let param = 0; param < node.params.length; param++) {
            str += this.visitNode(node.params[param])
            str += ((node.params[param] == undefined) ? '' : ',')
        }
        str = str.slice(0, str.length - 1)
        str += '){'
        str += this.visitNode(node.body)
        str += '}'
        return str + '\n'
```

```
}
visitBlockStatement(node) {
    let str = ''
    str += this.visitNodes(node.body)
    return str
}
visitCallExpression(node) {
    let str = ''
    const callee = this.visitIdentifier(node.callee)
    str += callee + '('
    for (const arg of node.arguments) {
        str += this.visitNode(arg) + ','
    }
    str = str.slice(0, str.length - 1)
    str += ');'
    return str + '\n'
}
visitReturnStatement(node) {
    let str = 'return ';
    str += this.visitNode(node.argument)
    return str + '\n'
}
visitExpressionStatement(node) {
    return this.visitNode(node.expression)
}
visitNodes(nodes) {
    let str = ''
    for (const node of nodes) {
        str += this.visitNode(node)
    }
    return str
}
// 根據類型執行相關處理函式
visitNode(node) {
    let str = ''
    switch (node.type) {
        case 'VariableDeclaration':
            str += this.visitVariableDeclaration(node)
            break;
```

```
            case 'VariableDeclarator':
                str += this.visitVariableDeclarator(node)
                break;
            case 'Literal':
                str += this.visitLiteral(node)
                break;
            case 'Identifier':
                str += this.visitIdentifier(node)
                break;
            case 'BinaryExpression':
                str += this.visitBinaryExpression(node)
                break;
            case 'FunctionDeclaration':
                str += this.visitFunctionDeclaration(node)
                break;
            case 'BlockStatement':
                str += this.visitBlockStatement(node)
                break;
            case "CallExpression":
                str += this.visitCallExpression(node)
                break;
            case "ReturnStatement":
                str += this.visitReturnStatement(node)
                break;
            case "ExpressionStatement":
                str += this.visitExpressionStatement(node)
                break;
        }
        return str
    }
    // 入口
    run(body) {
        let str = ''
        str += this.visitNodes(body)
        return str
    }
}
module.exports = JSEmitter
```

具體分析以上程式，JSEmitter 類別中建立了很多 visitXXX 方法，這些方法最終都會產出 JavaScript 程式。繼續結合 treeShaking.js 的實現來看以下程式。

```
const acorn = require("acorn")
const l = console.log
const JSEmitter = require('./js-emitter')
const fs = require('fs')
// 獲取命令列參數
const args = process.argv[2]
const buffer = fs.readFileSync(args).toString()
const body = acorn.parse(buffer).body
const jsEmitter = new JSEmitter()
let decls = new Map()
let calledDecls = []
let code = []
// 遍歷處理
body.forEach(function(node) {
    if (node.type == "FunctionDeclaration") {
        const code = jsEmitter.run([node])
        decls.set(jsEmitter.visitNode(node.id), code)
        return;
    }
    if (node.type == "ExpressionStatement") {
        if (node.expression.type == "CallExpression") {
            const callNode = node.expression
            calledDecls.push(jsEmitter.visitIdentifier(callNode.callee))
            const args = callNode.arguments
            for (const arg of args) {
                if (arg.type == "Identifier") {
                    calledDecls.push(jsEmitter.visitNode(arg))
                }
            }
        }
    }
    if (node.type == "VariableDeclaration") {
        const kind = node.kind
        for (const decl of node.declarations) {
            decls.set(jsEmitter.visitNode(decl.id), jsEmitter.
visitVariableDeclarator(decl, kind))
        }
```

```
            return
        }
        if (node.type == "Identifier") {
            calledDecls.push(node.name)
        }
        code.push(jsEmitter.run([node]))
});
// 生成程式
code = calledDecls.map(c => {
    return decls.get(c)
}).concat([code]).join('')
fs.writeFileSync('test.shaked.js', code)
```

分析以上程式，首先透過 process.argv 獲取目的檔案。對於目的檔案，透過 fs.readFileSync() 方法讀出字串形式的內容 buffer。對於 buffer 變數，使用 acorn.parse 進行解析，並對產出內容進行遍歷。

在遍歷過程中，對於不同類型的節點，要呼叫 JSEmitter 類別的不同方法進行處理。在整個過程中，我們維護以下三個變數。

- decls：Map 類型。
- calledDecls：陣列類型。
- code：陣列類型。

decls 儲存所有的函式或變數宣告類型節點，calledDecls 儲存程式中真正使用到的函式或變數宣告，code 儲存其他所有沒有被節點類型匹配的 AST 部分。

下面我們來分析具體的遍歷過程。

- 在遍歷過程中，我們對所有函式和變數的宣告進行維護，將其儲存到 decls 中。
- 接著，對所有的 CallExpression 和 IDentifier 進行檢測。因為 CallExpression 代表了一次函式呼叫，因此在該 if 條件分支內，需要將相關函式節點呼叫情況推入 calledDecls 陣列，同時將該函式的參數變數也推入 calledDecls 陣列。因為 IDentifier 代表了一個變數的設定值，因此也將其推入 calledDecls 陣列。

- 遍歷 calledDecls 陣列，並從 decls 變數中獲取使用到的變數和函式宣告，最終透過 concat 方法將其合併帶入 code 變數，使用 join 方法將陣列轉化為字串類型。

至此，簡易版 Tree Shaking 能力就實現了，建議結合實際程式多偵錯，相信大家會有更多收穫。

總結

本篇聚焦 AST 這一熱點話題。當前前端基礎建設、專案化建設越來越離不開 AST 技術的支援，AST 在前端領域扮演的角色的重要性也越來越廣為人知。但事實上，AST 是電腦領域中一個悠久的基礎概念，每一名開發者也都應該循序漸進地了解 AST 相關技術及編譯原理。

本篇從基本概念入手，借助 acorn 的能力實現了一個真實的 AST 實踐場景——簡易 Tree Shaking，正好又和上一篇的內容環環相扣。由此可見，透過前端基建和專案化中的每一個技術點，都能由點及面，繪製出一張前端知識圖譜，形成一張前端基建和專案化網。

第 13 章 專案化思維：主題切換架構

在前面幾篇中，我們主要圍繞 JavaScript 和專案相關專案化方案展開討論。實際上，在前端基礎建設中，對樣式方案的處理也必不可少。在本篇中，我們將實現一個專案化主題切換功能，並整理現代前端樣式的解決方案。

設計一個主題切換專案架構

隨著 iOS 13 引入深色模式（Dark Mode），各大應用和網站也都開始支援深色模式。相比於傳統的頁面配色方案，深色模式具有較好的降噪性，也能讓使用者的眼睛在看內容時更舒適。

那麼對前端來說，如何高效率地支援深色模式呢？這裡的高效就是指專案化、自動化。在介紹具體方案前，我們先來了解一個必會的前端專案化神器——PostCSS。

PostCSS 原理和相關外掛程式能力

簡單來說，PostCSS 是一款編譯 CSS 的工具。PostCSS 具有良好的外掛程式性，其外掛程式也是使用 JavaScript 撰寫的，非常有利於開發者進行擴展。基於前面內容介紹的 Babel 思想，對比 JavaScript 的編譯器，我們不難猜出 PostCSS 的工作原理：PostCSS 接收一個 CSS 檔案，並提供外掛程式機制，提供給開發者分析、修改 CSS 規則的能力，具體實現方式也是基於 AST 技術實現的。本篇介紹的專案化主題切換架構也離不開 PostCSS 的基礎能力。

架構想法

對於主題切換，社區介紹的方案往往是透過 CSS 變數（CSS 自訂屬性）來實現的，這無疑是一個很好的想法，但是作為架構，使用 CSS 自訂屬性只是其中一個環節。站在更高、更中台化的角度思考，我們還需要搞清楚以下內容。

- 如何維護不同主題色值？
- 誰來維護不同主題色值？
- 在研發和設計之間，如何保持不同主題色值的同步溝通？
- 如何最小化前端工程師的開發量，讓他們不必強制寫入兩份色值？
- 如何使一鍵切換時的性能最佳？
- 如何配合 JavaScript 狀態管理，同步主題切換的訊號？

基於以上考慮，以一個超連結樣式為例，我們希望做到在開發時撰寫以下程式。

```
a {
  color: cc(GBK05A);
}
```

這樣就能一勞永逸，直接支援兩套主題模式（Light/Dark）。也就是說，在應用編譯時，上述程式將被編譯為下面這樣。

```
a {
  color: #646464;
}

html[data-theme='dark'] a {
  color: #808080;
}
```

我們來看看在編譯時，建構環節完成了什麼具體操作。

- cc(GBK05A) 這樣的宣告被編譯為 #646464。cc 是一個 CSS 函式，而 GBK05A 是一組色值，即一個色組，分別包含了 Light 和 Dark 兩種主題模式中的顏色。
- 在 HTML 根節點上，增加屬性選擇器 data-theme=' dark' ，並增加 a 標籤，color 色值樣式為 #808080。

我們設想，使用者點擊「切換主題」按鈕時，首先透過 JavaScript 向 HTML 根節點標籤內增加 data-theme 為 dark 的屬性值，這時 CSS 選擇器 html[data-theme=' dark'] a 將發揮作用，實現樣式切換。

結合圖 13-1 可以輔助理解上述編譯過程。

▲ 圖 13-1（編按：本圖例為簡體中文介面）

回到架構設計中，如何在建構時完成 CSS 的樣式編譯轉換呢？答案指向了 PostCSS。具體架構設計步驟如下。

- 撰寫一個名為 postcss-theme-colors 的 PostCSS 外掛程式，實現上述編譯過程。
- 維護一個色值，結合上例（這裡以 YML 格式為例），設定如下。

```
GBK05A: [BK05, BK06]

BK05: '#808080'
BK06: '#999999'
```

postcss-theme-colors 需要完成以下操作。

- 辨識 cc 函式。
- 讀取色組設定。
- 透過色值對 cc 函式求值，得到兩種顏色，分別對應 Light 和 Dark 主題模式。
- 原地編譯 CSS 中的顏色為 Light 主題模式色值。
- 將 Dark 主題模式色值寫到 HTML 根節點上。

這裡需要補充的是，為了將 Dark 主題模式色值按照 html[data-theme='dark'] 方式寫到 HTML 根節點上，我們使用了以下兩個 PostCSS 外掛程式。

- postcss-nested。
- postcss-nesting。

整體架構設計如圖 13-2 所示。

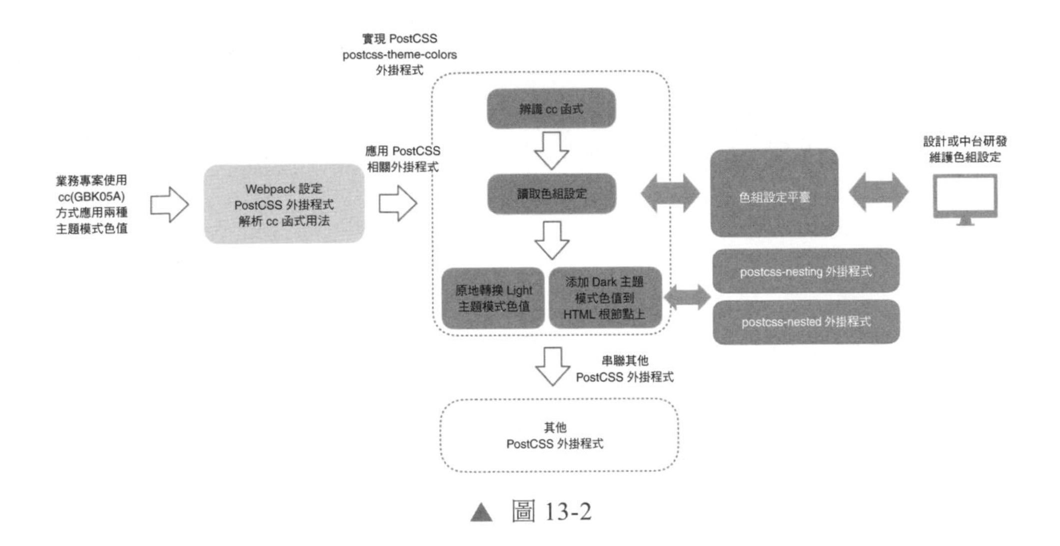

▲ 圖 13-2

主題色切換架構實現

有了整體架構，下面來實現其中的重點環節。首先，我們需要了解 PostCSS 外掛程式系統。

PostCSS 外掛程式系統

PostCSS 具有天生的外掛程式化系統，開發者一般很容易上手外掛程式開發，典型的 PostCSS 外掛程式撰寫範本如下。

```
var postcss = require('postcss');

module.exports = postcss.plugin('pluginname', function (opts) {

  opts = opts || {};

  // 處理設定項目

  return function (css, result) {
    // 轉換 AST
  };
```

```
})
```

一個 PostCSS 就是一個 Node.js 模組，開發者呼叫 postcss.plugin（原始程式連結定義在 postcss.plugin 中）工廠方法傳回一個外掛程式實體，如下。

```
return {
    postcssPlugin: 'PLUGIN_NAME',
    /*
    Root (root, postcss) {
      // 轉換 AST
    }
    */

    /*
    Declaration (decl, postcss) {
    }
    */

    /*
    Declaration: {
      color: (decl, postcss) {
      }
    }
    */
  }
}
```

在撰寫 PostCSS 外掛程式時，我們可以直接使用 postcss.plugin 方法完成實際開發，然後就可以開始動手實現 postcss-theme-colors 外掛程式了。

動手實現 postcss-theme-colors 外掛程式

在 PostCSS 外掛程式設計中，我們看到了清晰的 AST 設計痕跡，經過之前的學習，我們應該對 AST 不再陌生。根據外掛程式骨架加入具體實現邏輯，如下。

```
const postcss = require('postcss')

const defaults = {
  function: 'cc',
  groups: {},
  colors: {},
  useCustomProperties: false,
  darkThemeSelector: 'html[data-theme="dark"]',
  nestingPlugin: null,
}

const resolveColor = (options, theme, group, defaultValue) => {
  const [lightColor, darkColor] = options.groups[group] || []
  const color = theme === 'dark' ? darkColor : lightColor
  if (!color) {
    return defaultValue
  }

  if (options.useCustomProperties) {
    return color.startsWith('--') ? 'var(${color})' : 'var(--${color})'
  }

  return options.colors[color] || defaultValue
}

module.exports = postcss.plugin('postcss-theme-colors', options => {
  options = Object.assign({}, defaults, options)

  // 獲取色值函式（預設為 cc）
  const reGroup = new RegExp('\\b${options.function}\\(([^)]+)\\)', 'g')

  return (style, result) => {
    // 判斷 PostCSS 工作流程中是否使用了某些外掛程式
    const hasPlugin = name =>
      name.replace(/^postcss-/, '') === options.nestingPlugin ||
      result.processor.plugins.some(p => p.postcssPlugin === name)

    // 獲取最終的 CSS 值
    const getValue = (value, theme) => {
```

```
    return value.replace(reGroup, (match, group) => {
      return resolveColor(options, theme, group, match)
    })
  }

  // 遍歷 CSS 宣告
  style.walkDecls(decl => {
    const value = decl.value

    // 如果不含有色值函式呼叫，則提前退出
    if (!value || !reGroup.test(value)) {
      return
    }

    const lightValue = getValue(value, 'light')
    const darkValue = getValue(value, 'dark')

    const darkDecl = decl.clone({value: darkValue})

    let darkRule

    // 使用外掛程式，生成 Dark 主題模式
    if (hasPlugin('postcss-nesting')) {
      darkRule = postcss.atRule({
        name: 'nest',
        params: '${options.darkThemeSelector} &',
      })
    } else if (hasPlugin('postcss-nested')) {
      darkRule = postcss.rule({
        selector: '${options.darkThemeSelector} &',
      })
    } else {
      decl.warn(result, 'Plugin(postcss-nesting or postcss-nested) not found')
    }

    // 增加 Dark 主題模式到目標 HTML 根節點中
    if (darkRule) {
      darkRule.append(darkDecl)
      decl.after(darkRule)
```

```
      }

      const lightDecl = decl.clone({value: lightValue})
      decl.replaceWith(lightDecl)
    })
  }
})
```

上面的程式中加入了相關註釋，整體邏輯並不難理解。理解了以上原始程式，postcss-theme-colors 外掛程式的使用方式也就呼之欲出了。

```
const colors = {
  C01: '#eee',
  C02: '#111',
}

const groups = {
  G01: ['C01', 'C02'],
}

postcss([
  require('postcss-theme-colors')({colors, groups}),
]).process(css)
```

透過上述操作，我們實現了 postcss-theme-colors 外掛程式，整體架構也完成了大半。接下來，我們將繼續完善，並最終打造出一個更符合基礎建設要求的方案。

架構平臺化——色組和色值平臺設計

在上面的範例中，我們採用了強制寫入（hard coding）方式。

```
const colors = {
  C01: '#eee',
  C02: '#111',
}

const groups = {
```

```
  G01: ['C01', 'C02'],
}
```

上述程式宣告了 colors 和 groups 兩個變數，並將它們傳遞給了 postcss-theme-colors 外掛程式。其中，groups 變數宣告了色組的概念，比如 group1 被命名為 G01，對應了 C01（日間色）、C02（夜間色）兩個色值，這樣做的好處顯而易見。

- 可將 postcss-theme-colors 外掛程式和色值宣告解耦，postcss-theme-colors 外掛程式並不關心具體的色值宣告，而是接收 colors 和 groups 變數。
- 實現了色值和色組的解耦。

  * colors 維護具體色值。

  * groups 維護具體色組。

舉例來說，前面提到了以下的超連結樣式宣告。

```
a {
  color: cc(GBK05A);
}
```

在業務開發中，我們直接宣告了「使用 GBK05A 這個色組」。業務開發者不需要關心這個色組在 Light 和 Dark 主題模式下分別對應哪些色值。而設計團隊可以專門維護色組和色值，最終只提供給開發者色組。

在此基礎上，我們完全可以抽象出一個色組和色值平臺，方便設計團隊更新內容。這個平臺可以以 JSON 或 YML 等任何形式儲存色值和色組的對應關係，方便各個團隊協作。

在前面提到的主題切換設計架構圖的基礎上，我們擴充其為平臺化解決方案，如圖 13-3 所示。

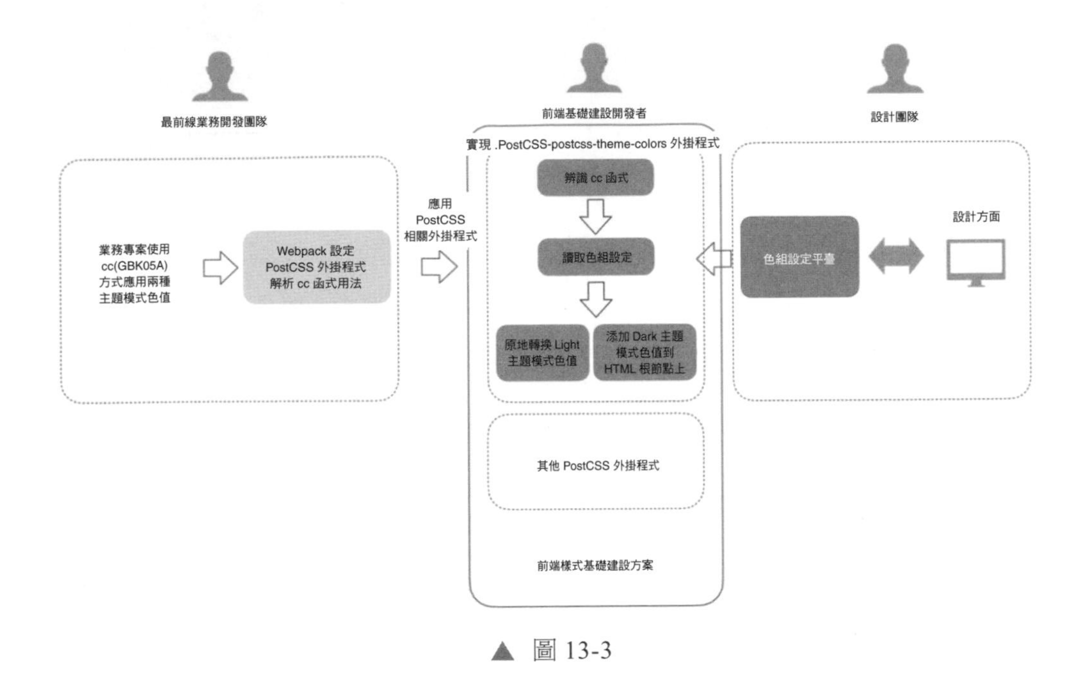

▲ 圖 13-3

總結

本篇沒有聚焦於 CSS 樣式的具體用法，而是從更高的角度整理了現代化前端基礎建設當中的樣式相關專案方案，並從「主題切換」這一話題入手，聯動了 PostCSS、Webpack，甚至前端狀態管理流程。

第 14 章 解析 Webpack 原始程式，實現工具建構

前端專案化和基礎建設自然離不開分析建構工具。Webpack 是前端專案中最常見、最經典的建構工具，我們有必要透過獨立的一篇對其進行精講。可是，關於 Webpack，什麼樣的內容才更有意義呢？當前社區中關於 Webpack 外掛程式撰寫、loader 撰寫的內容已經非常多了，甚至 Tapable 機制也有所涉獵，本篇獨闢蹊徑，將從 Webpack 的實現入手，幫助你建構一個自己的專案化工具。

Webpack 的初心和奧秘

我們不急於對 Webpack 原始程式進行講解，因為 Webpack 是一個龐大的系統，逐行講解其原始程式太過枯燥，真正能轉化為技術累積的內容較少。我們先抽絲剝繭，從 Webpack 的初心談起，相信你會對它有一個更加清晰的認知。

Webpack 的介紹只有簡單的一句話：

Webpack is a static module bundler for modern JavaScript applications.

雖然 Webpack 看上去無所不能，但從本質上說，它就是一個「前端模組打包器」。前端模組打包器做的事情很簡單：幫助開發者將 JavaScript 模組（各種類型的模組化規範）打包為一個或多個 JavaScript 指令檔。

繼續溯源，前端領域為什麼需要一個模組打包器呢？其實理由很簡單。

- 不是所有瀏覽器都直接支援 JavaScript 規範。
- 前端需要管理相依指令稿，把控不同指令稿的載入順序。
- 前端需要按順序載入不同類型的靜態資源。

想像一下，我們的 Web 應用中有這樣一段內容。

```
<html>
  <script src="/src/1.js"></script>
  <script src="/src/2.js"></script>
  <script src="/src/3.js"></script>
  <script src="/src/4.js"></script>
  <script src="/src/5.js"></script>
  <script src="/src/6.js"></script>
</html>
```

每個 JavaScript 檔案都需要透過額外的 HTTP 請求來獲取，並且因為相依關係，1.js~6.js 需要按順序載入。因此，打包需求應運而生。

```
<html>
  <script src="/dist/bundle.js"></script>
</html>
```

這裡需要注意以下幾點。

- 隨著 HTTP/2 技術的推廣，從長遠來看，瀏覽器像上述程式一樣發送多個請求不再是性能瓶頸，但目前來看這種設想還太樂觀。
- 並不是將所有指令稿都打包到一起就能實現性能最佳，/dist/bundle.js 資源的體積一般較大。

總之，打包器是前端的「剛性需求」，但實現上述打包需求也不簡單，需要考慮以下幾點。

- 如何維護不同指令稿的打包順序，保證 bundle.js 的可用性？
- 如何避免不同指令稿、不同模組的命名衝突？
- 在打包過程中，如何確定真正需要的指令稿？

事實上，雖然當前 Webpack 依靠 loader 機制實現了對不同類型資源的解析和打包，依靠外掛程式機制實現了第三方介入編譯建構的過程，但究其本質，Webpack 只是一個「無所不能」的打包器，實現了 a.js + b.js + c.js. = bundle.js 的能力。

下面我們繼續揭開 Webpack 打包過程的奧秘。為了簡化，這裡以 ESM 模組化規範為例說明。假設我們有以下需求。

- 透過 circle.js 模組求圓形面積。
- 透過 square.js 模組求正方形面積。
- 將 app.js 模組作為主模組。

上述需求對應的內容分別如下。

```
// filename: circle.js
const PI = 3.141;
export default function area(radius) {
  return PI * radius * radius;
}

// filename: square.js
export default function area(side) {
  return side * side;
}

// filename: app.js
import squareArea from './square';
import circleArea from './circle';
console.log('Area of square: ', squareArea(5));
console.log('Area of circle', circleArea(5));
```

經過 Webpack 打包之後，我們用 bundle.js 來表示 Webpack 的處理結果（精簡並進行讀取化處理後的結果）。

```
// filename: bundle.js

const modules = {
```

```
  'circle.js': function(exports, require) {
    const PI = 3.141;
    exports.default = function area(radius) {
      return PI * radius * radius;
    }
  },
  'square.js': function(exports, require) {
    exports.default = function area(side) {
      return side * side;
    }
  },
  'app.js': function(exports, require) {
    const squareArea = require('square.js').default;
    const circleArea = require('circle.js').default;
    console.log('Area of square: ', squareArea(5))
    console.log('Area of circle', circleArea(5))
  }
}

webpackBundle({
  modules,
  entry: 'app.js'
});
```

如上面的程式所示，Webpack 使用 module map 維護了 modules 變數，儲存了不同模組的資訊。在這個 map 中，key 為模組路徑名稱，value 為一個經過 wrapped 處理的模組函式，先稱之為包裹函式（module factory function），該函式形式如下。

```
function(exports, require) {
      // 模組內容
}
```

這樣做為每個模組提供了 exports 和 require 能力，同時保證了每個模組都處於一個隔離的函式作用域內。

有 modules 變數還不夠，還要相依 webpackBundle 方法將所有內容整合在一起。webpackBundle 方法接收 modules 模組資訊及一個入口指令稿，程式如下。

```
function webpackBundle({ modules, entry }) {
  const moduleCache = {};

  const require = moduleName => {
    // 如果已經解析並快取過，直接傳回快取內容
    if (moduleCache[moduleName]) {
      return moduleCache[moduleName];
    }

const exports = {};

    // 這裡是為了防止循環引用
    moduleCache[moduleName] = exports;

    // 執行模組內容，如果遇見 require 方法，則繼續遞迴執行 require 方法
    modules[moduleName](exports, require);

    return moduleCache[moduleName];
  };

  require(entry);
}
```

關於上述程式，需要注意：webpackBundle 方法中宣告的 require 方法和 CommonJS 規範中的 require 是兩回事，前者是 Webpack 自己實現的模組化解決方案。

圖 14-1 總結了 Webpack 風格打包器的原理和工作流程。

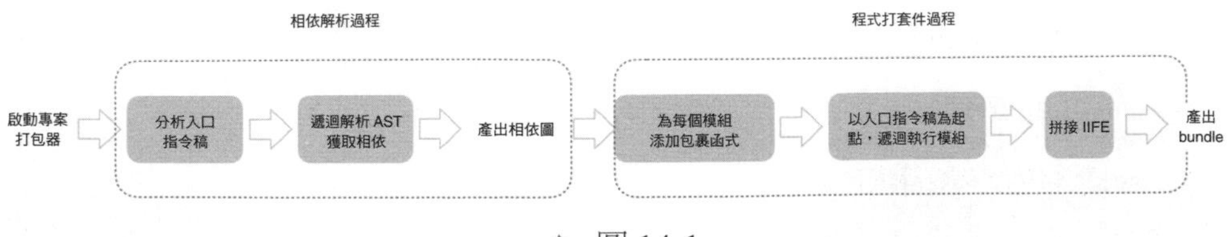

▲ 圖 14-1

講到這裡，我們再擴充講解另一個打包器——Rollup 的原理。針對上面的例子，經 Rollup 打包過後的產出如下。

```
const PI = 3.141;

function circle$area(radius) {
  return PI * radius * radius;
}

function square$area(side) {
  return side * side;
}

console.log('Area of square: ', square$area(5));
console.log('Area of circle', circle$area(5));
```

如上面的程式所示，Rollup 的原理與 Webpack 的不同：Rollup 不會維護一個 module map，而是將所有模組拍平（flatten）放到 bundle 中，不存在包裹函式。

為了保證名稱不衝突，Rollup 對函式名稱和變數名稱進行了改寫，在模組指令稿 circle.js 和 square.js 中都有一個 area 方法。經過 Rollup 打包後，area 方法根據模組主體被重新命名。

我們將 Webpack 和 Rollup 打包原理進行了對比，如下。

- Webpack 原理：
  * 使用 module map，維護專案中的相依關係。
  * 使用包裹函式，對每個模組進行包裹。
  * 使用一個「runtime」方法（在上述範例中為 webpackBundle），最終合成 bundle 內容。
- Rollup 原理：
  * 將每個模組拍平。
  * 不使用包裹函式，不需要對每個模組進行包裹。

不同的打包原理也會帶來不同的打包結果，這裡我想給大家留一個思考題：基於 Rollup 打包原理，如果模組出現了循環相依，會發生什麼現象呢？

手動實現打包器

前面的內容剖析了以 Webpack、Rollup 為代表的打包器的核心原理。下面我們將手動實現一個簡易的打包器，目標是向 Webpack 打包設計看齊。核心想法如下。

- 讀取入口檔案（比如 entry.js）。
- 基於 AST 分析入口檔案，並產出相依列表。
- 使用 Babel 將相關模組編譯為符合 ES5 規範的程式。
- 為每個相依產出一個唯一的 ID，方便後續讀取模組相關內容。
- 將每個相依及經過 Babel 編譯過後的內容儲存在一個物件中進行維護。
- 遍歷上一步中的物件，建構出一個相依圖（Dependency Graph）。
- 將各相依模組內容合成為 bundle 產出。

下面，我們來一步一步實現。首先建立專案。

```
mkdir bundler-playground && cd $_
```

啟動 npm，如下。

```
npm init -y
```

安裝以下相依。

- @babel/parser，用於分析原始程式，產出 AST。
- @babel/traverse，用於遍歷 AST，找到 import 宣告。
- @babel/core，用於編譯，將原始程式編譯為符合 ES5 規範的程式。
- @babel/preset-env，搭配 @babel/core 使用。
- resolve，用於獲取相依的絕對路徑。

安裝命令如下。

```
npm install --save @babel/parser @babel/traverse @babel/core  @babel/preset-
env resolve
```

完成上述操作，我們開始撰寫核心邏輯，建立 index.js，並引入以下相依。

```
const fs = require("fs");
const path = require("path");
const parser = require("@babel/parser");
const traverse = require("@babel/traverse").default;
const babel = require("@babel/core");
const resolve = require("resolve").sync;
```

接著，維護一個全域 ID，並透過遍歷 AST 存取 ImportDeclaration 節點，將相依收集到 deps 陣列中，同時完成 Babel 編譯降級，如下。

```
let ID = 0;

function createModuleInfo(filePath) {
    // 讀取模組原始程式
    const content = fs.readFileSync(filePath, "utf-8");
    // 對原始程式進行 AST 產出
    const ast = parser.parse(content, {
    sourceType: "module"
    });
    // 相關模組相依陣列
    const deps = [];

    // 遍歷 AST，將相依收集到 deps 陣列中
    traverse(ast, {
        ImportDeclaration: ({ node }) => {
          deps.push(node.source.value);
        }
    });

    const id = ID++;

    // 編譯為 ES5 規範程式
```

```
    const { code } = babel.transformFromAstSync(ast, null, {
        presets: ["@babel/preset-env"]
    });

    return {
        id,
        filePath,
        deps,
        code
    };
}
```

上述程式中的相關註釋已經比較明晰。這裡需要指出的是，我們採用了自動增加 ID 的方式，如果採用隨機的 GUID，是更安全的做法。

至此，我們實現了對一個模組的分析過程，並產出了以下內容。

- 該模組對應的 ID。
- 該模組的路徑。
- 該模組的相依陣列。
- 該模組經過 Babel 編譯後的程式。

接下來，我們生成整個專案的相依圖，程式如下。

```
function createDependencyGraph(entry) {
    // 獲取模組資訊
    const entryInfo = createModuleInfo(entry);
    // 專案相依樹
    const graphArr = [];
    graphArr.push(entryInfo);

    // 以入口模組為起點，遍歷整個專案相依的模組，並將每個模組資訊儲存到 graphArr 中進行維護
    for (const module of graphArr) {
        module.map = {};
        module.deps.forEach(depPath => {
            const baseDir = path.dirname(module.filePath);
            const moduleDepPath = resolve(depPath, { baseDir });
```

```
            const moduleInfo = createModuleInfo(moduleDepPath);
            graphArr.push(moduleInfo);
            module.map[depPath] = moduleInfo.id;
        });
    }
    return graphArr;
}
```

在上述程式中，我們使用了一個陣列類型的變數 graphArr 來維護整個專案的相依情況，最後，我們要基於 graphArr 內容對相關模組進行打包，如下。

```
function pack(graph) {
    const moduleArgArr = graph.map(module => {
        return '${module.id}: {
            factory: (exports, require) => {
                ${module.code}
            },
            map: ${JSON.stringify(module.map)}
        }';
    });

    const iifeBundler = '(function(modules){
        const require = id => {
            const {factory, map} = modules[id];
            const localRequire = requireDeclarationName => require(map[requireDeclarat
ionName]);
            const module = {exports: {}};
            factory(module.exports, localRequire);
            return module.exports;
        }

        require(0);

        })({${moduleArgArr.join()}})
    ';

    return iifeBundler;
}
```

建立一個對應每個模組的範本物件，如下。

```
return '${module.id}: {
  factory: (exports, require) => {
    ${module.code}
  },
  map: ${JSON.stringify(module.map)}
  }';
```

在 factory 對應的內容中，我們包裹模組程式，注入 exports 和 require 兩個參數，同時建構一個 IIFE 風格的程式區塊，用於將相依圖中的程式串聯在一起。最難理解的部分如下。

```
  const iifeBundler = '(function(modules){
    const require = id => {
      const {factory, map} = modules[id];
      const localRequire = requireDeclarationName => require(map
[requireDeclarationName]);
      const module = {exports: {}};
      factory(module.exports, localRequire);
      return module.exports;
    }
    require(0);
  })({${moduleArgArr.join()}})
  ';
```

針對這段程式，我們進行更細緻的分析。

- 使用 IIFE 方式，保證模組變數不會影響全域作用域。
- 建構好的專案相依圖陣列將作為形參（名為 modules）被傳遞給 IIFE。
- 我們建構了 require(id) 方法，這個方法的意義如下。
  - ＊透過 require(map[requireDeclarationName]) 方式，按順序遞迴呼叫各個相依模組。
  - ＊透過呼叫 factory(module.exports, localRequire) 執行模組相關程式。
  - ＊最終傳回 module.exports 物件，module.exports 物件最初的值為空

（{exports: {}}），但在一次次呼叫 factory 函式後，module.exports 物件的內容已經包含了模組對外暴露的內容。

總結

本篇沒有採用原始程式解讀的方式展開，而是從打包器的原理入手，換一種角度進行 Webpack 原始程式解讀，並最終動手實現了一個簡易打包器。

實際上，打包過程主要分為兩步：相依解析（Dependency Resolution）和程式打包（Bundling）。

- 在相依解析過程中，我們透過 AST 技術找到每個模組的相依模組，並組合為最終的專案相依圖。
- 在程式打包過程中，我們使用 Babel 對原始程式進行編譯，其中也包括了對 imports 和 exports（即 ESM）的編譯。

整個過程稍微有些抽象，需要用心體會。在實際生產環節，打包器的功能更多，比如我們需要考慮 code spliting、watch mode，以及 reloading 能力等。只要我們知曉打包器的初心，掌握其最基本的原理，任何問題都會迎刃而解。

第15章 跨端解析小程式多端方案

客觀來說，小程式在使用者規模及商業化方面取得的巨大成功並不能掩蓋其技術環節上的設計問題和痛點。小程式多端方案層出不窮，展現出百家爭鳴的局面。欣欣向榮的小程式多端方案背後有著深刻且有趣的技術話題，本篇我們將跨端解析小程式多端方案。

小程式多端方案概覽

小程式生態如今已如火如荼，自騰訊的微信小程式後，各巨頭也紛紛建立起自己的小程式。這些小程式的設計原理類似，但是對開發者來說，它們的開發方式並不互通。在此背景下，效率為先，也就出現了各種小程式多端方案。

小程式多端方案的願景很簡單，就是使用一種 DSL，實現「write once，run everywhere」。在這種情況下，不再需要先開發微信小程式，再開發頭條小程式、百度小程式等。小程式多端方案根據技術實現的不同可以大體劃分為三類。

- 編譯時方案。
- 執行時期方案。
- 編譯時和執行時期的結合方案。

事實上，單純的編譯時方案或執行時期方案都不能完全滿足跨端需求，因此兩者結合而成的第三種方案是目前的主流技術方案。

基於以上技術方案，小程式多端方案最終對外提供的使用方式可以分為以下幾種。

- 類 Vue.js 風格框架。
- 類 React 風格框架。
- 自訂 DSL 框架。

下面我們將深入小程式多端方案的具體實現進行講解。

小程式多端——編譯時方案

顧名思義，編譯時方案的工作主要集中在編譯轉化環節。這類多端框架在編譯階段基於 AST（抽象語法樹）技術進行各平臺小程式調配。

目前社區存在較多基於 Vue.js DSL 和 React DSL 的靜態編譯方案。其實現理念類似，但也有區別。Vue.js 的設計風格和各小程式設計風格更加接近，因此 Vue.js DSL 靜態編譯方案相對容易實現。Vue.js 中的單檔案元件主要由 template、script、style 組成，分別對應小程式中的以下形式檔案。

- .wxml 檔案、template 檔案。
- .js 檔案、.json 檔案。
- .wxss 檔案。

其中，因為小程式基本都可以相容 H5 環境中的 CSS，因此 style 部分基本上可以直接平滑遷移。將 template 轉為 .wxml 檔案時需要進行 HTML 標籤和範本語法的轉換。以微信小程式為例，轉換目標如圖 15-1 所示。

那麼圖 15-1 表述的編譯過程具體應該如何實現呢？你可能會想到正則方法，但正則方法的能力有限，複雜度也較高。更普遍的做法是，相依 AST（抽象語法樹）技術，如 mpvue、uni-app 等。AST 其實並不複雜，Babel 生態就為我們提供了很多開箱即用的 AST 分析和操作工具。圖 15-2 展示了一個簡單的 Vue.js 範本經過 AST 分析後得到的產出。

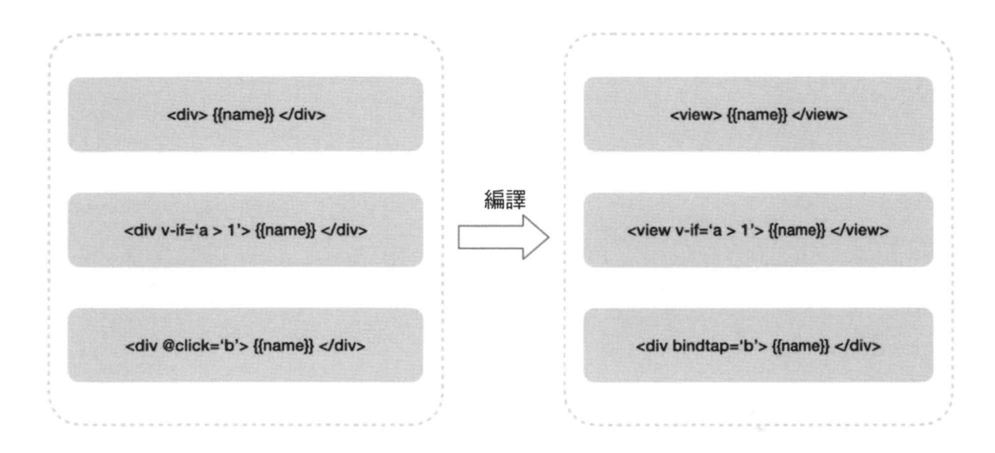

▲ 圖 15-1

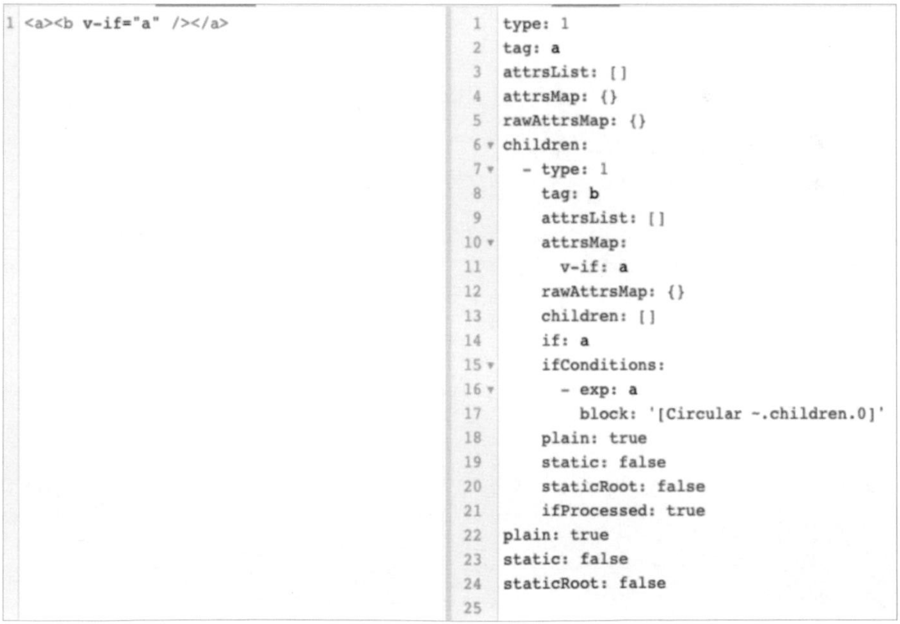

```
1 <a><b v-if="a" /></a>
```

```
1  type: 1
2  tag: a
3  attrsList: []
4  attrsMap: {}
5  rawAttrsMap: {}
6  children:
7    - type: 1
8      tag: b
9      attrsList: []
10     attrsMap:
11       v-if: a
12     rawAttrsMap: {}
13     children: []
14     if: a
15     ifConditions:
16       - exp: a
17         block: '[Circular ~.children.0]'
18     plain: true
19     static: false
20     staticRoot: false
21     ifProcessed: true
22 plain: true
23 static: false
24 staticRoot: false
25
```

▲ 圖 15-2

對應的範本程式如下。

```
<a><b v-if="a" /></a>
```

經過 AST 分析後，產出如下。

```
type: 1
tag: a
attrsList: []
attrsMap: {}
rawAttrsMap: {}
children:
  - type: 1
    tag: b
    attrsList: []
    attrsMap:
      v-if: a
    rawAttrsMap: {}
    children: []
    if: a
    ifConditions:
      - exp: a
        block: '[Circular ~.children.0]'
    plain: true
    static: false
    staticRoot: false
    ifProcessed: true
plain: true
static: false
staticRoot: false
```

基於上述類似 JSON 的 AST 產出結果，我們可以生成小程式指定的 DSL。整體流程如圖 15-3 所示。

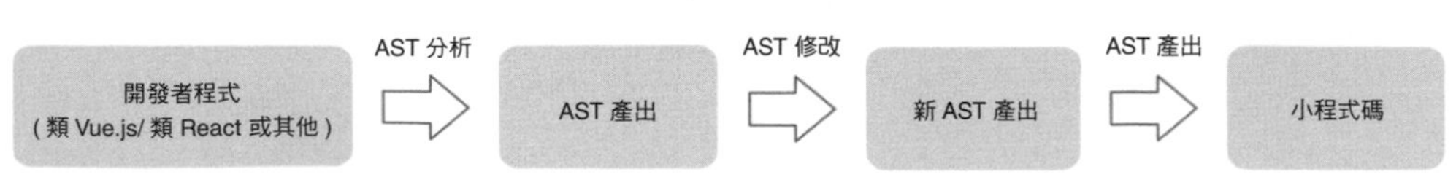

▲ 圖 15-3

熟悉 Vue.js 原理的同學可能會知道，Vue.js 中的 template 會被 vue-loader 編譯，而小程式多端方案需要將 Vue.js 範本編譯為小程式 .wxml 檔案，想法異曲同工。也許你會有疑問：Vue.js 中的 script 部分怎麼和小程式結合呢？這就需要在小程式執行時期方案上下功夫了。

小程式多端——執行時期方案

前面我們介紹了 Vue.js 單檔案元件的 template 編譯過程，其實，對 script 部分的處理會更加困難。試想，對於一段 Vue.js 程式，我們透過響應式理念監聽資料變化，觸發檢視修改，放到小程式中，多端方案要做的就是監聽資料變化，呼叫 setData() 方法觸發小程式著色層變化。

一般在 Vue.js 單檔案元件的 script 部分，我們會使用以下程式來初始化一個實例。

```
new Vue({
  data() {},
  methods: {},
  components: {}
})
```

對多端方案來說，完全可以引入一個 Vue.js 執行時版本，對上述程式進行解析和執行。事實上，mpvue 就是透過 fork 函式處理了一份 Vue.js 的程式，因此內建了執行時期能力，同時支援小程式平臺。

具體還需要做哪些小程式平臺特性支援呢？舉一個例子，以微信小程式為例，微信小程式平臺規定，小程式頁面中需要有一個 Page() 方法，用於生成一個小程式實例，該方法是小程式官方提供的 API。對於業務方寫的 new Vue() 程式，多端平臺要手動執行微信小程式平臺的 Page() 方法，完成初始化處理，如圖 15-4 所示。

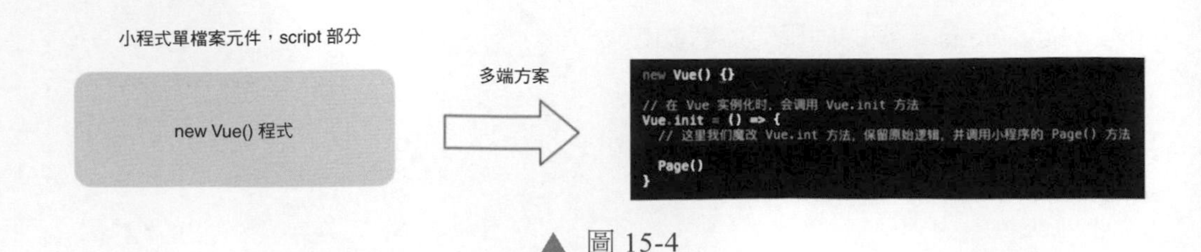

▲ 圖 15-4

經過上述步驟，多端方案內建了 Vue.js 執行時版本，並實例化了一個 Vue.js 實例，同時在初始階段呼叫了小程式平臺的 Page() 方法，因此也就有了一個小程式實例。

下面的工作就是在執行時期將 Vue.js 實例和小程式實例進行連結，以做到在資料變動時，小程式實例能夠呼叫 setData() 方法，進行著色層更新。

想法確立後，如何實施呢？首先我們要對 Vue.js 原理足夠清楚：Vue.js 基於響應式對資料進行監聽，在資料改動時，新生成一份虛擬節點 VNode。接下來對比新舊兩份虛擬節點，找到 diff，並進行 patch 操作，最終更新真實的 DOM 節點。

因為小程式架構中並沒有提供操作小程式節點的 API 方法，因此對於小程式多端方案，我們顯然不需要進行 Vue.js 原始程式中的 patch 操作。又因為小程式隔離了著色處理程序（著色層）和邏輯處理程序（邏輯層），因此不需要處理著色層，只需要呼叫 setData() 方法，更新一份最新的資料即可。

因此，借助 Vue.js 現有的能力，我們秉承「資料部分讓 Vue.js 執行時版本接手，著色部分讓小程式架構接手」的理念，就能實現一個類 Vue.js 風格的多端框架，原理如圖 15-5 所示。

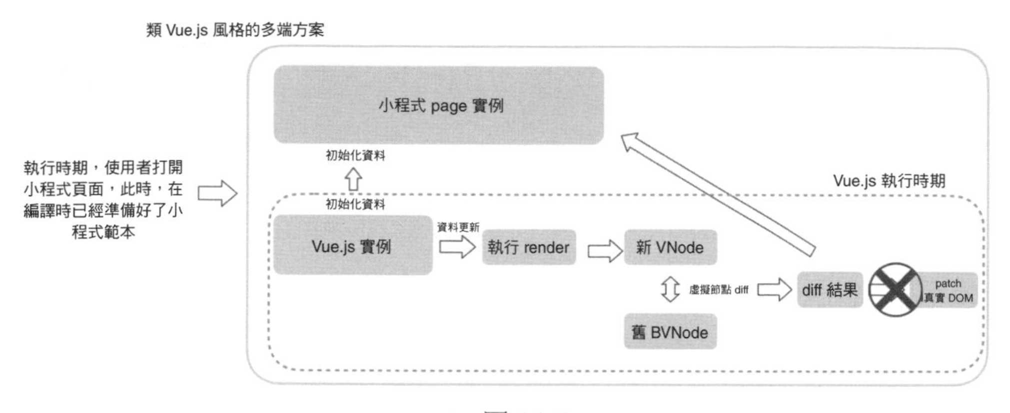

▲ 圖 15-5

當然，整個框架的設計還要考慮事件處理等模組，這裡就不再具體展開了。

如上所述，將編譯時和執行時期方案組合在一起，我們就實現了一個類 Vue.js 風格的小程式多端框架。目前社區都採用這套技術架構方案，但是不同框架有各自的特點，比如網易考拉 Megalo 在上述方案的基礎上將整個資料結構進行了扁平化處理，目的是在呼叫 setData() 方法時可以獲得更好的性能。

探索並沒有到此為止，事實上，類 React 風格的小程式多端方案雖然和類 Vue.js 風格的方案差不多，也需要將編譯時和執行時期相結合，但對很多重要環節的處理更加複雜，下面我們繼續探索。

小程式多端——類 React 風格的編譯時和執行時期結合方案

類 React 風格的小程式多端方案存在多項棘手問題，其中之一就是，如何將 JSX 轉為小程式範本？

我們知道，不同於 Vue.js 範本理念，React 生態選擇了 JSX 來表達檢視，但是 JSX 過於靈活，單純基於 AST（抽象語法樹）技術很難進行一對一轉換。

```
function CompParent({children, ...props}) {
  return typeof children === 'function' ? children(props) : null
```

```
}

function Comp() {
  return (
    <CompParent>
      {props => <div>{props.data}</div>}
    </CompParent>
  )
}
```

以上程式是 React 中利用 JSX 表達能力實現的 Render Prop 模式，這也是靜態編譯的噩夢：如果不執行程式，很難計算出需要表達的檢視結果。

針對這個「JSX 處理」問題，類 React 風格的小程式多端方案分成了兩個流派。

- 強行靜態編譯型，代表有京東的 Taro 1/2、去哪兒的 Nanachi 等。
- 執行時期處理型，代表有京東的 Taro Next、螞蟻的 Remax。

強行靜態編譯型方案需要業務使用方在撰寫程式時規避掉一些難以在編譯階段處理的動態化寫法，因此這類多端方案說到底是使用了限制的、閹割版的 JSX，這些在早期的 Taro 版本文件中就有清晰的說明。

因此，我認為強行靜態編譯 JSX 是一個「死胡同」，並不是一個完美的解決方案。事實上，Taro 發展到 v3 版本之後也意識到了這個問題，所以和螞蟻的 Remax 方案一樣，在新版本中進行了架構升級，在執行時期增加了對 React JSX 及後續流程的處理。

React 設計理念助力多端小程式起飛

我認為開發者能夠在執行時期處理 React JSX 的原因在於，React 將自身能力充分解耦，提供給社區連線關鍵環節的核心。React 核心可以分為三部分。

- React Core：處理核心 API，與終端平臺和著色解耦，主要提供下面這些能力。
    - React.createElement()

* React.createClass()
* React.Component
* React.Children
* React.PropTypes

- React Renderer：著色器，定義一個 React Tree 如何建構以接軌不同平臺。
  * React-dom 著色元件樹為 DOM 元素。
  * React Native 著色元件樹為不同原生平台檢視。
- React Reconciler：負責 diff 演算法，接駁 patch 行為。可以被 React-dom、React Native、React ART 這些著色器共用，提供基礎運算能力。現在 React 中主要有兩種類型的 Reconciler。
  * Stack Reconciler，React 15 及更早期 React 版本使用。
  * Fiber Reconciler，新一代架構。

React 團隊將 Reconciler 部分作為一個獨立的 npm 套件（react-reconciler）發布。在 React 環境下，不同平臺可以相依 hostConfig 設定與 react-reconciler 互動，連接並使用 Reconciler 能力。因此，不同平臺的 renderers 函式在 HostConfig 中內建基本方法，即可建構自己的著色邏輯。核心架構如圖 15-6 所示。

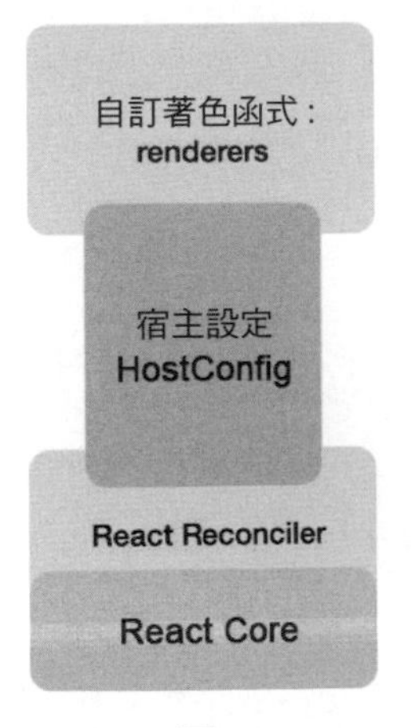

▲ 圖 15-6

更多基礎內容，如 React Component、React Instance、React Element，這裡就不一一展開了。

React Reconciler 並不關心 renderers 函式中的節點是什麼形狀的，只會把計算結果透傳到 HostConfig 定義的方法中，我們在這些方法（如 appendChild、removeChild、insertBefore）中完成著色的準備，而 HostConfig 其實只是一個物件。

```
const HostConfig = {
  // 設定物件寫在這裡
}
```

翻看 react-reconciler 原始程式可以總結出，完整的 hostConfig 設定中包含以下內容。

```
HostConfig.getPublicInstance
HostConfig.getRootHostContext
HostConfig.getChildHostContext
HostConfig.prepareForCommit
HostConfig.resetAfterCommit
HostConfig.createInstance
HostConfig.appendInitialChild
HostConfig.finalizeInitialChildren
HostConfig.prepareUpdate
HostConfig.shouldSetTextContent
HostConfig.shouldDeprioritizeSubtree
HostConfig.createTextInstance
HostConfig.scheduleDeferredCallback
HostConfig.cancelDeferredCallback
HostConfig.setTimeout
HostConfig.clearTimeout
HostConfig.noTimeout
HostConfig.now
HostConfig.isPrimaryRenderer
HostConfig.supportsMutation
HostConfig.supportsPersistence
HostConfig.supportsHydration
// -------------------
//       Mutation
```

```
//     (optional)
// -------------------
HostConfig.appendChild
HostConfig.appendChildToContainer
HostConfig.commitTextUpdate
HostConfig.commitMount
HostConfig.commitUpdate
HostConfig.insertBefore
HostConfig.insertInContainerBefore
HostConfig.removeChild
HostConfig.removeChildFromContainer
HostConfig.resetTextContent
HostConfig.hideInstance
HostConfig.hideTextInstance
HostConfig.unhideInstance
HostConfig.unhideTextInstance
// -------------------
//     Persistence
//     (optional)
// -------------------
HostConfig.cloneInstance
HostConfig.createContainerChildSet
HostConfig.appendChildToContainerChildSet
HostConfig.finalizeContainerChildren
HostConfig.replaceContainerChildren
HostConfig.cloneHiddenInstance
HostConfig.cloneUnhiddenInstance
HostConfig.createHiddenTextInstance
// -------------------
//     Hydration
//     (optional)
// -------------------
HostConfig.canHydrateInstance
HostConfig.canHydrateTextInstance
HostConfig.getNextHydratableSibling
HostConfig.getFirstHydratableChild
HostConfig.hydrateInstance
HostConfig.hydrateTextInstance
HostConfig.didNotMatchHydratedContainerTextInstance
HostConfig.didNotMatchHydratedTextInstance
```

```
HostConfig.didNotHydrateContainerInstance
HostConfig.didNotHydrateInstance
HostConfig.didNotFindHydratableContainerInstance
HostConfig.didNotFindHydratableContainerTextInstance
HostConfig.didNotFindHydratableInstance
HostConfig.didNotFindHydratableTextInstance
```

React Reconciler 階段會在不同的時機呼叫上面這些方法。比如，新建節點時會呼叫 createInstance 等方法，在提交階段建立新的子節點時會呼叫 appendChild 方法。

React 支援 Web 和原生（React Native）的想法如圖 15-7 所示。

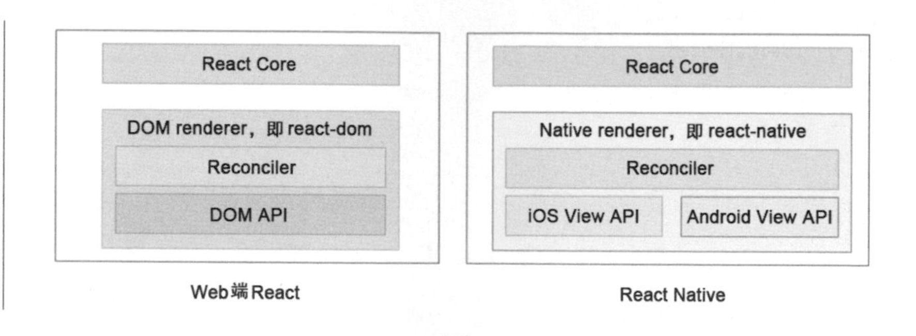

▲ 圖 15-7

大家可以類比得到一套更好的 React 支援多端小程式的架構方案，如圖 15-8 所示。

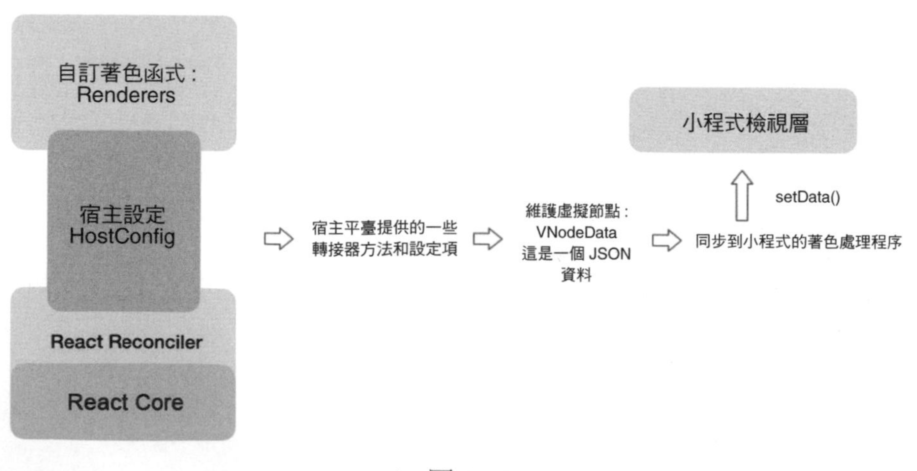

▲ 圖 15-8

我們知道，類 Vue.js 風格的多端框架可以將 template 編譯為小程式範本。那麼有了資料，類 React 風格的多端框架在初始化時如何著色頁面呢？

以 Remax 為例，圖 15-8 中的 VNodeData 資料中包含了節點資訊，比如 type="view"，我們可以透過遞迴呼叫 VNodeData 資料，根據 type 的不同著色出不同的小程式範本。

總結一下，在初始化階段及第一次進行 mount 操作時，我們透過 setData() 方法初始化小程式。具體做法是，透過遞迴資料結構著色小程式頁面。接著，當資料發生變化時，我們透過 React Reconciler 階段的計算資訊，以及自訂 HostConfig 銜接函式更新資料，並透過 setData() 方法觸發小程式的著色更新。

了解了類 React 風格的多端方案架構設計，我們可以結合實際框架來進一步鞏固思想，看一看實踐中開放原始碼方案的實施情況。

剖析一款「網紅」框架——Taro Next

在 2019 年的 GMTC 大會上，京東 Taro 團隊做了題為《小程式跨框架開發的探索與實踐》的主題分享，分享中的一處截圖如圖 15-9 所示。

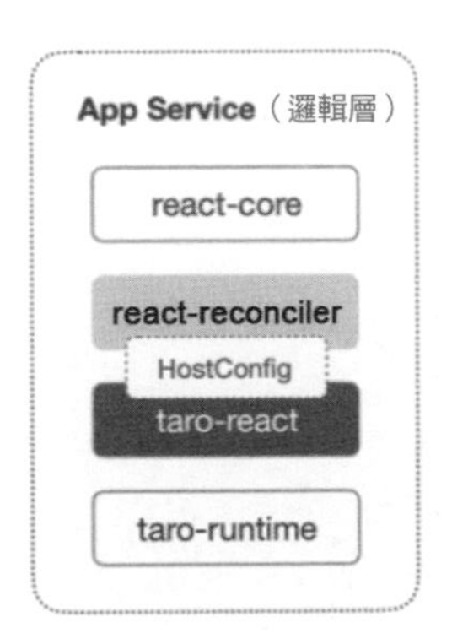

▲ 圖 15-9

由圖 15-9 可推知，Taro 團隊提供的 taro-react 包是用來連接 react-reconciler 和 taro-runtime 的。它主要負責實現 HostConfig 設定。比如，HostConfig 在 taro-react 原始程式中的實現如下。

```
const hostConfig: HostConfig<
  string, // Type
  Props, // Props
  TaroElement, // Container
  TaroElement, // Instance
  TaroText, // TextInstance
  TaroElement, // HydratableInstance
  TaroElement, // PublicInstance
  object, // HostContext
  string[], // UpdatePayload
  unknown, // ChildSet
  unknown, // TimeoutHandle
  unknown // NoTimeout
> & {
  hideInstance (instance: TaroElement): void
  unhideInstance (instance: TaroElement, props): void
} = {
  // 建立 Element 實例
  createInstance (type) {
    return document.createElement(type)
  },
  // 建立 TextNode 實例
  createTextInstance (text) {
    return document.createTextNode(text)
  },

  getPublicInstance (inst: TaroElement) {
    return inst
  },

  getRootHostContext () {
    return {}
  },

  getChildHostContext () {
```

```
  return {}
},
// appendChild 方法實現
appendChild (parent, child) {
  parent.appendChild(child)
},
// appendInitialChild 方法實現
appendInitialChild (parent, child) {
  parent.appendChild(child)
},
// appendChildToContainer 方法實現
appendChildToContainer (parent, child) {
  parent.appendChild(child)
},
// removeChild 方法實現
removeChild (parent, child) {
  parent.removeChild(child)
},
// removeChildFromContainer 方法實現
removeChildFromContainer (parent, child) {
  parent.removeChild(child)
},
// insertBefore 方法實現
insertBefore (parent, child, refChild) {
  parent.insertBefore(child, refChild)
},
// insertInContainerBefore 方法實現
insertInContainerBefore (parent, child, refChild) {
  parent.insertBefore(child, refChild)
},
// commitTextUpdate 方法實現
commitTextUpdate (textInst, _, newText) {
  textInst.nodeValue = newText
},

finalizeInitialChildren (dom, _, props) {
  updateProps(dom, {}, props)
  return false
},
```

```
  prepareUpdate () {
    return EMPTY_ARR
  },

  commitUpdate (dom, _payload, _type, oldProps, newProps) {
    updateProps(dom, oldProps, newProps)
  },

  hideInstance (instance) {
    const style = instance.style
    style.setProperty('display', 'none')
  },

  unhideInstance (instance, props) {
    const styleProp = props.style
    let display = styleProp?.hasOwnProperty('display') ? styleProp.display : null
    display = display == null || typeof display === 'boolean' || display === '' ? '' :
('' + display).trim()
    // eslint-disable-next-line dot-notation
    instance.style['display'] = display
  },

  shouldSetTextContent: returnFalse,
  shouldDeprioritizeSubtree: returnFalse,
  prepareForCommit: noop,
  resetAfterCommit: noop,
  commitMount: noop,
  now,
  scheduleDeferredCallback,
  cancelDeferredCallback,
  clearTimeout: clearTimeout,
  setTimeout: setTimeout,
  noTimeout: -1,
  supportsMutation: true,
  supportsPersistence: false,
  isPrimaryRenderer: true,
  supportsHydration: false
}
```

以以下的 insertBefore 方法為例，parent 實際上是一個 TaroNode 物件，其 insertBefore 方法在 taro-runtime 中列出，如下。

```
insertBefore (parent, child, refChild) {
  parent.insertBefore(child, refChild)
},
```

taro-runtime 模擬了 DOM/BOM API，但是在小程式環境中，它並不能直接操作 DOM 節點，而是操作資料（即前面提到的 VNodeData，對應 Taro 裡面的 TaroNode）。比如，原始程式中仍以 insertBefore 方法為例，相關處理邏輯如下。

```
public insertBefore<T extends TaroNode> (newChild: T, refChild?: TaroNode | null,
isReplace?: boolean): T {
    newChild.remove()
    newChild.parentNode = this
    // payload 資料
    let payload: UpdatePayload
    // 存在 refChild(TaroNode 類型 )
    if (refChild) {
      const index = this.findIndex(this.childNodes, refChild)
      this.childNodes.splice(index, 0, newChild)
      if (isReplace === true) {
        payload = {
          path: newChild._path,
          value: this.hydrate(newChild)
        }
      } else {
        payload = {
          path: `${this._path}.${Shortcuts.Childnodes}`,
          value: () => this.childNodes.map(hydrate)
        }
      }
    } else {
      this.childNodes.push(newChild)
      payload = {
        path: newChild._path,
        value: this.hydrate(newChild)
      }
```

```
    }

    CurrentReconciler.insertBefore?.(this, newChild, refChild)

    this.enqueueUpdate(payload)
    return newChild
}
```

Taro Next 的類 React 多端方案架構如圖 15-10 所示，主要參考了京東 Taro 團隊的分享。

了解了不同框架風格（Vue.js 和 React）的多端小程式架構方案，並不表示我們就能直接寫出一個新的框架，與社區中的成熟方案爭鋒。一個成熟的技術方案除了主體架構，還包括多方面的內容，比如性能。如何在已有想法的基礎上完成更好的設計，也值得開發者深思，我們將繼續展開討論這個話題。

React 實作流程圖

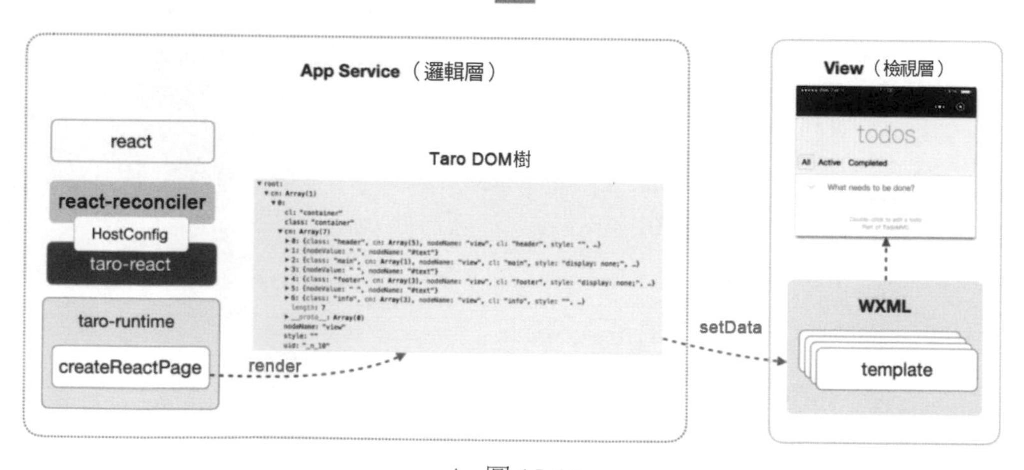

▲ 圖 15-10

小程式多端方案的最佳化

一個成熟的小程式多端方案要考慮多個環節，以 kbone 為代表，執行時期方案都是透過模擬 Web 環境來徹底對接前端生態的，而 Remax 只簡單地透過 react-reconciler 連接了 React 和小程式。如何從更高的角度衡量和理解小程式多端方案的技術方向呢？我們從下面幾個角度來繼續闡述。

性能最佳化方向

從前面可以了解到，小程式多端框架主要由編譯時和執行時期兩部分組成，一般來說，編譯時做的事情越多，也就表示執行時期越輕量，負擔越小，性能也越好。比如，我們可以在編譯時做到 AOT（Ahead of Time）性能調優、DCE（Dead Code Elimination）等。而厚重的執行時期一般表示需要將完整的元件樹從邏輯層傳輸到檢視層，將會導致資料傳輸量增大，而且頁面中存在更多的監聽器。

另一方面，隨著終端性能的增強，找到編譯時和執行時期所承擔工作的平衡點，也顯得至關重要。以 mpvue 框架為例，一般編譯時都會完成靜態範本的編譯工作；而以 Remax 為例，動態建構檢視層表達放在了執行時期完成。

在我看來，關於執行時期和編譯時的選擇，需要基於大量的 benchmark 調研，也需要開發設計者具有廣闊的技術視野和較強的選型能力。除此之外，一般可以從以下幾個方面來進一步實現性能最佳化。

- 框架的套件大小：小程式的初始載入性能直接相依於資源的套件大小，因此小程式多端框架的套件 大小至關重要。為此，各解決方案都從不同的角度完成瘦身，比如 Taro 力爭實現更輕量的 DOM/BOM API，不同於 jsdom（size：2.1MB），Taro 的核心 DOM/BOM API 程式只有不到 1000 行。
- 資料更新粒度：在資料更新階段，小程式的 setData() 方法所負載的資料一直是重要的最佳化方向，目前已經成為預設的常規最佳化方向，那麼利用框架來完成 setData() 方法呼叫最佳化也就理所應當了。比如，資料負載的扁平化處理和增量處理都是常見的最佳化手段。

未來發展方向

好的技術架構決定著技術未來的發展潛力，前面我們提到了 React 將 React Core、React DOM 等解耦，才奠定了現代化小程式多端方案的可行性。而小程式多端方案的設計，也決定著自身未來的應用空間。在這一層面上，開發者可以重點考慮以下幾個方面。

- 專案化方案：小程式多端需要有一體化的專案解決方案，在設計上可以與 Webpack 等專案化工具深度融合綁定，並對外提供服務。但需要兼顧關鍵環節的可抽換性，能夠適應多種專案化工具，這對未來發展和當下的應用場景來說，尤其重要。
- 框架方案：React 和 Vue.js 無疑是當前最重要的前端框架，目前小程式多端方案也都以二者為主。但是 Flutter 和 Angular，甚至更小眾的框架也應該得到重視。考慮到投入產出比，如果小程式多端團隊難以面面俱到地支援這些框架和新 DSL，那麼向社區尋求支援也是一個想法。比如，Taro 團隊將支援的重點放在 React 和 Vue.js 上，而將快應用、Flutter、Angular 則暫且交給社區來調配和維護。
- 跟進 Web 發展：在執行時期，小程式多端方案一般需要在邏輯層執行 React 或 Vue.js 的執行時版本，然後透過調配層實現自訂著色器。這就要求開發者跟進 Web 發展及 Web 框架的執行時期能力，實現調配層。這無疑對技術能力和水準提出了較高要求。處理好 Web 和 Web 框架的關係，保持相容互通，決定了小程式多端方案的生死。
- 漸進增強型能力：無論是和 Web 相容互通還是將多種小程式之間的差異磨平，對多端方案來說，很難從理論上徹底實現「write once，run everywhere」。因此，這就需要在框架等級上實現一套漸進增強型能力。這種能力可以是語法或 DSL 層面的暫時性妥協和便利性擴展，也可以是透過暴露全域變數進行不同環境的業務分發。比如騰訊開放原始碼的 OMIX 框架，OMIX 有自己的一套 DSL，但整體保留了小程式已有的語法。在小程式已有語法之上還進行了擴充和增強，比如引入了 Vue.js 中比較有代表性的 computed。

總結

本篇針對小程式多端方案進行了原理層面的分析，同時站在更高的角度，對不同方案和多端框架進行了比對和技術展望。實際上，理解全部內容需要對 React 和 Vue.js 框架原理有更深入的了解，也需要對編譯原理和宿主環境（小程式底層實現架構）有清晰的認知。

從小程式發展元年開始，到 2018 年微信小程式全面流行，再到後續各大廠商快速跟進、各大寡頭平臺自建小程式生態，小程式現象帶給我們的不僅是業務價值方面的討論和啟發，也應該是對相關技術架構的巡禮和探索。作為開發者，我認為對技術進行深度挖掘和運用，是能夠始終佇立在時代風口浪尖的重要根基。

第 16 章 從行動端跨平臺到 Flutter 的技術變革

跨平臺其實是一個老生常談的話題，技術方案歷經變遷，但始終熱點不斷，究其原因有二。

- 首先，行動端原生技術需要配備 iOS 和 Android 兩個團隊及技術堆疊，且存在發版週期限制，在開發效率上存在天然缺陷。
- 其次，原生跨平臺技術雖然「出道」較早，但是各方案都難以達到完美程度，因此沒有大一統的技術壟斷。

本篇我們就從歷史角度出發，剖析原生跨平臺技術的原理，同時整理相關技術熱點，聊一聊 Flutter 背後的技術變革。

行動端跨平臺技術原理和變遷

行動端跨平臺是一個美好的願景，該技術發展的時間線如圖 16-1 所示。

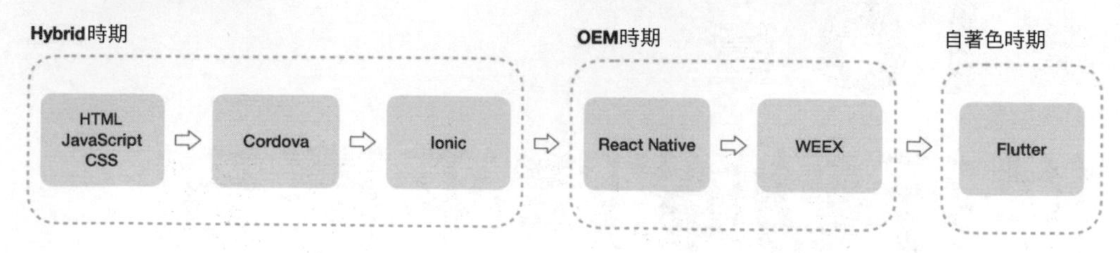

▲ 圖 16-1

基於從 WebView 到 JSBridge 的 Hybrid 方案

最早的行動端跨平臺實踐就是透過 WebView 雙端執行 Web 程式。事實上，雖然 iOS 和 Android 系統難以統一，但是它們都對 Web 技術開放。於是有人開玩笑：「不管是 macOS、Windows、Linux、iOS、Android，還是其他平臺，只要給一個瀏覽器，在月球上它都能跑。」因此，Hybrid 方案算得上是最古老，但最成熟、應用最為廣泛的技術方案。

在 iOS 和 Android 系統上執行 JavaScript 並不是一件難事，但是對一個真正意義上的跨平臺應用來說，還需要實現 H5（即 WebView 容器）和原生平台的互動，於是 JSBridge 技術誕生了。

JSBridge 原理很簡單，我們知道，在原生平台中，JavaScript 程式是執行在一個獨立的上下文環境中的（比如 WebView 的 WebKit 引擎、JavaSriptCore 等），這個獨立的上下文環境和原生能力的互動過程是雙向的，我們可以從兩個方面簡要分析。

- JavaScript 呼叫原生能力，方法如下。

  * 注入 API。

  * 攔截 URL Scheme。

- 原生能力呼叫 JavaScript。

JavaScript 呼叫原生能力主要有兩種方式，注入 API 其實就是原生平台透過 WebView 提供的介面，向 JavaScript 上下文中（一般使用 Window 物件）注入相關方案和資料。攔截 URL Scheme 就更簡單了，前端發送定義好的 URL Scheme 請求，並將相關資料放在請求本體中，該請求被原生平台攔截後，由原生平台做出回應。

原生能力呼叫 JavaScript 實現起來也很簡單。因為原生能力實際上是 WebView 的宿主，因此具有更大的許可權，故而原生平台可以透過 WebView API 直接執行 JavaScript 程式。

隨著 JSBridge 跨平臺技術的成熟，社區上出現了 Cordova、Ionic 等框架，它們本質上都是使用 HTML、CSS 和 JavaScript 進行跨平臺原生應用程式開發的。該方案本質上是在 iOS 和 Android 上執行 Web 應用，因此也存在較多問題，具體如下。

- JavaScript 上下文和原生通訊頻繁，導致性能較差。
- 頁面邏輯由前端負責撰寫，元件也是前端著色而來的，造成了性能缺陷。
- 執行 JavaScript 的 WebView 核心在各平臺上不統一。
- 廠商對於系統的深度訂製，導致核心碎片化。

因此，以 React Native 為代表的新一代 Hybrid 跨平臺方案誕生了。這種方案的主要思想是，開發者依然使用 Web 語言（如 React 框架或其他 DSL），但著色基本交給原生平台處理。這樣一來，檢視層就可以擺脫 WebView 的束縛，確保了開發體驗、效率及使用性能。我稱這種技術為基於 OEM 的 Hybrid 方案。

React Native 脫胎於 React 理念，它將資料與檢視相隔離，React Native 程式中的標籤映射為虛擬節點，由原生平台解析虛擬節點並著色出原生元件。一個美好的願景是，開發者使用 React 語法同時開發原生應用和 Web 應用，其中元件著色、動畫效果、網路請求等都由原生平台來負責完成，整體技術架構如圖 16-2 所示。

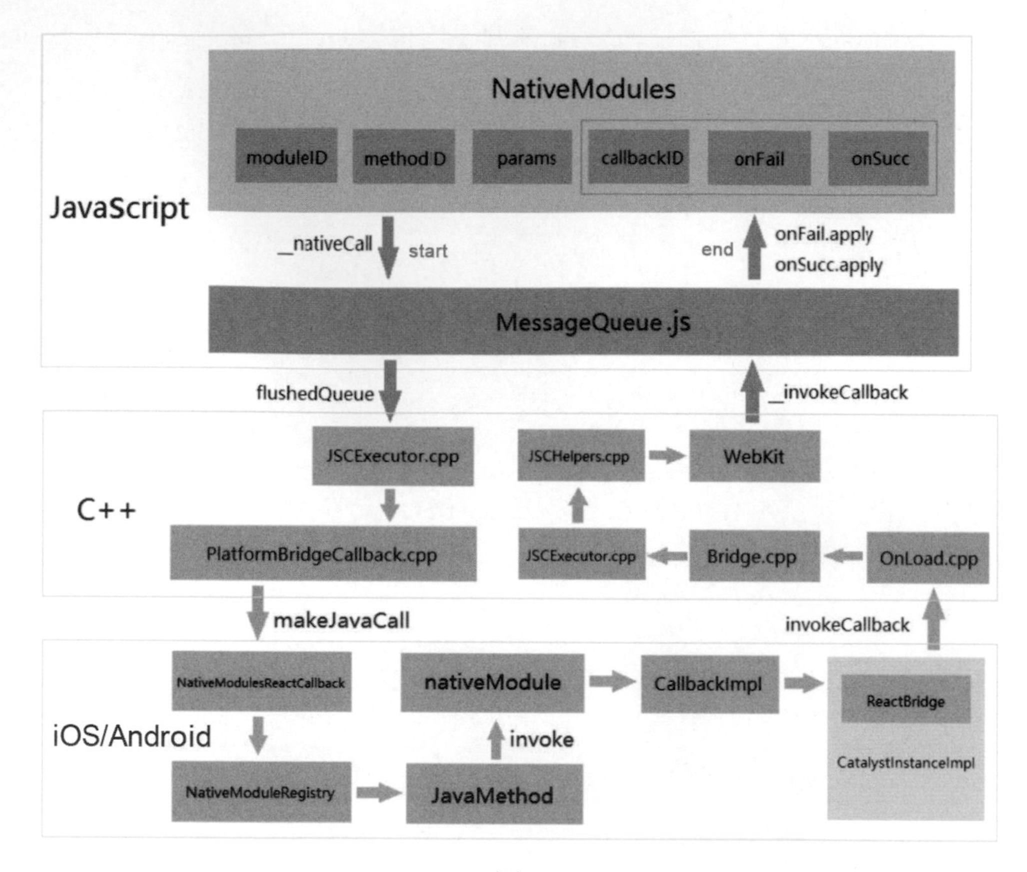

▲ 圖 16-2

如圖 16-2 所示，React Native 主要由 JavaScript、C++、iOS/Android 三層組成，最重要的 C++ 層實現了動態連結程式庫，有著銜接前端和原生平台的作用。這個銜接具體是指，使用 JavaScriptCore 解析 JavaScript 程式（iOS 上不允許用自己的 JS Engine，iOS 7+ 預設使用 JavaScriptCore，Android 也預設使用 JavaScriptCore），透過 MessageQueue.js 實現雙向通訊，實際的通訊格式類似於 JSON-RPC。

這裡我們以從 JavaScript 傳遞資料給原生平台 UIManager 來更新資料頁檢視為例，了解資料資訊內容，如下。

```
2584 I ReactNativeJS: Running application "MoviesApp" with appParams: {"initialProps
```

```
":{},"rootTag":1}. __DEV__ === false, development-level warning are OFF, performance
optimizations are ON
2584 I ReactNativeJS: JS->N : UIManager.createView([4,"RCTView",1, {"flex":1,"overflow":
"hidden","backgroundColor":-1}])
2584 I ReactNativeJS: JS->N : UIManager.createView([5,"RCTView",1, {"flex":1, "backgrou
ndColor":0,"overflow":"hidden"}])
2584 I ReactNativeJS: JS->N : UIManager.createView([6,"RCTView",1,{"pointerEvents":
"auto","position":"absolute","overflow":"hidden","left":0,"right":0,"bottom":0,"t
op":0}])
2584 I ReactNativeJS: JS->N : UIManager.createView([7,"RCTView",1,{"flex":1,
"backgroundColor":-1}])
2584 I ReactNativeJS: JS->N : UIManager.createView([8,"RCTView",1, {"flexDirection":
"row","alignItems":"center","backgroundColor":-5658199,"height":56}])
2584 I ReactNativeJS: JS->N : UIManager.createView([9,"RCTView",1, {"nativeBackgroundA
ndroid":{"type":"ThemeAttrAndroid","attribute":"selectableItemBackgroundBorderless"},"
accessible":true}])
2584 I ReactNativeJS: JS->N : UIManager.createView([10,"RCTImageView",1, {"width":24,"
height":24,"overflow":"hidden","marginHorizontal":8,"shouldNotifyLoadEvents":false,"src
":[{"uri":"android_search_white"}],"loadingIndicatorSrc":null}])
2584 I ReactNativeJS: JS->N : UIManager.setChildren([9,[10]])
2584 I ReactNativeJS: JS->N : UIManager.createView([12,"AndroidTextInput",1, {"autoCa
pitalize":0,"autoCorrect":false,"placeholder":"Search a movie...","placeholderTextCol
or":-2130706433,"flex":1,"fontSize":20,"fontWeight":"bold","color":-1,"height":50,"padd
ing":0,"backgroundColor":0,"mostRecentEventCount":0,"onSelectionChange":true,"text":""
,"accessible":true}])
2584 I ReactNativeJS: JS->N : UIManager.createView([13,"RCTView",1,{"alignItems": "cen
ter","justifyContent":"center","width":30,"height":30,"marginRight":16}])
2584 I ReactNativeJS: JS->N : UIManager.createView([14,"AndroidProgressBar",1,
{"animating":false,"color":-1,"width":36,"height":36,"styleAttr":"Normal","indetermina
te":true}])
2584 I ReactNativeJS: JS->N : UIManager.setChildren([13,[14]])
2584 I ReactNativeJS: JS->N : UIManager.setChildren([8,[9,12,13]])
2584 I ReactNativeJS: JS->N : UIManager.createView([15,"RCTView",1,{"height":1,
"backgroundColor":-1118482}])
2584 I ReactNativeJS: JS->N : UIManager.createView([16,"RCTView",1,{"flex":1,
"backgroundColor":-1,"alignItems":"center"}])
2584 I ReactNativeJS: JS->N : UIManager.createView([17,"RCTText",1,{"marginTop": 80,
"color":-7829368,"accessible":true,"allowFontScaling":true,"ellipsizeMode":"tail"}])
2584 I ReactNativeJS: JS->N : UIManager.createView([18,"RCTRawText",1,{"text":"No
```

```
movies found"}])
2584 I ReactNativeJS: JS->N : UIManager.setChildren([17,[18]])
2584 I ReactNativeJS: JS->N : UIManager.setChildren([16,[17]])
2584 I ReactNativeJS: JS->N : UIManager.setChildren([7,[8,15,16]])
2584 I ReactNativeJS: JS->N : UIManager.setChildren([6,[7]])
2584 I ReactNativeJS: JS->N : UIManager.setChildren([5,[6]])
2584 I ReactNativeJS: JS->N : UIManager.setChildren([4,[5]])
2584 I ReactNativeJS: JS->N : UIManager.setChildren([3,[4]])
2584 I ReactNativeJS: JS->N : UIManager.setChildren([2,[3]])
2584 I ReactNativeJS: JS->N : UIManager.setChildren([1,[2]])
```

下面的資料是一段 touch 互動資訊，JavaScriptCore 傳遞使用者的 touch 互動資訊給原生平台。

```
2584 I ReactNativeJS: N->JS : RCTEventEmitter.receiveTouches(["topTouchStart", [{"iden
tifier":0,"locationY":47.9301872253418,"locationX":170.43936157226562,"pageY":110.02542
877197266,"timestamp":2378613,"target":26,"pageX":245.4869842529297}],[0]])
2584 I ReactNativeJS: JS->N : Timing.createTimer([18,130,1477140761852,false])
2584 I ReactNativeJS: JS->N : Timing.createTimer([19,500,1477140761852,false])
2584 I ReactNativeJS: JS->N : UIManager.setJSResponder([23,false])
2584 I ReactNativeJS: N->JS : RCTEventEmitter.receiveTouches(["topTouchEnd", [{"identi
fier":0,"locationY":47.9301872253418,"locationX":170.43936157226562,"pageY":110.0254287
7197266,"timestamp":2378703,"target":26,"pageX":245.4869842529297}],[0]])
2584 I ReactNativeJS: JS->N : UIManager.clearJSResponder([])
2584 I ReactNativeJS: JS->N : Timing.deleteTimer([19])
2584 I ReactNativeJS: JS->N : Timing.deleteTimer([18])
```

除了 UI 著色、互動資訊，網路呼叫也是透過 MessageQueue 來完成的，JavaScriptCore 傳遞網路請求資訊給原生平台，資料如下。

```
5835 I ReactNativeJS: JS->N : Networking.sendRequest(["GET","http://api.
rottentomatoes. com/api/public/v1.0/lists/movies/in_theaters.json?apikey=7waqfqbprs7pa
jbz28mqf6vz&page_limit=20&page=1",1,[],{"trackingName":"unknown"},"text",false,0])
5835 I ReactNativeJS: N->JS : RCTDeviceEventEmitter.emit(["didReceiveNetworkRespons
e", [1,200,{"Connection":"keep-alive","X-Xss-Protection":"1; mode=block","Content-
Security-Policy":"frame-ancestors 'self' rottentomatoes.com *.rottentomatoes.com
;","Date":"Sat, 22 Oct 2016 13:58:53 GMT","Set-Cookie":"JSESSIONID= 63B283B5ECAA
9BBECAE253E44455F25B; Path=/; HttpOnly","Server":"nginx/1.8.1", "X-Content-Type-
```

```
Options":"nosniff","X-Mashery-Responder":"prod-j-worker-us-east-1b-115.mashery.
com","Vary":"User-Agent,Accept-Encoding","Content-Language":"en-US","Content-
Type":"text/javascript;charset=ISO-8859-1","X-Content-Security-Policy":"frame-
ancestors 'self' rottentomatoes.com *.rottentomatoes.com ;"},"http://api.
rottentomatoes.com/ api/public/v1.0/lists/movies/in_theaters.json?apikey=7waqfqbprs7pa
jbz28mqf6vz&page_limit=20&page=1"]])
5835 I ReactNativeJS: N->JS : RCTDeviceEventEmitter.
emit(["didReceiveNetworkData", [1,"{\"total\":128,\"movies\":[{\"id\":\"771419
323\",\"title\":\"The Accountant\", \"year\":2016,\"mpaa_rating\":\"R\",\"runt
ime\":128,\"critics_consensus\":\"\",\"release_dates\":{\"theater\":\"2016-10-
14\"},\"ratings\":{\"critics_rating\":\"Rotten\",\"critics_score\":50,\"audience_
rating\":\"Upright\",\"audience_score\":86},\"synopsis\":\"Christian Wolff (Ben Affleck)
is a math savant with more affinity for numbers than people. Behind the cover of a
small-town CPA office, he works as a freelance accountant for some of the world's most
dangerous criminal organizations. With the Treasury Department's Crime Enforcement
Division, run by Ray King (J.K. Simmons), starting to close in, Christian takes
on a legitimate client: a state-of-the-art robotics company where an accounting
clerk (Anna Kendrick) has discovered a discrepancy involving millions of dollars.
But as Christian uncooks the books and gets closer to the truth, it is the body
count that starts to rise.\",\"posters\":{\"thumbnail\":\"https://resizing.flixster.
com/ r5vvWsTP7cdijsCrE5PSmzle-Zo=/54x80/v1.bTsxMjIyMzc0MTtqOzE3MTgyOzIwNDg7NDA1
MDs2MDAw\",\"profile\":\"https://resizing.flixster.com/r5vvWsTP7cdijsCrE5PSmzle-
Zo=/54x80/v1.bTsxMjIyMzc0MTtqOzE3MTgyOzIwNDg7NDA1MDs2MDAw\",\"detailed\":\"htt
ps://resizing.flixster.com/r5vvWsTP7cdijsCrE5PSmzle-Zo=/54x80/v1.bTsxMjIyMzc0M
TtqOzE3MTgyOzIwNDg7NDA1MDs2MDAw\",\"original\":\"https://resizing.flixster.com/
r5vvWsTP7cdijsCrE5PSmzle-Zo=/54x80/v1.bTsxMjIyMzc0MTtqOzE3MTgyOzIwNDg7NDA1MDs2MDAw
\"},\"abridged_cast\":[{\"name\":\"Ben Affleck\",\"id\":\"162665891\",\"characters\"
:[\"Christian Wolff\"]},{\"name\":\"Anna Kendrick\",\"id\":\"528367112\",\"characte
rs\":[\"Dana Cummings\"]},{\"name\":\"J.K. Simmons\",\"id\":\"592170459\",\"charac
ters\":[\"Ray King\"]},{\"name\":\"Jon Bernthal\",\"id\":\"770682766\",\"character
s\":[\"Brax\"]},{\"name\":\"Jeffrey Tambor\",\"id\":\"162663809\",\"characters\":[\
"Francis Silverberg\"]}],\"links\": {\"self\":\"http://api.rottentomatoes.com/api/
public/v1.0/movies/771419323.json\",\"alternate\":\"http://www.rottentomatoes.com/
m/the_accountant_2016/\",\"cast\":\"http://api.rottentomatoes.com/api/public/v1.0/
movies/771419323/cast.json\",\"reviews\":\"http://api.rottentomatoes.com/api/public/
v1.0/movies/771419323/reviews.json\",\"similar\":\"http://api.rottentomatoes.com/
api/public/v1.0/movies/771419323/similar.json\"}},{\"id\":\"771359360\",\"title\":\
"Miss Peregrine's Home for Peculiar Children\",\"year\":2016,\"mpaa_rating\":\"PG-
13\",\"runtime\":127,\"critics_consensus\":\"\",\"release_dates\":{\"theater\":\"2016-
```

```
09-30\"},\"ratings\":{\"critics_rating\":\"Fresh\",\"critics_score\":64,\"audience_
rating\":\"Upright\",\"audience_score\":65},\"synopsis\":\"From visionary director Tim
Burton, and based upon the best-selling novel, comes an unforgettable motion picture
experience. When Jake discovers clues to a mystery that spans different worlds and
times, he finds a magical place known as Miss Peregrine's Home for Peculiar Children.
But the mystery and danger deepen as he gets to know the residents and learns about
their special powers...and their powerful enemies. Ultimately, Jake discovers that
only his own special \\\"peculiarity\\\" can save his new friends.\",\"posters\":{\"th
umbnail\":\"https://resizing.flixster.com/H1Mt4WpK-Mp431M7w0w7thQyfV8=/54x80/v1.bTs
xMTcwODA4MDtqOzE3MTI1OzIwNDg7NTQwOzgwMA\",\"profile\":\"https://resizing.flixster.com/
H1Mt4WpK-Mp431M7w0w7thQyfV8=/54x80/v1.bTsxMTcwODA4MDtqOzE3MTI1OzIwNDg7NTQwOzgwMA\",\"
detailed\":\"https://resizing.flixster.com/H1Mt4WpK-Mp431M7w0w7thQyfV8=/54x80/v1.bTsx
MTcwODA4MDtqOzE3MTI1OzIwNDg7NTQwOzgwMA\",\"original\":\"https://resizing.flixster.com/
H1Mt4WpK-Mp431M7w0w7thQyfV8=/54x80/v1.bTsxMTcwODA4MDtqOzE3MTI1OzIwNDg7NTQwOzgwMA\"},\
"abridged_cast\":[{\"name\":\"Eva Green\",\"id\":\"162652241\",\"characters\":[\"Miss
Peregrine\"]},{\"name\":\"Asa Butterfield\",\"id\":\"770800323\",\"characters\":[\"Jake
\"]},{\"name\":\"Chris O'Dowd\",\"id\":\"770684214\",\"char
5835 I ReactNativeJS: N->JS : RCTDeviceEventEmitter.emit (["didCompleteNetworkResponse
",[1,null]])
```


這樣做的效果顯而易見，透過前端能力，實現了原生應用的跨平臺、快速編譯、快速發布。但是缺點也比較明顯，上述資料通信過程是非同步的，通訊成本很高。除此之外，目前 React Native 仍有部分元件和 API 並沒有實現平臺統一，這在一定程度上要求開發者了解原生開發細節。正因如此，前端社區中也出現了著名文章 React Native at Airbnb，文中表示，Airbnb 團隊在技術選型上將放棄 React Native。

在我看來，放棄 React Native 而擁抱新的跨平臺技術，並不是每個團隊都有實力和魄力施行的，因此改造 React Native 是另外一些團隊做出的選擇。

比如攜程的 CRN（Ctrip React Native）。它在 React Native 的基礎上，抹平了 iOS 和 Android 端元件開發的差異，做了大量性能提升的工作。更重要的是，依託於 CRN，攜程在後續的產品 CRN-Web 中也做了 Web 支援和連線。再比如，更加出名的、由阿里巴巴出品的 WEEX 也是基於 React Native 思想進行改造的，只不過 WEEX 基於 Vue.js，除了支援原生平台，還支援 Web 平臺，實現了端上的大一統。WEEX 的技術架構如圖 16-3 所示。

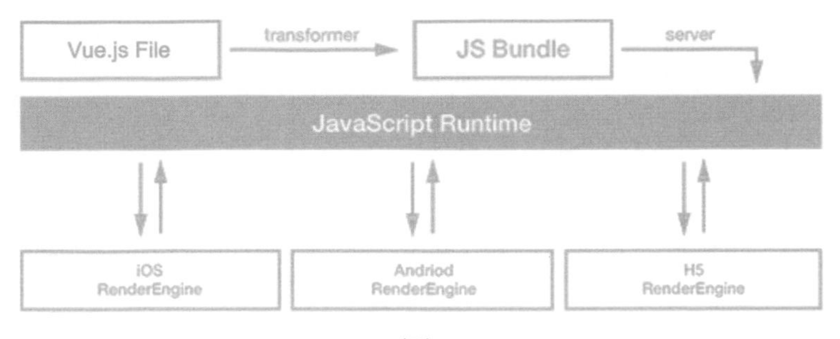

▲ 圖 16-3

再回到 React Native，針對一些固有缺陷，React Native 進行了技術上的重構，我認為這是基於 OEM Hybrid 方案的 2.0 版本演進，下面我們進一步探究。

從 React Native 技術重構出發，分析原生跨平臺技術堆疊方向

上面我們提到，React Native 透過資料通信架起了 Web 和原生平台的橋樑，而這種資料通信方式是非同步的。React 專案經理 Sophie Alpert 認為這樣的設計具有執行緒隔離這一優勢，具備了盡可能高的靈活性，但是這也表示 JavaScript 邏輯與原生能力永遠無法共用同一記憶體空間。

舊的 React Native 技術架構如圖 16-4 所示。

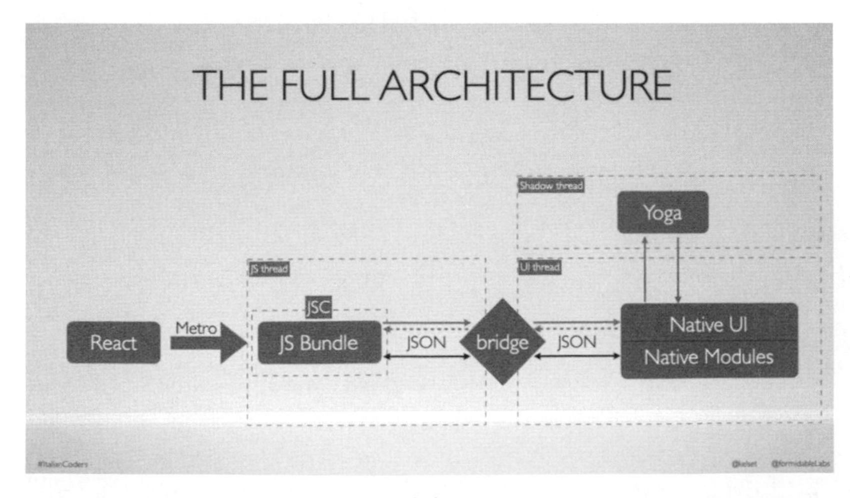

▲ 圖 16-4

新的 React Native 技術架構如圖 16-5 所示。

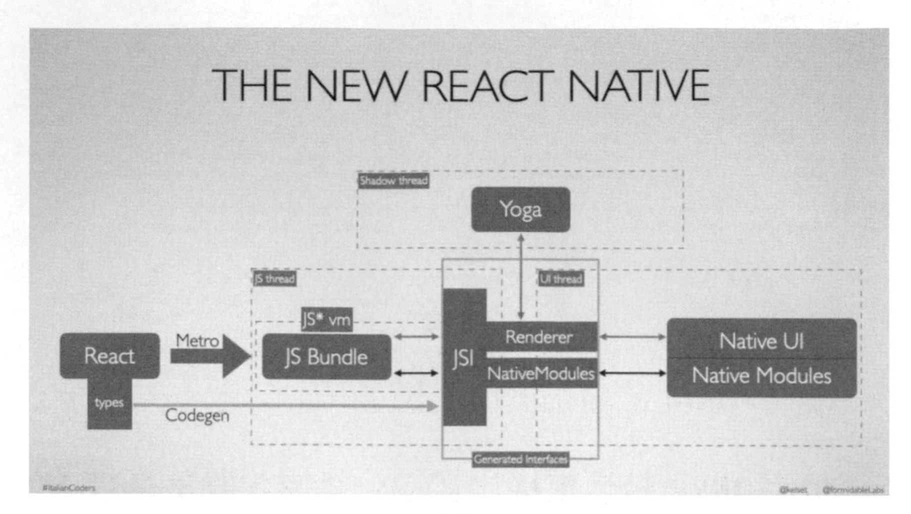

▲ 圖 16-5

基於上述問題，新的 React Native 技術架構將從三個方面進行改進。

- 改變執行緒模型（Threading Model），以往 React Native 的 UI 更新需要在三個不同的平行線程中進行，新的方案使更新優先順序更高的執行緒直接同步呼叫 JavaScript，同時低優先順序的 UI 更新任務不會佔用主執行緒。這裡提到的三個平行線程如下。
  - * JavaScript 執行緒：在這個執行緒中，Metro 負責生成 JS Bundle，JavaScriptCore 負責在應用執行時期解析執行 JavaScript 程式。
  - * 原生執行緒：這個執行緒負責使用者介面，每當需要更新 UI 時，該執行緒將與 JavaScript 執行緒通訊。
  - * Shadow 執行緒：該執行緒負責計算版面設定，React Native 具體透過 Yoga 版面設定引擎來解析並計算 Flexbox 版面設定，並將結果發送回原生 UI 執行緒。
- 引入非同步著色能力，實現不同優先順序的著色，同時簡化著色資料資訊。
- 簡化 Bridge 實現，使之更輕量可靠，使 JavaScript 和原生平台間的呼叫更加高效。

舉個例子，這些改進能夠使得「手勢處理」這個 React Native 的「老大難」問題得到更好的解決，比如，新的執行緒模型能夠使手勢觸發的互動和 UI 著色效率更高，減少非同步通訊更新 UI 的成本，使檢視儘快回應使用者的互動。

我們從更細節的角度來加深理解。上述重構的核心之一其實是使用基於 JavaScript Interface（JSI） 的新 Bridge 方案來取代之前的 Bridge 方案。

新的 Bridge 方案由兩部分組成。

- Fabric：新的 UIManager。
- TurboModules：新的原生模組。

其中，Fabric 執行 UIManager 時直接用 C++ 生成 Shadow Tree，不需要經過舊架構的 React → Native → Shadow Tree → Native UI 路徑，這就降低了通訊成本，提升了互動性能。這個過程相依於 JSI，JSI 並不和 JavaScriptCore 綁定，因此可以實現引擎互換（比如使用 V8 引擎或任何其他版本的 JavaScriptCore）。

同時，JSI 可以獲取 C++ Host Objects，並呼叫 Host Objects 上的方法，這樣能夠完成 JavaScript 和原生平台的直接感知，達到「所有執行緒之間互相呼叫」的效果，因此我們就不再相依「將傳遞訊息序列化並進行非同步通訊」了。這也就消除了非同步通訊帶來的壅塞問題。

新的方案也允許 JavaScript 程式僅在真正需要時載入每個模組，如果應用中並不需要使用 Native Modules（例如藍牙功能），那麼它就不會在程式打開時被載入，這樣就可以縮短應用的啟動時間。

總之，新的 React Native 技術架構會在 Hybrid 思想的基礎上將性能最佳化做到極致，我們可以密切關注相關技術的發展。接下來，我們看看 Flutter 如何從另一個賽道出發，革新了跨平臺技術方案。

Flutter 新貴背後的技術變革

Flutter 採用 Dart 程式語言撰寫，它在技術設計上不同於 React Native 的顯著特點是，Flutter 並非使用原生平台元件進行著色。比如在 React Native 中，一

個 <view> 元件最終會被編譯為 iOS 平臺的 UIView Element 及 Android 平臺的 View Element。但 Flutter 自身提供一組元件集合，這些元件集合被 Flutter 框架和引擎直接接管，如圖 16-6 所示。

How Flutter Works
App
Flutter
Platform
Dart
Widgets
Render Engine
Canvas
Events
Platform Channels
Platform APIs
Camera
Audio
Location
Sensors

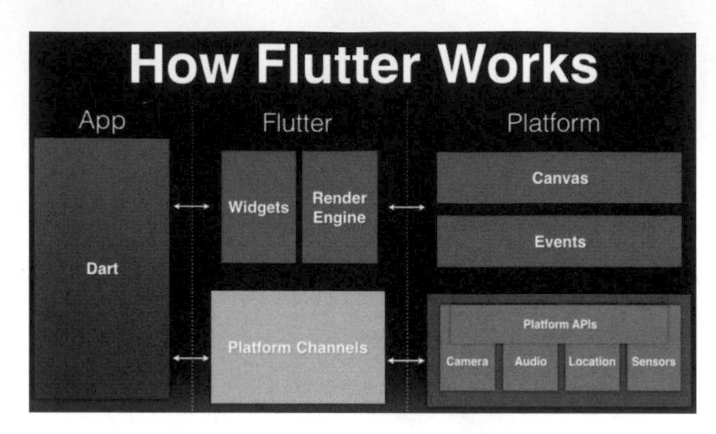

▲ 圖 16-6

Flutter 元件依靠自身高性能的著色引擎進行檢視著色。具體來說，每一個元件會被著色在 Skia 上，Skia 是一個 2D 繪圖引擎函式庫，具有跨平臺的特點。Skia 唯一需要的就是原生平台提供 Canvas 介面，實現繪製。我們再透過一個橫向架構圖來了解實現細節，見圖 16-7。

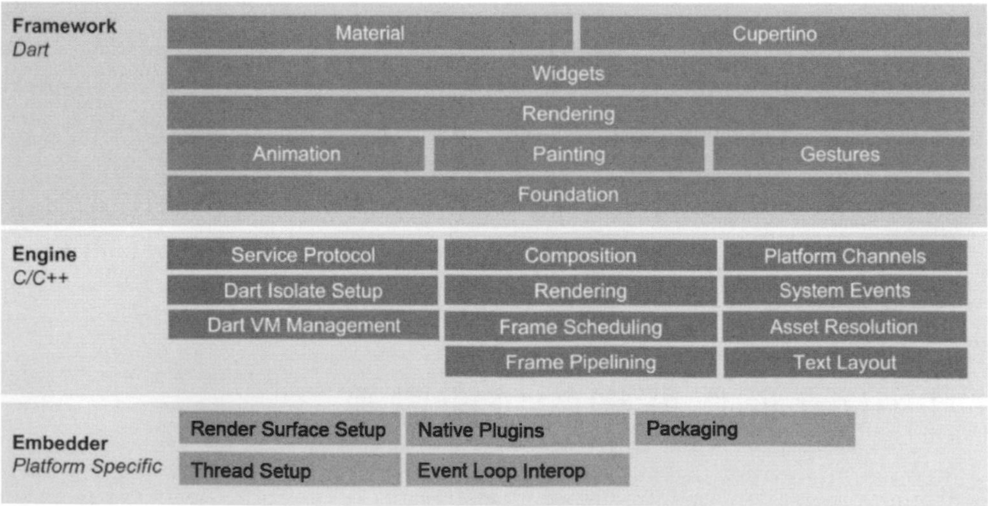

Framework
Dart
Material
Cupertino
Widgets
Rendering
Animation
Painting
Gestures
Foundation
Engine
C/C++
Service Protocol
Composition
Platform Channels
Dart Isolate Setup
Rendering
System Events
Dart VM Management
Frame Scheduling
Asset Resolution
Frame Pipelining
Text Layout
Embedder
Platform Specific
Render Surface Setup
Native Plugins
Packaging
Thread Setup
Event Loop Interop

▲ 圖 16-7

Flutter 技術方案主要分為三層：Framework、Engine、Embedder。其中，Framework 層由 Dart 語言實現，業務程式直接執行在這一層。框架的 Framework 層提供了 Material Design 風格的元件，以及適合 iOS 系統的 Cupertino 風格的元件。以 Cupertino 風格的 button 元件為例，其原始程式如下。

```
// 引入基礎元件
import 'package:flutter/foundation.dart';
import 'package:flutter/widgets.dart';
// 引入相關函式庫
import 'colors.dart';
import 'constants.dart';
import 'theme.dart';

const EdgeInsets _kButtonPadding = EdgeInsets.all(16.0);
const EdgeInsets _kBackgroundButtonPadding = EdgeInsets.symmetric(
  vertical: 14.0,
  horizontal: 64.0,
);
// 一個 Cupertino 風格的 button 元件，繼承自 StatefulWidget
class CupertinoButton extends StatefulWidget {
  const CupertinoButton({
    Key? key,
    required this.child,
    this.padding,
    this.color,
    this.disabledColor = CupertinoColors.quaternarySystemFill,
    this.minSize = kMinInteractiveDimensionCupertino,
    this.pressedOpacity = 0.4,
    this.borderRadius = const BorderRadius.all(Radius.circular(8.0)),
    required this.onPressed,
  }) : assert(pressedOpacity == null || (pressedOpacity >= 0.0 && pressedOpacity <=
1.0)),
       assert(disabledColor != null),
       _filled = false,
       super(key: key);

  const CupertinoButton.filled({
    Key? key,
```

```
    required this.child,
    this.padding,
    this.disabledColor = CupertinoColors.quaternarySystemFill,
    this.minSize = kMinInteractiveDimensionCupertino,
    this.pressedOpacity = 0.4,
    this.borderRadius = const BorderRadius.all(Radius.circular(8.0)),
    required this.onPressed,
  }) : assert(pressedOpacity == null || (pressedOpacity >= 0.0 && pressedOpacity <=
1.0)),
       assert(disabledColor != null),
       color = null,
       _filled = true,
       super(key: key);

  final Widget child;

  final EdgeInsetsGeometry? padding;

  final Color? color;

  final Color disabledColor;

  final VoidCallback? onPressed;

  final double? minSize;

  final double? pressedOpacity;

  final BorderRadius? borderRadius;

  final bool _filled;

  bool get enabled => onPressed != null;

  @override
  _CupertinoButtonState createState() => _CupertinoButtonState();

  @override
  void debugFillProperties(DiagnosticPropertiesBuilder properties) {
```

```
    super.debugFillProperties(properties);
    properties.add(FlagProperty('enabled', value: enabled, ifFalse: 'disabled'));
  }
}

// _CupertinoButtonState 類別，繼承自 CupertinoButton，同時應用 Mixin
class _CupertinoButtonState extends State<CupertinoButton> with
SingleTickerProviderStateMixin {
  static const Duration kFadeOutDuration = Duration(milliseconds: 10);
  static const Duration kFadeInDuration = Duration(milliseconds: 100);
  final Tween<double> _opacityTween = Tween<double>(begin: 1.0);

  late AnimationController _animationController;
  late Animation<double> _opacityAnimation;

  // 初始化狀態
  @override
  void initState() {
    super.initState();
    _animationController = AnimationController(
      duration: const Duration(milliseconds: 200),
      value: 0.0,
      vsync: this,
    );
    _opacityAnimation = _animationController
      .drive(CurveTween(curve: Curves.decelerate))
      .drive(_opacityTween);
    _setTween();
  }
  // 相關生命週期
  @override
  void didUpdateWidget(CupertinoButton old) {
    super.didUpdateWidget(old);
    _setTween();
  }

  void _setTween() {
    _opacityTween.end = widget.pressedOpacity ?? 1.0;
  }
```

```
@override
void dispose() {
  _animationController.dispose();
  super.dispose();
}

bool _buttonHeldDown = false;
// 處理 tap down 事件
void _handleTapDown(TapDownDetails event) {
  if (!_buttonHeldDown) {
    _buttonHeldDown = true;
    _animate();
  }
}
// 處理 tap up 事件
void _handleTapUp(TapUpDetails event) {
  if (_buttonHeldDown) {
    _buttonHeldDown = false;
    _animate();
  }
}
// 處理 tap cancel 事件
void _handleTapCancel() {
  if (_buttonHeldDown) {
    _buttonHeldDown = false;
    _animate();
  }
}
// 相關動畫處理
void _animate() {
  if (_animationController.isAnimating)
    return;
  final bool wasHeldDown = _buttonHeldDown;
  final TickerFuture ticker = _buttonHeldDown
      ? _animationController.animateTo(1.0, duration: kFadeOutDuration)
      : _animationController.animateTo(0.0, duration: kFadeInDuration);
  ticker.then<void>((void value) {
```

```
      if (mounted && wasHeldDown != _buttonHeldDown)
        _animate();
    });
  }

  @override
  Widget build(BuildContext context) {
    final bool enabled = widget.enabled;
    final CupertinoThemeData themeData = CupertinoTheme.of(context);
    final Color primaryColor = themeData.primaryColor;
    final Color? backgroundColor = widget.color == null
      ? (widget._filled ? primaryColor : null)
      : CupertinoDynamicColor.resolve(widget.color, context);

    final Color? foregroundColor = backgroundColor != null
      ? themeData.primaryContrastingColor
      : enabled
        ? primaryColor
        : CupertinoDynamicColor.resolve(CupertinoColors.placeholderText, context);

    final TextStyle textStyle = themeData.textTheme.textStyle.copyWith(color:
foregroundColor);

    return GestureDetector(
      behavior: HitTestBehavior.opaque,
      onTapDown: enabled ? _handleTapDown : null,
      onTapUp: enabled ? _handleTapUp : null,
      onTapCancel: enabled ? _handleTapCancel : null,
      onTap: widget.onPressed,
      child: Semantics(
        button: true,
        child: ConstrainedBox(
          constraints: widget.minSize == null
            ? const BoxConstraints()
            : BoxConstraints(
                minWidth: widget.minSize!,
                minHeight: widget.minSize!,
              ),
```

```
          child: FadeTransition(
            opacity: _opacityAnimation,
            child: DecoratedBox(
              decoration: BoxDecoration(
                borderRadius: widget.borderRadius,
                color: backgroundColor != null && !enabled
                  ? CupertinoDynamicColor.resolve(widget.disabledColor, context)
                  : backgroundColor,
              ),
              child: Padding(
                padding: widget.padding ?? (backgroundColor != null
                  ? _kBackgroundButtonPadding
                  : _kButtonPadding),
                child: Center(
                  widthFactor: 1.0,
                  heightFactor: 1.0,
                  child: DefaultTextStyle(
                    style: textStyle,
                    child: IconTheme(
                      data: IconThemeData(color: foregroundColor),
                      child: widget.child,
                    ),
                  ),
                ),
              ),
            ),
          ),
        ),
      ),
    );
  }
}
```

透過上面的程式，我們可以感知到 Dart 語言風格及設計一個元件的關鍵點：Flutter 元件分為兩種類型，StatelessWidget 無狀態元件和 StatefulWidget 有狀態元件。上面的 button 顯然是一個有狀態元件，它包含了 _CupertinoButtonState 類別，並繼承自 State<CupertinoButton>。一般來說一個有狀態元件的宣告如下。

```
class MyCustomStatefulWidget extends StatefulWidget {
  //---constructor with named // argument: country--- MyCustomStatefulWidget( {Key
key, this.country}) : super(key: key);
  //---used in _DisplayState--- final String country;
  @override _DisplayState createState() => _DisplayState();
}

class _DisplayState extends State<MyCustomStatefulWidget> {
  @override Widget build(BuildContext context) {
    return Center(
      //---country defined in StatefulWidget // subclass--- child: Text(widget.
country),
     );
  }
}
```

Framework 的下一層是 Engine 層，這一層是 Flutter 的內部核心，主要由 C 或 C++ 語言實現。在這一層中，透過內建的 Dart 執行時期，Flutter 提供了在 Debug 模式下對 JIT（Just in time）的支援，以及在 Release 和 Profile 模式下的 AOT（Ahead of time）編譯生成原生 ARM 程式的能力。

最底層為 Embedder 嵌入層，在這一層中，Flutter 的主要工作是 Surface Setup、連線原生外掛程式、設置執行緒等。也許你並不了解具體底層知識，這裡只需要清楚，Flutter 的 Embedder 層已經很低，原生平台只需要提供畫布，而 Flutter 處理了其餘所有邏輯。正是因為這樣，Flutter 有了更好的跨端一致性和穩定性，以及更高的性能表現。

目前來看，Flutter 具備其他跨平臺方案所不具備的技術優勢，加上 Dart 語言的加持，未來前景大好。但作為後入場者，Flutter 也存在生態小、學習成本高等障礙。

總結

大前端概念並不是虛無的。大前端的實踐在縱向上依靠 Node.js 技術的發展，橫向上依靠對端平臺的深鑽。上一篇介紹了小程式多端方案的相關知識，本篇分析了原生平台的跨端技術發展和方案設計。跨端技術也許會在未來透過一個統一的方案實現，相關話題也許會告一段落，但是深入該話題後學習到的不同端的相關知識，將是我們的寶貴財富。

第三部分 PART THREE

核心框架原理與程式設計模式

在這一部分中，我們將一起來探索經典程式的奧秘，體會設計模式和資料結構的藝術，請讀者結合業務實踐，思考優秀的設計思想如何在工作中實踐。同時，我們會針對目前前端社區所流行的框架進行剖析，相信透過不斷學習經典思想和剖析原始程式內容，各位讀者都能有新的收穫。

第 17 章 axios：封裝一個結構清晰的 Fetch 函式庫

從本篇開始，我們將進入核心框架原理與程式設計模式學習階段。任何一個動態應用的實現，都離不開前後端的互動配合。前端發送請求、獲取資料是開發過程中必不可少的場景。正因如此，每一個前端專案都有必要連線一個請求函式庫。

那麼，如何設計請求函式庫才能保證使用順暢呢？如何將請求邏輯抽象成統一請求函式庫，才能避免出現程式混亂堆積、難以維護的現象呢？下面我們進入正題。

設計請求函式庫需要考慮哪些問題

一個請求，縱向向前承載了資料的發送，向後連結了資料的接收和消費；橫向還需要應對網路環境和宿主問題，滿足業務擴展需求。因此，設計一個好的請求函式庫前要預見可能會發生的問題。

調配瀏覽器還是 Node.js 環境

如今，前端開發不再侷限於瀏覽器層面，Node.js 環境的出現使得請求函式庫的調配需求變得更加複雜。Node.js 基於 V8 引擎，頂層物件是 global，不存在 Window 物件和瀏覽器宿主，因此使用傳統的 XMLHttpRequest 或 Fetch 方式發送請求是行不通的。對架設了 Node.js 環境的前端來說，設計實現請求函式庫時需要考慮是否同時支援在瀏覽器和 Node.js 兩種環境下發送請求。在同構的背景下，如何使不同環境下請求函式庫的使用體驗趨於一致呢？下面我們將進一步講解。

XMLHttpRequest 還是 Fetch

單就瀏覽器環境發送請求來說，一般存在兩種技術規範：XMLHttpRequest、Fetch。

我們先簡要對比兩種技術規範的使用方式。

使用 XMLHttpRequest 發送請求，範例程式如下。

```
function success() {
    var data = JSON.parse(this.responseText);
    console.log(data);
}

function error(err) {
    console.log('Error Occurred :', err);
}

var xhr = new XMLHttpRequest();
xhr.onload = success;
xhr.onerror = error;
xhr.open('GET', 'https://xxx');
xhr.send();
```

XMLHttpRequest 存在一些缺點，比如設定和使用方式較為煩瑣、基於事件的非同步模型不夠友善。Fetch 的推出，主要也是為了解決這些問題。

使用 Fetch 發送請求，範例程式如下。

```
fetch('https://xxx')
    .then(function (response) {
        console.log(response);
    })
    .catch(function (err) {
        console.log("Something went wrong!", err);
    });
```

可以看到，Fetch 基於 Promise，語法更加簡潔，語義化更加突出，但相容性不如 XMLHttpRequest。

那麼，對一個請求函式庫來說，在瀏覽器端使用 XMLHttpRequest 還是 Fetch？這是一個問題。下面我們透過 axios 的實現具體展開講解。

功能設計與抽象粒度

無論是基於 XMLHttpRequest 還是 Fetch 規範，若要實現一層封裝，遮蔽一些基礎能力並暴露給業務方使用，即實現一個請求函式庫，這並不困難。我認為，真正難的是請求函式庫的功能設計和抽象粒度。如果功能設計分層不夠清晰，抽象方式不夠靈活，很容易產出「垃圾程式」。

比如，對請求函式庫來說，是否要處理以下看似通用，但又具有訂製性的功能呢？

- 自訂 headers
- 統一斷網 / 弱網處理
- 介面快取處理
- 介面統一錯誤訊息
- 介面統一資料處理
- 統一資料層結合
- 統一請求埋點

如果初期不考慮清楚這些設計問題，在業務層面一旦使用了設計不良的請求函式庫，那麼很容易因無法滿足業務需求而手寫 Fetch，這勢必導致程式庫中的請求方式多種多樣、風格不一。

這裡我們稍微展開，以一個請求函式庫的分層封裝為例，其實任何一種通用能力的封裝都可以參考圖 17-1。

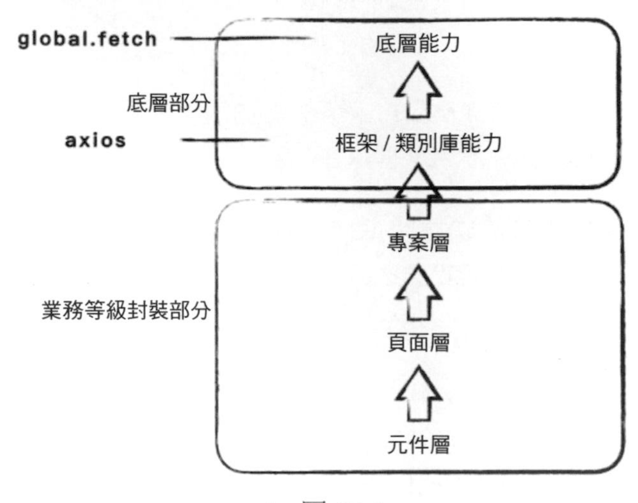

▲ 圖 17-1

如圖 17-1 所示，底層部分對應請求函式庫中宿主提供的 XMLHttpRequest 或 Fetch 技術規範（底層能力），以及專案中已經內建的框架 / 類別庫能力。對一個已有專案來說，底層部分往往是較難改變或重構的，也是可以在不同專案中重複使用的。而業務等級封裝部分，比如相依 axios 請求函式庫的更上層封裝，一般可以分為專案層、頁面層、元件層三個層面，它們依次遞進，完成最終的業務。底層能力部分對許多專案來說都可以重複使用，而讓不同專案之間的程式品質和開發效率產生差異的，恰好是容易被輕視的業務等級封裝部分。

比如，如果設計者在專案層的封裝上做了幾乎所有事情，囊括了所有請求相關的規則，則很容易使封裝複雜，設計過度。不同層級的功能和職責是不同的，錯誤的使用和設計是讓專案變得更加混亂的誘因之一。

合理的設計是，底層部分保留對全域封裝的影響範圍，而在專案層保留對頁面層的影響能力，在頁面層保留對元件層的影響能力。比如，我們在專案層提供了一個基礎請求函式庫封裝，則可以在這一層預設發送 cookie（存在 cookie），同時透過設定 options.fetch 保留覆蓋 globalThis.fetch 的能力，這樣可以在 Node.js 等環境中透過注入一個 node-fetch npm 函式庫來支援 SSR 能力。

這裡需要注意的是，我們一定要避免設計一個特別大的 Fetch 方法：透過拓展 options 把所有事情都做了，用 options 驅動一切行為，這比較容易讓 Fetch 程式和邏輯變得複雜、難以理解。

那麼如何設計這種層次清晰的請求函式庫呢？接下來，我們就從 axios 的設計中尋找答案。

axios 設計之美

axios 是一個被前端廣泛使用的請求函式庫，它的功能特點如下。

- 在瀏覽器端，使用 XMLHttpRequest 發送請求。
- 支援在 Node.js 環境下發送請求。
- 支援 Promise API，使用 Promise 風格語法。
- 支援請求和回應攔截。
- 支援自訂修改請求和傳回內容。
- 支援取消請求。
- 預設支援 XSRF 防禦。

下面我們主要從攔截器思想、轉接器思想、安全思想三方面展開，分析 axios 設計的可取之處。

攔截器思想

攔截器思想是 axios 帶來的最具啟發性的思想之一。它提供了分層開發時借助攔截行為注入自訂能力的功能。簡單來說，axios 攔截器的主要工作流程為任務註冊 → 任務編排 → 任務排程（執行）。

我們先看任務註冊，在請求發出前，可以使用 axios.interceptors.request.use 方法注入攔截邏輯，如下。

```
axios.interceptors.request.use(function (config) {
    // 請求發送前做一些事情，比如增加 headers
    return config;
  }, function (error) {
    // 請求出現錯誤時，處理邏輯
    return Promise.reject(error);
  });
```

請求傳回後，使用 axios.interceptors.response.use 方法注入攔截邏輯，如下。

```
axios.interceptors.response.use(function (response) {
    // 回應傳回 2xx 時做一些操作，回應狀態碼為 401 時自動跳躍到登入頁
    return response;
  }, function (error) {
    // 回應傳回除 2xx 以外的回應碼時，執行錯誤處理邏輯
    return Promise.reject(error);
  });
```

任務註冊部分的原始程式實現也不複雜，具體如下。

```
// lib/core/Axios.js
function Axios(instanceConfig) {
  this.defaults = instanceConfig;
  this.interceptors = {
    request: new InterceptorManager(),
    response: new InterceptorManager()
  };
}

// lib/core/InterceptorManager.js
function InterceptorManager() {
  this.handlers = [];
}

InterceptorManager.prototype.use = function use(fulfilled, rejected) {
  this.handlers.push({
```

```
    fulfilled: fulfilled,
    rejected: rejected
  });
  // 傳回當前的索引，用於移除已註冊的攔截器
  return this.handlers.length - 1;
};
```

如上面的程式所示，我們定義的請求 / 響應攔截器會在每一個 axios 實例的 Interceptors 屬性中被維護，this.interceptors.request 和 this.interceptors.response 也是 InterceptorManager 實例，該實例的 handlers 屬性以陣列的形式儲存了使用方定義的各個攔截器邏輯。

註冊任務後，我們再來看看任務編排時是如何將攔截器串聯起來，並在任務排程階段執行各個攔截器程式的，如下。

```
// lib/core/Axios.js
Axios.prototype.request = function request(config) {
  config = mergeConfig(this.defaults, config);

  // ...
  var chain = [dispatchRequest, undefined];
  var promise = Promise.resolve(config);

  // 任務編排
  this.interceptors.request.forEach(function unshiftRequestInterceptors(interceptor) {
    chain.unshift(interceptor.fulfilled, interceptor.rejected);
  });

  this.interceptors.response.forEach(function pushResponseInterceptors(interceptor) {
    chain.push(interceptor.fulfilled, interceptor.rejected);
  });

  // 任務排程
  while (chain.length) {
    promise = promise.then(chain.shift(), chain.shift());
  }

  return promise;
};
```

我們透過 chain 陣列來編排、排程任務，dispatchRequest 方法執行發送請求。

編排過程的實現方式是：在實際發送請求的方法 dispatchRequest 的前面插入請求攔截器，在 dispatchRequest 的後面插入回應攔截器。

任務排程的實現方式是：透過一個 while 迴圈遍歷迭代 chain 陣列方法，並基於 Promise 實例回呼特性串聯執行各個攔截器。

我們透過圖 17-2 來加深理解。

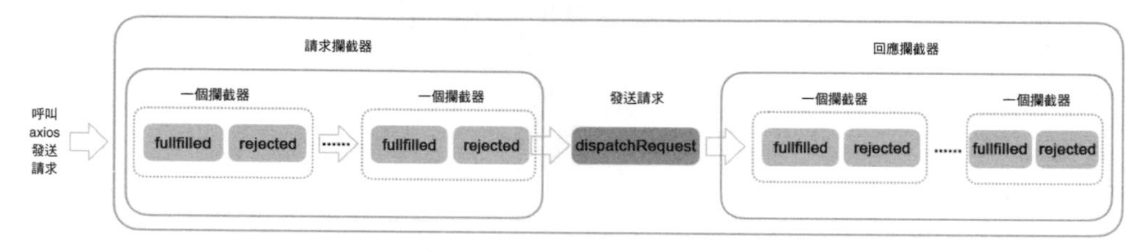

▲ 圖 17-2

轉接器思想

前文提到，axios 同時支援在 Node.js 環境和瀏覽器環境下發送請求。在瀏覽器端，我們可以選用 XMLHttpRequest 或 Fetch 方法發送請求，但在 Node.js 端，需要透過 http 模組發送請求。對此，axiso 是如何實現的呢？

為了調配不同環境，axios 提供了轉接器 Adapter，具體實現在 dispatchRequest 方法中。

```
// lib/core/dispatchRequest.js
module.exports = function dispatchRequest(config) {
  // ...
  var adapter = config.adapter || defaults.adapter;

  return adapter(config).then(function onAdapterResolution(response) {
    // ...
    return response;
  }, function onAdapterRejection(reason) {
    // ...
```

```
    return Promise.reject(reason);
  });
};
```

如上面的程式所示，axios 支援使用方實現自己的 Adapter，自訂不同環境中的請求實現方式，也提供了預設的 Adapter。預設的 Adapter 邏輯程式如下。

```
function getDefaultAdapter() {
  var adapter;
  if (typeof XMLHttpRequest !== 'undefined') {
    // 在瀏覽器端使用 XMLHttpRequest 方法
    adapter = require('./adapters/xhr');
  } else if (typeof process !== 'undefined' &&
    Object.prototype.toString.call(process) === '[object process]') {
    // 在 Node.js 端使用 http 模組
    adapter = require('./adapters/http');
  }
  return adapter;
}
```

一個 Adapter 需要傳回一個 Promise 實例（這是因為 axios 內部透過 Promise 鏈式呼叫完成請求排程），我們分別來看一下在瀏覽器端和 Node.js 端實現 Adapter 的邏輯。

```
module.exports = function xhrAdapter(config) {
  return new Promise(function dispatchXhrRequest(resolve, reject) {
    var requestData = config.data;
    var requestHeaders = config.headers;

    var request = new XMLHttpRequest();

    var fullPath = buildFullPath(config.baseURL, config.url);

    request.open(config.method.toUpperCase(), buildURL(fullPath, config.params, config.
paramsSerializer), true);

    // 監聽 ready 狀態
    request.onreadystatechange = function handleLoad() {
```

```
      // ....
    };

    request.onabort = function handleAbort() {
      // ...
    };

    // 處理網路請求錯誤
    request.onerror = function handleError() {
      // ...
    };

    // 處理逾時
    request.ontimeout = function handleTimeout() {
      // ...
    };

    // ...

    request.send(requestData);
  });
};
```

以上程式是一個典型的使用 XMLHttpRequest 發送請求的範例。在 Node.js 端發送請求的實現程式，精簡後如下。

```
var http = require('http');

/*eslint consistent-return:0*/
module.exports = function httpAdapter(config) {
  return new Promise(function dispatchHttpRequest(resolvePromise, rejectPromise) {
    var resolve = function resolve(value) {
      resolvePromise(value);
    };
    var reject = function reject(value) {
      rejectPromise(value);
    };
    var data = config.data;
    var headers = config.headers;
```

```
    var options = {
      // ...
    };

    var transport = http;

    var req = http.request(options, function handleResponse(res) {
      // ...
    });

    // Handle errors
    req.on('error', function handleRequestError(err) {
      // ...
    });

    // 發送請求
    if (utils.isStream(data)) {
      data.on('error', function handleStreamError(err) {
        reject(enhanceError(err, config, null, req));
      }).pipe(req);
    } else {
      req.end(data);
    }
  });
};
```

上述程式主要呼叫 Node.js http 模組進行請求的發送和處理，當然，真實場景的原始程式實現還需要考慮 HTTPS 及 Redirect 等問題，這裡我們不再展開。

講到這裡，可能你會問:在什麼場景下才需要自訂 Adapter 進行請求發送呢？比如在測試階段或特殊環境中，我們可以發送 mock 請求。

```
if (isEnv === 'ui-test') {
       adapter = require('axios-mock-adapter')
}
```

實現一個自訂的 Adapter 也並不困難，它其實只是一個 Node.js 模組，最終匯出一個 Promise 實例即可。

```
module.exports = function myAdapter(config) {
  // ...
  return new Promise(function(resolve, reject) {
    // ...
    sendRequest(resolve, reject, response);
    // ....
  });
}
```

相信學會了這些內容，你就能對 axios-mock-adapter 庫的實現原理了然於心了。

安全思想

說到請求，自然連結著安全問題。在本篇的最後部分，我們對 axios 中的一些安全機制進行解析，涉及相關攻擊手段 CSRF。

CSRF（Cross-Site Request Forgery，跨站請求偽造）的過程是，攻擊者盜用你的身份，以你的名義發送惡意請求，對伺服器來說，這個請求是完全合法的，但是卻完成了攻擊者期望的操作，比如以你的名義發送郵件和訊息、盜取帳號、增加系統管理員，甚至購買商品、轉帳等。

在 axios 中，我們主要相依雙重 cookie 來防禦 CSRF。具體來說，對於攻擊者，獲取使用者 cookie 是比較困難的，因此，我們可以在請求中攜帶一個 cookie 值，保證請求的安全性。這裡我們將相關流程整理如下。

- 使用者存取頁面，後端向請求域中注入一個 cookie，一般該 cookie 值為加密隨機字串。
- 在前端透過 Ajax 請求資料時，取出上述 cookie，增加到 URL 參數或請求標頭中。
- 後端介面驗證請求中攜帶的 cookie 值是否合法，如果不合法（不一致），則拒絕請求。

上述流程的 axios 原始程式如下。

```
// lib/defaults.js
var defaults = {
  adapter: getDefaultAdapter(),

  // ...
  xsrfCookieName: 'XSRF-TOKEN',
  xsrfHeaderName: 'X-XSRF-TOKEN',
};
```

在這裡，axios 預設設定了 xsrfCookieName 和 xsrfHeaderName，實際開發中可以按具體情況傳入設定資訊。在發送具體請求時，以 lib/adapters/xhr.js 為例，程式如下。

```
// 增加 xsrf header
if (utils.isStandardBrowserEnv()) {
  var xsrfValue = (config.withCredentials || isURLSameOrigin(fullPath)) && config.
xsrfCookieName ?
    cookies.read(config.xsrfCookieName) :
    undefined;

  if (xsrfValue) {
    requestHeaders[config.xsrfHeaderName] = xsrfValue;
  }
}
```

由此可見，對一個成熟請求函式庫的設計來說，安全防範這個話題永不過時。

總結

本篇開篇分析了請求函式庫程式設計、程式分層的各方面，一個好的設計一定是層次明晰，各層各司其職的，一個好的設計也會直接提升業務開發效率。封裝和設計是程式設計領域亙古不變的經典話題，需要每名開發者下沉到業務開發中去體會、思考。

本篇的後半部分從原始程式入手，分析了 axios 中優秀的設計思想。即使你在業務中沒有使用過 axios，也要認真學習 axios，這是必要且重要的。

第 18 章 對比 Koa 和 Redux：解析前端中介軟體

在上一篇中，我們透過分析 axios 原始程式介紹了「如何設計一個請求函式庫」，其中提到了程式分層理念。本篇將繼續討論程式設計這一話題，聚焦中介軟體化和外掛程式化理念，並透過實現一個中介軟體化的請求函式庫和上一篇的內容融會貫通。

以 Koa 為代表的 Node.js 中介軟體設計

說到中介軟體，很多開發者會想到 Koa，從設計的角度來看，它無疑是前端中介軟體的典型代表之一。我們先來剖析 Koa 的設計和實現。

先來看一下 Koa 中介軟體的應用，範例如下。

```
// 最外層中介軟體，可以用於兜底 Koa 全域錯誤
app.use(async (ctx, next) => {
  try {
    // console.log(' 中介軟體 1 開始執行 ')
    // 執行下一個中介軟體
    await next();
    // console.log(' 中介軟體 1 執行結束 ')
  } catch (error) {
```

```
    console.log('[koa error]: ${error.message}')
  }
});

// 第二層中介軟體，可以用於日誌記錄
app.use(async (ctx, next) => {
  // console.log(' 中介軟體 2 開始執行 ')
  const { req } = ctx;
  console.log('req is ${JSON.stringify(req)}');
  await next();
  console.log('res is ${JSON.stringify(ctx.res)}');
  // console.log(' 中介軟體 2 執行結束 ')
});
```

Koa 實例透過 use 方法註冊和串聯中介軟體，其原始程式實現部分精簡如下。

```
use(fn) {
    this.middleware.push(fn);
    return this;
}
```

如上面的程式所示，中介軟體被儲存進 this.middleware 陣列，那麼中介軟體是如何被執行的呢？請參考以下原始程式。

```
// 透過 createServer 方法啟動一個 Node.js 服務
listen(...args) {
    const server = http.createServer(this.callback());
    return server.listen(...args);
}
```

Koa 框架透過 http 模組的 createServer 方法建立了一個 Node.js 服務，並傳入 this.callback() 方法，this.callback() 方法的原始程式精簡實現如下。

```
callback() {
    // 從 this.middleware 陣列中傳入，組合中介軟體
    const fn = compose(this.middleware);
```

```
// handleRequest 方法作為 http 模組的 createServer 方法參數
// 該方法透過 createContext 封裝了 http.createServer 中的 request 和 response 物件，
// 並將上述兩個物件放到 ctx 中
    const handleRequest = (req, res) => {
        const ctx = this.createContext(req, res);
        // 將 ctx 和組合後的中介軟體函式 fn 傳遞給 this.handleRequest 方法
        return this.handleRequest(ctx, fn);
    };

    return handleRequest;
}

handleRequest(ctx, fnMiddleware) {
    const res = ctx.res;
    res.statusCode = 404;
    const onerror = err => ctx.onerror(err);
    const handleResponse = () => respond(ctx);
// on-finished npm 套件提供的方法
// 該方法在 HTTP 請求 closes、finishes 或 errors 時執行
    onFinished(res, onerror);
    // 將 ctx 物件傳遞給中介軟體函式 fnMiddleware
    return fnMiddleware(ctx).then(handleResponse).catch(onerror);
}
```

如上面的程式所示，我們將 Koa 中介軟體的組合和執行流程整理如下。

- 透過 compose 方法組合各種中介軟體，傳回一個中介軟體組合函式 fnMiddleware。
- 請求過來時，先呼叫 handleRequest 方法，該方法完成以下操作。

  * 呼叫 createContext 方法，對該次請求封裝一個 ctx 物件。

  * 接著呼叫 this.handleRequest(ctx, fnMiddleware) 處理該次請求。
- 透過 fnMiddleware(ctx).then(handleResponse).catch(onerror) 執行中介軟體。

其中，一個核心過程就是使用 compose 方法組合各種中介軟體，其原始程式實現精簡如下。

```
function compose(middleware) {
    // 這裡傳回的函式，就是上文中的 fnMiddleware
    return function (context, next) {
        let index = -1
        return dispatch(0)

        function dispatch(i) {
            //
            if (i <= index) return Promise.reject(new Error('next() called multiple
times'))
            index = i
            // 取出第 i 個中介軟體 fn
            let fn = middleware[i]

            if (i === middleware.length) fn = next

            // 已經取到最後一個中介軟體，直接傳回一個 Promise 實例，進行串聯
            // 這一步的意義是，保證最後一個中介軟體呼叫 next 方法時也不會顯示出錯
            if (!fn) return Promise.resolve()

            try {
                // 把 ctx 和 next 方法傳入中介軟體 fn，
                // 並將執行結果使用 Promise.resolve 包裝
                // 這裡可以發現，我們在一個中介軟體中呼叫的 next 方法，
                // 其實就是 dispatch.bind(null, i + 1)，即呼叫下一個中介軟體
                return Promise.resolve(fn(context, dispatch.bind(null, i + 1)));
            } catch (err) {
                return Promise.reject(err)
            }
        }
    }
}
```

原始程式中加入了相關註釋，如果對你來說還是晦澀難懂，不妨看一下下面這個強制寫入範例，以下程式顯示了三個 Koa 中介軟體的執行情況。

```
async function middleware1() {
  ...
  await (async function middleware2() {
    ...
```

```
    await (async function middleware3() {
      ...
    });
    ...
  });
  ...
}
```

這裡我們來做一個簡單的總結。

- Koa 中介軟體機制被社區形象地總結為「洋蔥模型」。所謂洋蔥模型，就是指每一個 Koa 中介軟體都像一層洋蔥圈，它既可以負責請求進入，也可以負責回應傳回。換句話說，外層的中介軟體可以影響內層的請求和回應階段，內層的中介軟體只能影響外層的回應階段。
- dispatch(n) 對應第 n 個中介軟體的執行，第 n 個中介軟體可以透過 await next() 來執行下一個中介軟體，同時在最後一個中介軟體執行完成後依然有恢復執行的能力。即透過洋蔥模型，await next() 控制呼叫「下游」中介軟體，直到「下游」沒有中介軟體且堆疊執行完畢，最終流回「上游」中介軟體。這種方式有一個優點，特別是對於日誌記錄及錯誤處理等需求非常友善。

這裡我們稍微做一下擴展，Koa v1 的中介軟體實現了利用 Generator 函式 +co 函式庫（一種基於 Promise 的 Generator 函式流程管理工具）進行程式碼協同執行。本質上，Koa v1 中介軟體和 Koa v2 中介軟體的思想是類似的，只不過 Koa v2 主要用 Async/Await 來替換 Generator 函式 +co 函式庫，整體實現更加巧妙，程式更加優雅、簡單。

對比 Express，再談 Koa 中介軟體

說起 Node.js 框架，我們自然不能不提 Express，它的中介軟體機制同樣值得我們學習。Express 不同於 Koa，它繼承了路由、靜態伺服器和範本引擎等功能，因此看上去比 Koa 更像一個框架。透過學習 Express 原始程式，我們可以總結出它的工作機制。

- 透過 app.use 方法註冊中介軟體。
- 一個中介軟體可以被視為一個 Layer 物件，其中包含了當前路由匹配的正則資訊及 handle 方法。
- 所有中介軟體（Layer 物件）都使用 stack 陣列儲存。因此，每個路由物件都是透過一個 stack 陣列儲存相關中介軟體函式的。
- 當一個請求過來時，會從 REQ 中獲取請求路徑，根據路徑從 stack 陣列中找到匹配的 Layer 物件，具體匹配過程由 router.handle 函式實現。
- router.handle 函式透過 next() 方法遍歷每一個 Layer 物件，進行比對。
  * next() 方法透過閉包維持了對 stack Index 游標的引用，當呼叫 next() 方法時，就會從下一個中介軟體開始查詢。
  * 如果比對結果為 true，則呼叫 layer.handle_request 方法，layer.handle_request 方法會呼叫 next() 方法 ，實現中介軟體的執行。

我們將上述過程總結為圖 18-1，幫助大家理解。

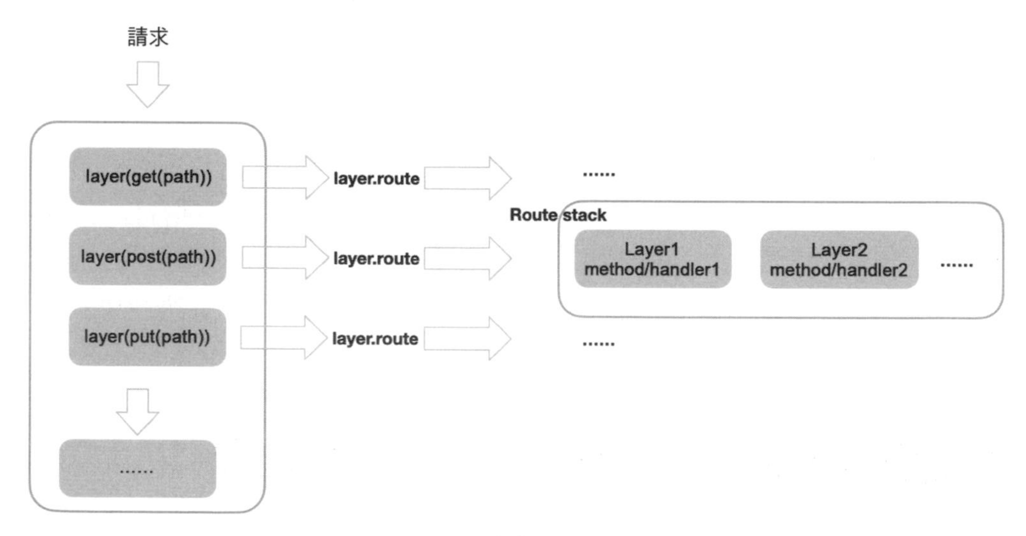

▲ 圖 18-1

透過上述內容，我們知道，Express 的 next() 方法維護了遍歷中介軟體清單的 Index 游標，中介軟體每次呼叫 next() 方法時會透過增加 Index 游標找到下一個中介軟體並執行。我們採用類似的強制寫入形式幫助大家理解 Express 外掛程式的作用機制。

```
((req, res) => {
  console.log('第一個中介軟體');
  ((req, res) => {
    console.log('第二個中介軟體');
    (async(req, res) => {
      console.log('第三個中介軟體 => 是一個 route 中介軟體，處理 /api/test1');
      await sleep(2000)
      res.status(200).send('hello')
    })(req, res)
    console.log('第二個中介軟體呼叫結束');
  })(req, res)
  console.log('第一個中介軟體呼叫結束')
})(req, res)
```

如上面的程式所示，Express 中介軟體從設計上來講並不是一個洋蔥模型，它是基於回呼實現的線形模型，不利於組合，不利於互相操作，在設計上並不像 Koa 一樣簡單。如果想實現一個可以記錄請求回應的中介軟體，需要進行以下操作。

```
var express = require('express')
var app = express()

var requestTime = function (req, res, next) {
  req.requestTime = Date.now()
  next()
}

app.use(requestTime)

app.get('/', function (req, res) {
  var responseText = 'Hello World!<br>'
  responseText += '<small>Requested at: ' + req.requestTime + '</small>'
  res.send(responseText)
})

app.listen(3000)
```

可以看到，上述實現對業務程式有一定程度的侵擾，甚至會造成不同中介軟體間的耦合。

回退到「上帝角度」可以發現，Koa 的洋蔥模型毫無疑問更加先進，而 Express 的線形機制不容易實現攔截處理邏輯，比如異常處理和統計回應時間，這在 Koa 裡一般只需要一個中介軟體就能全部搞定。

當然，Koa 本身只提供了 http 模組和洋蔥模型的最小封裝，Express 是一種更高形式的抽象，其設計想法和面向目標也與 Koa 不同。

Redux 中介軟體設計和實現

透過前文，我們了解了 Node.js 兩個「當紅」框架的中介軟體設計，下面再換一個角度——基於 Redux 狀態管理方案的中介軟體設計，更全面地解讀中介軟體系統。

類似 Koa 中的 compose 實現，Redux 也實現了一個 compose 方法，用於完成中介軟體的註冊和串聯。

```
function compose(...funcs: Function[]) {
        return funcs.reduce((a, b) => (...args: any) => a(b(...args)));
}
```

compose 方法的執行如下。

```
compose([fn1, fn2, fn3])(args)
=>
compose(fn1, fn2, fn3) (...args) = > fn1(fn2(fn3(...args)))
```

簡單來說，compose 方法是一種高階聚合，先執行 fn3，並將執行結果作為參數傳給 fn2，依此類推。我們使用 Redux 建立一個 store 時完成了對 compose 方法的呼叫，Redux 的精簡原始程式如下。

```
// 這是一個簡單的列印日誌中介軟體
function logger({ getState, dispatch }) {
```

```
    // next() 代表下一個中介軟體包裝的 dispatch 方法，action 表示當前接收到的動作
    return next => action => {
        console.log("before change", action);
        // 呼叫下一個中介軟體包裝的 dispatch 方法
        let val = next(action);
        console.log("after change", getState(), val);
        return val;
    };
}

// 使用 logger 中介軟體，建立一個增強的 store
let createStoreWithMiddleware = Redux.applyMiddleware(logger)(Redux.createStore)

function applyMiddleware(...middlewares) {
  // middlewares 為中介軟體列表，傳回以原始 createStore 方法（Redux.createStore）為參數的函式
  return createStore => (...args) => {
    // 建立原始的 store
    const store = createStore(...args)

    // 每個中介軟體中都會被傳入 middlewareAPI 物件，作為中介軟體參數
    const middlewareAPI = {
      getState: store.getState,
      dispatch: (...args) => dispatch(...args)
    }

    // 給每個中介軟體傳入 middlewareAPI 參數
    // 中介軟體的統一格式為 next => action => next(action)
    // chain 中儲存的都是 next => action => {next(action)} 的方法
    const chain = middlewares.map(middleware => middleware(middlewareAPI))

// 傳入最原始的 store.dispatch 方法，作為 compose 方法的二級參數
// compose 方法最終傳回一個增強的 dispatch 方法
    dispatch = compose(...chain)(store.dispatch)

    return {
      ...store,
      dispatch  // 傳回一個增強的 dispatch 方法
    }
  }
}
```

如上面的程式所示，我們將 Redux 中介軟體的特點總結如下。

- Redux 中介軟體接收 getState 和 dispatch 兩個方法組成的物件為參數。
- Redux 中介軟體傳回一個函式，該函式接收 next() 方法為參數，並傳回一個接收 action 的新的 dispatch 方法。
- Redux 中介軟體透過手動呼叫 next(action) 方法，執行下一個中介軟體。

我們將 Redux 中介軟體的作用機制總結為圖 18-2。

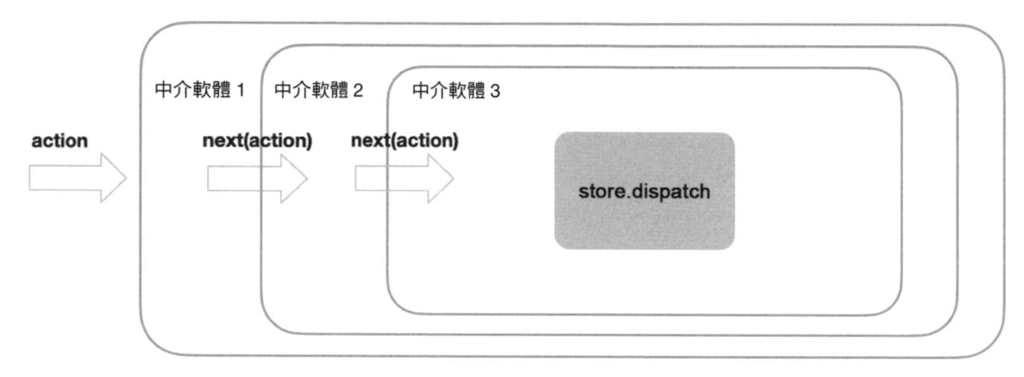

▲ 圖 18-2

這看上去也像一個洋蔥模型，但是在同步呼叫和非同步呼叫上稍有不同，以三個中介軟體為例。

- 三個中介軟體均正常同步呼叫 next(action)，則執行順序為，中介軟體 1 before next → 中介軟體 2 before next → 中介軟體 3 before next → dispatch 方法 → 中介軟體 3 after next → 中介軟體 2 after next → 中介軟體 1 after next。
- 第二個中介軟體沒有呼叫 next(action)，則執行順序為，中介軟體 1 befoe next → 中介軟體 2 邏輯 → 中介軟體 1 after next。注意，此時中介軟體 3 沒有被執行。
- 第二個中介軟體非同步呼叫 next(action)，其他中介軟體均正常同步呼叫 nextt(action)，則執行順序為，中介軟體 1 before next → 中介軟體 2 同步程式部分 → 中介軟體 1 after next → 中介軟體 2 非同步程式部分 before

next → 中介軟體 3 before next → dispatch 方法 → 中介軟體 3 after next → 中介軟體 2 非同步程式部分 after next。

利用中介軟體思想，實現一個中介軟體化的 Fetch 函式庫

前面我們分析了前端中介軟體思想，本節我們活學活用，利用中介軟體思想實現一個中介軟體化的 Fetch 函式庫。

先來思考，一個中介軟體化的 Fetch 函式庫應該具有哪些優點？Fetch 函式庫的核心是只實現請求的發送，而各種業務邏輯以中介軟體化的外掛程式模式進行增強，這樣一來可實現特定業務需求和請求函式庫的解耦，更加靈活，也是一種分層思想的表現。具體來說，一個中介軟體化的 Fetch 函式庫應具備以下能力。

- 支援業務方遞迴擴展底層 Fetch API。
- 方便測試。
- 天然支援各類型的 Fetch 封裝（比如 Native Fetch、fetch-ponyfill、fetch-polyfill 等）。

我們給這個中介軟體化的 Fetch 函式庫取名為 fetch-wrap，fetch-wrap 的預期使用方式如下。

```
const fetchWrap = require('fetch-wrap');

// 這裡可以連線自己的核心 Fetch 底層實現，比如原生 Fetch 或同構的 isomorphic-fetch 等
let fetch = require('isomorphic-fetch');

// 擴展 Fetch 中介軟體
fetch = fetchWrap(fetch, [
  middleware1,
  middleware2,
  middleware3,
]);
```

```
// 一個典型的中介軟體
function middleware1(url, options, innerFetch) {
        // ...
        // 業務擴展
        // ...
        return innerFetch(url, options);
}

// 一個更改 URL 的中介軟體
function(url, options, fetch) {
        return fetch(url.replace(/^(http:)?/, 'https:'), options);
},

// 一個修改傳回結果的中介軟體
function(url, options, fetch) {
        return fetch(url, options).then(function(response) {
          if (!response.ok) {
            throw new Error(result.status + ' ' + result.statusText);
          }
          if (/application\/json/.test(result.headers.get('content-type'))) {
            return response.json();
          }
          return response.text();
        });
}

// 一個進行錯誤處理的中介軟體
function(url, options, fetch) {
        return fetch(url, options).catch(function(err) {
          console.error(err);
          throw err;
        });
}
```

fetch-wrap 的核心實現方法 fetchWrap 的原始程式如下。

```
// 接收第一個參數為基礎 Fetch 函式庫，第二個參數為中介軟體陣列或單一中介軟體
module.exports = function fetchWrap(fetch, middleware) {
```

```
    // 沒有使用中介軟體，則傳回原生 Fetch 函式庫
        if (!middleware || middleware.length < 1) {
                return fetch;
        }

        // 遞迴呼叫 extend 方法，每次遞迴時剔除 middleware 陣列中的首項
        var innerFetch = middleware.length === 1 ? fetch : fetchWrap(fetch, middleware.
slice(1));

        var next = middleware[0];

        return function extendedFetch(url, options) {
                try {
                  // 每一個 Fetch 中介軟體透過 Promsie 來串聯
                  return Promise.resolve(next(url, options || {}, innerFetch));
                } catch (err) {
                  return Promise.reject(err);
                }
        };
}
```

可以看到，每一個 Fetch 中介軟體都接收一個 url 和 options 參數，因此具有了改寫 url 和 options 的能力。同時接收一個 innerFetch 方法，innerFetch 為上一個中介軟體包裝過的 fetch 方法，而每一個中介軟體也都傳回一個包裝過的 fetch 方法，將各個中介軟體依次呼叫串聯起來。

另外，社區上的 umi-request 中介軟體機制也是類似的，其核心程式如下。

```
class Onion {
  constructor() {
    this.middlewares = [];
  }
  // 儲存中介軟體
  use(newMiddleware) {
    this.middlewares.push(newMiddleware);
  }
  // 執行中介軟體
  execute(params = null) {
```

```
    const fn = compose(this.middlewares);
    return fn(params);
  }
}

export default function compose(middlewares) {
  return function wrapMiddlewares(params) {
    let index = -1;
    function dispatch(i) {
      index = i;
      const fn = middlewares[i];
      if (!fn) return Promise.resolve();
      return Promise.resolve(fn(params, () => dispatch(i + 1)));
    }
    return dispatch(0);
  };
}
```

可以看到，上述原始程式與 Koa 的實現更為相似，但其實道理和上面的 fetch-wrap 大同小異。至此，相信你已經了解了中介軟體的思想，也能夠體會洋蔥模型的精妙設計。

總結

本篇透過分析前端不同框架的中介軟體設計，剖析了中介軟體化這一重要思想。中介軟體化表示外掛程式化，這也是上一篇提到的分層思想的一種表現，同時，這種實現思想靈活且擴展能力強，能夠和核心邏輯相解耦。

第 19 章 軟體開發的靈活性和訂製性

在前面兩篇中，我們介紹了前端開發領域常見的開發模式和封裝思想，本篇將該主題昇華，聊一聊軟體開發的靈活性和訂製性這個話題。

業務需求是煩瑣多變的，因此開發靈活性至關重要，這直接決定了開發效率，而與靈活性相伴相生的話題就是訂製性。本篇主要從設計模式和函式思想入手，結合實際程式，闡釋靈活性和訂製性。

設計模式

設計模式——我認為這是一個「一言難盡」的概念。維基百科對設計模式的定義如下。

在軟體工程中，設計模式（Design Pattern）是針對軟體設計中普遍存在（反覆出現）的各種問題所提出的解決方案。這個術語是由埃裡希·伽瑪（Erich Gamma）等人在 20 世紀 90 年代從建築設計領域引入電腦科學領域的。設計模式並不是直接用來完成程式撰寫的，而是用於描述在各種不同情況下要怎麼解決問題的。

一般認為，設計模式有 23 種，這 23 種設計模式的本質是物件導向原則的實際運用，是對類別的封裝性、繼承性和多態性，以及類別的連結關係和組合關係的總結應用。

事實上，設計模式是一種經驗總結，它就是一套「兵法」，最終是為了獲得更好的程式重用性、可讀性、可靠性、可維護性。我認為理解設計模式不能只停留在理論上，而應該深入到實際應用當中。在平常的開發中，也許你不知道，但你已經在使用設計模式了。

代理模式

ES.next 提供的 Proxy 特性使代理模式的實現變得更加容易。關於 Proxy 特性的使用等基礎內容，這裡不再贅述，我們直接來看一些代理模式的應用場景。

一個常見的代理模式應用場景是，針對計算成本比較高的函式，可以透過對函式進行代理來快取函式對應參數的計算傳回結果。執行函式時優先使用快設定值，否則傳回計算值，程式如下。

```
const getCacheProxy = (fn, cache = new Map()) =>
  // 代理函式 fn
  new Proxy(fn, {
      // fn 的呼叫方法
    apply(target, context, args) {
      // 將呼叫參數字字串化，方便作為儲存 key
      const argsString = args.join(' ')
      // 判斷是否存在快取，如果存在，則直接傳回快設定值
      if (cache.has(argsString)) {
        return cache.get(argsString)
      }
      // 執行 fn 方法，得到計算結果
      const result = fn(...args)
      // 儲存相關計算結果
      cache.set(argsString, result)

      return result
    }
  })
```

利用上述思想，我們還可以很輕鬆地實現一個根據呼叫頻率進行截流的代理函式，程式如下。

```
const createThrottleProxy = (fn, timer) => {
  // 計算時間差
  let last = Date.now() - timer
  // 代理函式 fn
  return new Proxy(fn, {
        // 呼叫代理函式
    apply(target, context, args) {
      // 計算距離上次呼叫的時間差，如果大於 rate，則直接呼叫
      if (Date.now() - last >= rate) {
        fn(args)
        // 記錄此次呼叫時間
        last = Date.now()
      }
    }
  })
}
```

我們再看一個 jQuery 中的例子，jQuery 中的 $.proxy() 方法接收一個已有的函式，並傳回一個帶有特定上下文的新函式。比如向一個特定物件的元素增加事件回呼，程式如下。

```
$( "button" ).on( "click", function () {
  setTimeout(function () {
    $(this).addClass( "active" );
  });
});
```

上述程式中的 $(this) 是在 setTimeout 中執行的，不再是預期之中的「當前觸發事件的元素」，因此我們可以透過儲存 this 指向來找到當前觸發事件的元素。

```
$( "button" ).on( "click", function () {
  var that = $(this)
  setTimeout(function () {
    that.addClass( "active" );
```

```
  });
});
```

也可以使用 jQuey 中的代理方法，如下。

```
$( "button" ).on( "click", function () {
    setTimeout($.proxy( unction () {
        // 這裡的 this 指向正確
        $(this).addClass( "active" );
    }, this), 500);
});
```

其實，在 jQuery 原始程式中，$.proxy 的實現也並不困難。

```
proxy: function( fn, context ) {
  // ...

  // 模擬 bind 方法
  var args = slice.call(arguments, 2),
    proxy = function() {
      return fn.apply( context, args.concat( slice.call( arguments ) ) );
    };

  // 這裡主要是為了全域唯一，以便後續刪除
  proxy.guid = fn.guid = fn.guid || proxy.guid || jQuery.guid++;

  return proxy;
}
```

上述程式模擬了 bind 方法，以保證 this 上下文的指向準確。

事實上，代理模式在前端中的使用場景非常多。我們熟悉的 Vue.js 框架為了完成對資料的攔截和代理，以便結合觀察者模式對資料變化進行回應，在最新版本中也支援了 Proxy 特性，這些都是代理模式的典型應用。

裝飾者模式

簡單來說，裝飾者模式就是在不改變原物件的基礎上，對物件進行包裝和拓展，使原物件能夠應對更加複雜的需求。這有點像高階函式，因此在前端開發中很常見，範例如下。

```
import React, { Component } from 'react'
import {connect} from 'react-redux'
class App extends Component {
 render() {
  //...
 }
}
export default connect(mapStateToProps,actionCreators)(App);
```

在上述範例中，react-redux 類別庫中的 connect 方法對相關 React 元件進行包裝，以拓展新的 Props。另外，這種方法在 ant-design 中也有非常典型的應用，如下。

```
class CustomizedForm extends React.Component {}
CustomizedForm = Form.create({})(CustomizedForm)
```

如上面的程式所示，我們將一個 React 元件進行「裝飾」，使其獲得了表單元件的一些特性。

事實上，將上述兩種模式相結合，很容易衍生出 AOP 切面程式設計導向的理念，範例如下。

```
Function.prototype.before = function(fn) {
  // 函式本身
  const self = this
  return function() {
        // 執行 self 函式前需要執行的函式 fn
    fn.apply(new(self), arguments)
    return self.apply(new(self), arguments)
  }
}
```

```
Function.prototype.after = function(fn) {
  const self = this
  return function() {
       // 先執行 self 函式
    self.apply(new(self), arguments)
    // 執行 self 函式後需要執行的函式 fn
    return fn.apply(new(self), arguments)
  }
}
```

如上面的程式所示，我們對函式原型進行了擴展，在函式呼叫前後分別呼叫了相關的切面方法。一個典型的場景就是對表單提交值進行驗證，如下。

```
const validate = function(){
  // 表單驗證邏輯
}

const formSubmit = function() {
  // 表單提交邏輯
  ajax( 'http:// xxx.com/login', param )
}

submitBtn.onclick = function() {
  formSubmit.before( validate )
}
```

至此，我們對前端中常見的兩種設計模式進行了分析，實際上，在前端中還處處可見觀察者模式等經典設計模式的應用，我們將在下一篇中對這些內容說明。

函式思想

設計模式和物件導向相伴相生，而物件導向和函式思想「相互對立」、互為補充。函式思想在前端領域同樣應用頗多，這裡我們對函式思想的應用進行簡單說明。

函式組合的簡單應用

純函式：如果一個函式的輸入參數確定，輸出結果也是唯一確定的，那麼它就是純函式。

同時，需要強調的是，對於純函式而言，函式的內部邏輯是不能修改外部變數的，不能呼叫 Math.radom() 方法及發送非同步請求等，因為這些操作都具有不確定性，可能會產生副作用。

純函式是函式程式設計中最基本的概念，另一個基本概念是高階函式。高階函式表現了「函式是第一等公民」的思想，它是這樣一類函式——接收一個函式作為參數，傳回另一個函式。

我們來看一個例子：函式 filterLowerThan10 接收一個陣列作為參數，它會挑選出陣列中數值小於 10 的元素，所有符合條件的元素會組成新陣列並被傳回。

```
const filterLowerThan10 = array => {
    let result = []
    for (let i = 0, length = array.length; i < length; i++) {
        let currentValue = array[i]
        if (currentValue < 10) result.push(currentValue)
    }
    return result
}
```

對於另一個需求：挑選出陣列中的非數值元素，所有符合條件的元素會組成新陣列並被傳回。該需求可透過 filterNaN 函式實現，程式如下。

```
const filterNaN = array => {
    let result = []
    for (let i = 0, length = array.length; i < length; i++) {
        let currentValue = array[i]
        if (isNaN(currentValue)) result.push(currentValue)
    }
    return result
}
```

上面兩個函式都是比較典型的純函式，不夠優雅的一點是，filterLowerThan10 和 filterNaN 中都有遍歷的邏輯，都存在重複的 for 迴圈。它們本質上都需要遍歷一個清單，並用給定的條件過濾列表。那麼，我們能否用函式思想將遍歷和過濾過程解耦呢？

好在 JavaScript 對函式程式設計思想較為友善，我們使用 Filter 函式來實現，並進行一定程度的改造，程式如下。

```
const lowerThan10 = value => value < 10

[12, 3, 4, 89].filter(lowerThan10)
```

繼續延伸使用場景，如果輸入比較複雜，想先過濾出陣列中數值小於 10 的元素，需要保證陣列中的每一項都是 Number 類型的，此時可以使用下面的程式。

```
[12, 'sd', null, undefined, {}, 23, 45, 3, 6].filter(value=> !isNaN(value) && value !==
null).filter(lowerThan10)
```

curry 化和反 curry 化

繼續思考上面的例子，filterLowerThan10 透過硬寫程式寫了 10 作為設定值，我們用 curry 化思想將其改造，程式如下。

```
const filterLowerNumber = number => {
    return array => {
        let result = []
        for (let i = 0, length = array.length; i < length; i++) {
            let currentValue = array[i]
            if (currentValue < number) result.push(currentValue)
        }
        return result
    }
}

const filterLowerThan10 = filterLowerNumber(10)
```

curry 化（柯里化，又譯為卡瑞化或加里化），是指把接收多個參數的函式變成接收一個單一參數（最初函式的第一個參數）的函式，並傳回接收剩餘參數且傳回結果的新函式的過程。

curry 化的優勢非常明顯，如下。

- 提高重複使用性。
- 減少重複傳遞不必要的參數。
- 根據上下文動態建立函式。

其中，根據上下文動態建立函式也是一種惰性求值的表現，範例如下。

```
const addEvent = (function() {
    if (window.addEventListener) {
        return function (type, element, handler, capture) {
            element.addEventListener(type, handler, capture)
        }
    }
    else if (window.attachEvent){
        return function (type, element, fn) {
            element.attachEvent('on' + type, fn)
        }
    }
})()
```

這是一個典型的相容 IE9 瀏覽器事件 API 的例子，該範例根據相容性的偵測，充分利用 curry 化思想實現了需求。

那麼我們如何撰寫一個通用的 curry 化函式呢？下面我列出一種方案。

```
const curry = (fn, length) => {
        // 記錄函式的行參個數
    length = length || fn.length
    return function (...args) {
         // 當參數未滿時，遞迴呼叫
        if (args.length < length) {
            return curry(fn.bind(this, ...args), length - args.length)
        }
```

```
            // 參數已滿，執行 fn 函式
            else {
                return fn.call(this, ...args)
            }
        }
}
```

如果不想使用 bind 方法，另一種常規想法是對每次呼叫時產生的參數進行儲存。

```
const curry = fn =>
    judge = (...arg1) =>
        // 判斷參數是否已滿
        arg1.length >= fn.length
            ? fn(...arg1) // 執行函式
            : (...arg2) => judge(...arg1, ...arg2) // 將參數合併，繼續遞迴呼叫
```

對應 curry 化，還有一種反 curry 化思想：反 curry 化在於擴大函式的適用性，使本來只有特定物件才能使用的功能函式可以被任意物件使用。

有一個 UI 元件 Toast，簡化如下。

```
function Toast (options) {
    this.message = ''
}

Toast.prototype = {
    showMessage: function () {
        console.log(this.message)
    }
}
```

這樣的程式使得所有 Toast 實例均可使用 showMessage 方法，使用方式如下。

```
new Toast({message: 'show me'}).showMessage()
```

如果脫離元件場景，我們不想實現 Toast 實例，而使用 Toast.prototype.showMessage 方法，預期透過反 curry 化實現，則程式如下。

```
// 反 curry 化通用函式
// 核心實現思想是：先取出要執行 fn 方法的物件，標記為 obj1，同時從 arguments 中將其刪除，
// 在呼叫 fn 時，將 fn 執行上下文環境改為 obj1
const unCurry = fn => (...args) => fn.call(...args)

const obj = {
    message: 'uncurry test'
}

const unCurryShowMessaage = unCurry(Toast.prototype.showMessage)

unCurryShowMessaage(obj)
```

以上是正常函式的反 curry 化實現。我們也可以將反 curry 化通用函式掛載在函式原型上，如下。

```
// 將反 curry 化通用函式掛載在函式原型上
Function.prototype.unCurry = !Function.prototype.unCurry || function () {
    const self = this
    return function () {
        return Function.prototype.call.apply(self, arguments)
    }
}
```

當然，我們也可以借助 bind 方法實現。

```
Function.prototype.unCurry = function() {
  return this.call.bind(this)
}
```

透過下面這個例子，我們可以更好理解反 curry 化的核心思想。

```
// 將 Array.prototype.push 反 curry 化，實現一個適用於物件的 push 方法
const push = Array.prototype.push.unCurry()

const test = { foo: 'lucas' }
```

```
push(test, 'messi', 'ronaldo', 'neymar')
console.log(test)

// {0: "messi", 1: "ronaldo", 2: "neymar", foo: "lucas", length: 3}
```

反 curry 化的核心思想就在於，利用第三方物件和上下文環境「強行改命，為我所用」。

最後我們再看一個例子，將物件原型上的 toString 方法「為我所用」，實現了一個更普遍適用的資料型態檢測函式，如下。

```
// 利用反 curry 化，建立一個檢測資料型態的函式 checkType
let checkType = uncurring(Object.prototype.toString)

checkType('lucas'); // [object String]
```

總結

本篇從設計模式和函式思想入手，分析了如何在程式設計中做到靈活性和訂製性，並透過大量的實例來強化思想，鞏固認識。

事實上，前端領域中的靈活性和訂製性開發程式方案和其他領域的相關思想是完全一致的，設計模式和函式思想具有「普適意義」，我們將在下一篇中繼續延伸討論這個話題。

第20章 理解前端中的物件導向思想

「物件」這個概念在程式設計中非常重要，任何語言的開發者都應該具有物件導向思維，這樣才能有效運用物件。良好的物件導向系統設計是應用具有穩健性、可維護性和可擴展性的關鍵。反之，如果物件導向設計環節有失誤，專案將面臨災難。

說到 JavaScript 物件導向，它實質是基於原型的物件系統，而非基於類別的。這是設計之初由語言所決定的。隨著 ES Next 標準的進化和新特性的增加，JavaScript 物件導向更加貼近其他傳統物件導向語言。目睹程式語言的發展和變遷，伴隨著其成長，我認為這是開發者之幸。

本篇將深入物件和原型，理解 JavaScript 的物件導向思想。請注意，本篇的內容偏向進階，要求讀者具有一定的知識儲備。

實現 new 沒有那麼容易

說起 JavaScript 中的 new 關鍵字，有一段很有趣的歷史。其實，JavaScript 的創造者 Brendan Eich 實現 new 是為了讓語言獲得更高的流行度，它是強行學習 Java 的殘留產出。當然，也有很多人認為這個設計掩蓋了 JavaScript 中真正的原型繼承，更像是基於類別的繼承。

這樣的誤會使得很多傳統 Java 開發者並不能極佳地理解 JavaScript。實際上，我們前端工程師應該知道 new 關鍵字到底做了什麼事情。

- 建立一個空白物件，這個物件將作為執行 new 建構函式之後傳回的物件實例。
- 將上面建立的空白物件的原型（__proto__）指向建構函式的 prototype 屬性。
- 將這個空白物件賦值給建構函式內部的 this，並執行建構函式邏輯。
- 根據建構函式的執行邏輯，傳回第一步建立的物件或建構函式的顯式傳回值。

因為 new 是 JavaScript 的關鍵字，因此我們要實現一個 newFunc 來模擬 new 這個關鍵字。預計的實現方式如下。

```
function Person(name) {
  this.name = name
}

const person = new newFunc(Person, 'lucas')

console.log(person)

// {name: "lucas"}
```

具體的實現如下。

```
function newFunc(...args) {
  // 取出 args 陣列第一個參數，即目標建構函式
  const constructor = args.shift()

  // 建立一個空白物件，且這個空白物件繼承建構函式的 prototype 屬性，
  // 即實現 obj.__proto__ === constructor.prototype
  const obj = Object.create(constructor.prototype)

  // 執行建構函式，得到建構函式的傳回結果
  // 注意，這裡我們使用 apply，將建構函式內的 this 指向 obj
```

```
  const result = constructor.apply(obj, args)

  // 如果建構函式執行後，傳回結果是物件類型，就直接傳回，否則傳回 obj 物件
  return (typeof result === 'object' && result != null) ? result : obj
}
```

上述程式並不複雜，有幾個關鍵點需要注意。

- 使用 Object.create 將 obj 的 __proto__ 指向建構函式的 prototype 屬性。
- 使用 apply 方法將建構函式內的 this 指向 obj。
- 在 newFunc 傳回時，使用三目運算子決定傳回結果。

我們知道，建構函式如果有顯式傳回值且傳回值為物件類型，那麼建構函式的傳回結果不再是目標實例，範例如下。了解這些注意點，理解 newFunc 的實現就不再困難了。

```
function Person(name) {
  this.name = name
  return {1: 1}
}

const person = new Person(Person, 'lucas')

console.log(person)

// {1: 1}
```

如何優雅地實現繼承

實現繼承是物件導向的重點概念。前面提到過 JavaScript 的物件導向系統是基於原型的，它的繼承不同於其他大多數語言。社區中講解 JavaScript 繼承的資料不在少數，這裡不再贅述每一種繼承方式的實現過程，需要各位讀者提前了解。

ES5 相對可用的繼承方法

在本節中，我們僅總結以下 JavaScript 中實現繼承的關鍵點。

如果想讓 Child 繼承 Parent，那麼採用原型鏈實現繼承的方法如下。

```
Child.prototype = new Parent()
```

對於這樣的實現，不同 Child 實例的 __proto__ 會引用同一 Parent 實例。

透過建構函式實現繼承的方法如下。

```
function Child (args) {
    // ...
    Parent.call(this, args)
}
```

這樣的實現問題也比較大，其實只是實現了實例屬性的繼承，Parent 原型的方法在 Child 實例中並不可用。基於此，組合上述兩種方法實現繼承，可使 Parent 原型的方法在 Child 實例中可用，範例如下。

```
function Child (args1, args2) {
    // ...
    this.args2 = args2
    Parent.call(this, args1)
}
Child.prototype = new Parent()
Child.prototype.constrcutor = Child
```

上述程式的問題在於，Child 實例中會存在 Parent 的實例屬性。因為我們在 Child 建構函式中執行了 Parent 建構函式。同時，Child 的 __proto__ 中也會存在同樣的 Parent 的實例屬性，且所有 Child 實例的 __proto__ 指向同一記憶體位址。另外，上述程式也沒有實現對靜態屬性的繼承。

還有一些其他不完美的繼承方法，這裡不再過多介紹。

下面我們列出一個比較完整的繼承方法，它解決了上述一系列的問題，程式如下。

```
function inherit(Child, Parent) {
     // 繼承原型上的屬性
    Child.prototype = Object.create(Parent.prototype)

     // 修復 constructor
    Child.prototype.constructor = Child

    // 儲存超類別
    Child.super = Parent

    // 繼承靜態屬性
    if (Object.setPrototypeOf) {
        // setPrototypeOf es6
        Object.setPrototypeOf(Child, Parent)
    } else if (Child.__proto__) {
        // __proto__，ES6 引入，但是部分瀏覽器早已支援
        Child.__proto__ = Parent
    } else {
        // 相容 IE10 等陳舊瀏覽器
        // 將 Parent 上的靜態屬性和方法複製到 Child 上，不會覆蓋 Child 上的方法
        for (var k in Parent) {
            if (Parent.hasOwnProperty(k) && !(k in Child)) {
                Child[k] = Parent[k]
            }
        }
    }

}
```

具體原理已經包含在了註釋當中。需要指出的是，上述靜態屬性繼承方式仍然存在一個問題：在陳舊的瀏覽器中，屬性和方法的繼承是靜態複製實現的，繼承完成後，後續父類別的改動不會自動同步到子類別。這是不同於正常物件導向思想的，但是這種組合式繼承方法相對更完美、優雅。

繼承 Date 物件

值得一提的細節是，前面幾種繼承方法無法繼承 Date 物件。我們來進行測試，如下。

```
function DateConstructor() {
    Date.apply(this, arguments)
    this.foo = 'bar'
}

inherit(DateConstructor, Date)

DateConstructor.prototype.getMyTime = function() {
    return this.getTime()
};

let date = new DateConstructor()

console.log(date.getMyTime())
```

執行上述測試程式，將得到顯示出錯「Uncaught TypeError: this is not a Date object.」。

究其原因，是因為 JavaScript 的 Date 物件只能透過令 JavaScript Date 作為建構函式並透過實例化而獲得。因此 V8 引擎實現程式中就一定有所限制，如果發現呼叫 getTime() 方法的物件不是 Date 建構函式建構出來的實例，則拋出錯誤。

那麼如何實現對 Date 物件的繼承呢？方法如下。

```
function DateConstructor() {
    var dateObj = new(Function.prototype.bind.apply(Date,
     [Date].concat(Array.prototype.slice.call(arguments))))()

    Object.setPrototypeOf(dateObj, DateConstructor.prototype)

    dateObj.foo = 'bar'
```

```
    return dateObj
}

Object.setPrototypeOf(DateConstructor.prototype, Date.prototype)

DateConstructor.prototype.getMyTime = function getTime() {
    return this.getTime()
}

let date = new DateConstructor()

console.log(date.getMyTime())
```

我們來分析一下程式，呼叫建構函式 DateConstructor 傳回的物件 dateObj 如下。

```
dateObj.__proto__ === DateConstructor.prototype
```

而我們透過

```
Object.setPrototypeOf(DateConstructor.prototype, Date.prototype)
```

方法，實現了下面的效果。

```
DateConstructor.prototype.__proto__ === Date.prototype
```

所以，連起來如下。

```
date.__proto__.__proto__ === Date.prototype
```

繼續分析，DateConstructor 建構函式傳回的 dateObj 是一個真正的 Date 物件，原因如下。

```
var dateObj = new(Function.prototype.bind.apply(Date, [Date].concat(Array.prototype.
slice.call(arguments))))()var dateObj = new(Function.prototype.bind.apply(Date,
[Date].concat(Array.prototype.slice.call(arguments))))()
```

它是由 Date 建構函式實例化出來的，因此它有權呼叫 Date 原型上的方法，而不會被引擎限制。

整個實現過程透過更改原型關係，在建構函式裡呼叫原生建構函式 Date 並傳回其實例的方法，「欺騙」了瀏覽器。這樣的做法比較取巧，但其副作用是更改了原型關係，同時會干擾瀏覽器的某些最佳化操作。

那麼有沒有更加「體面」的方式呢？其實隨著 ES6 class 的推出，我們完全可以直接使用 extends 關鍵字實現 Date 物件的繼承，範例如下。

```
class DateConstructor extends Date {
    constructor() {
        super()
        this.foo ='bar'
    }
    getMyTime() {
        return this.getTime()
    }
}

let date = new DateConstructor()
```

上面的方法可以完美執行，結果如下。

```
date.getMyTime()
// 1558921640586
```

直接在支援 ES6 class 的瀏覽器中使用上述程式完全沒有問題，可是專案大部分是使用 Babel 進行編譯的。按照 Babel 編譯 class 的方法，執行後仍然會得到顯示出錯「Uncaught TypeError: this is not a Date object.」，因此我們可以得知，Babel 並沒有對繼承 Date 物件進行特殊處理，無法做到相容。

jQuery 中的物件導向思想

本節，我們將從 jQuery 原始程式架構設計入手，分析一下基本的原型及原型鏈知識如何在 jQuery 原始程式中發揮作用，進而理解 jQuery 中的物件導向思想。

你可能會想：什麼？這都哪一年了，你還在說 jQuery ？其實優秀的思想是永遠不過時的，研究清楚 jQuery 的設計思想，仍然會令我們受益匪淺。

我們從一個問題開始。透過以下兩個方法，我們都能得到一個陣列。

```
// 方法一
const pNodes = $('p')
// 方法二
const divNodes= $('div')
```

我們也可以透過以下方法實現上述功能。

```
const pNodes = $('p')
pNodes.addClass('className')
```

陣列上為什麼沒有 addClass 方法？這個問題先放在一邊。我們想一想：$ 是什麼？你的第一反應可能是：這是一個函式。因此，我們採用以下方式呼叫執行。

```
$('p')
```

但是你一定又見過下面這樣的使用方式。

```
$.ajax()
```

所以，$ 又是一個物件，它有 Ajax 的靜態方法，範例如下。

```
// 建構函式
function $() {


}

$.ajax = function () {
    // ...
}
```

實際上，我們分析 jQuery 原始程式架構會發現以下內容（具體內容有刪減和改動）。

```
var jQuery = (function(){
    var $

    // ...

    $ = function(selector, context) {
        return function (selector, context) {
            var dom = []
            dom.__proto__ = $.fn

            // ...

            return dom
        }
    }

    $.fn = {
        addClass: function() {
            // ...
        },
        // ...
    }

    $.ajax = function() {
        // ...
    }

    return $
})()

window.jQuery = jQuery
window.$ === undefined && (window.$ = jQuery)
```

順著原始程式分析，當呼叫 $('p') 時，最終傳回的是 dom，而 dom.__proto__ 指向了 $.fn，$.fn 是包含多種方法的物件集合。因此，傳回結果的原型鏈上存在 addClass 這樣的方法。同理，$('span') 也不例外，任何實例都不例外。

```
$('span').__proto__ === $.fn
```

同時，ajax() 方法直接掛載在建構函式 $ 上，它是一個靜態屬性方法。

請仔細體會 jQuery 的原始程式，其實「翻譯」成 ES class 程式就很好理解了（不完全對等）。

```
class $ {
  static ajax() {
    // ...
  }

  constructor(selector, context) {
    this.selector = selector
    this.context = context

    // ...
  }

  addClass() {
    //  ...
  }
}
```

這個應用雖然並不複雜，但還是很微妙地表現出了物件導向的設計之精妙。

類別繼承和原型繼承的區別

前面我們已經了解了 JavaScript 中的原型繼承，那麼它和傳統物件導向語言的類別繼承有什麼不同呢？傳統物件導向語言的類別繼承會引發一些問題，具體如下。

- 單一繼承問題。
- 緊耦合問題。
- 脆弱基礎類別問題。
- 層級僵化問題。

- 必然重複性問題。
- 「大猩猩 - 香蕉」問題。

基於上述理論，我借用 Eric Elliott 的著名文章 Difference between class prototypal inheritance 來說明類別繼承和原型繼承的優劣，先來看圖 20-1。

透過圖 20-1 可以看出一些問題，對於類別 8，它只想繼承五邊形的屬性，卻繼承了鏈上其他並不需要的屬性，比如五角星、正方形屬性。這就是「大猩猩 - 香蕉」問題：我只想要一個香蕉，但是你給了我整個森林。對於類別 9，對比其父類別，只需要把五角星屬性修改成四角星，但是五角星繼承自基礎類別 1，如果要修改，就會影響整個繼承樹，這表現了脆弱基礎類別、層級僵化問題。好，如果不修改，就需要給類別 9 新建一個具有四角星屬性的基礎類別，這便是必然重複性問題。

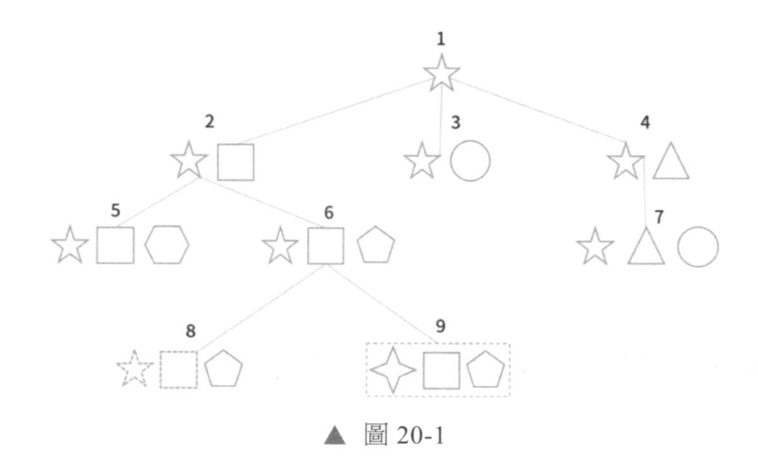

▲ 圖 20-1

那麼基於原型的繼承如何解決上述問題呢？想法如圖 20-2 所示。

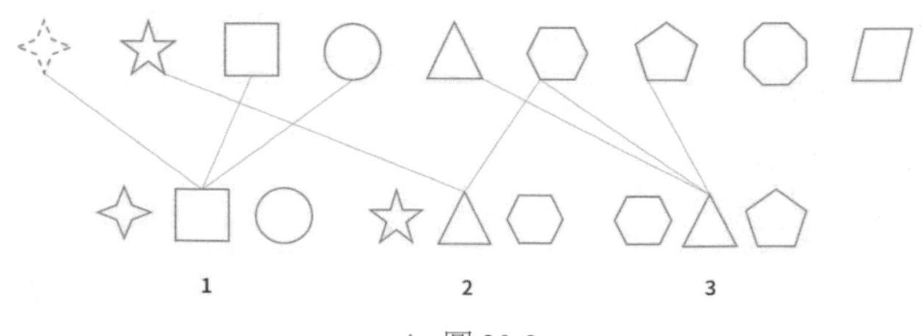

▲ 圖 20-2

採用原型繼承，其實本質是進行物件組合，可以避免複雜縱深的層級關係。當類別 1 需要四角星屬性的時候，只需要組合新屬性即可，不會影響到其他類別。

總結

物件導向是一個永遠說不完的話題，更是一個永遠不會過時的話題，具備良好的物件導向架構能力，對開發者來說至關重要。同時，由於 JavaScript 物件導向的特殊性，使它區別於其他語言，顯得「與眾不同」。我們在了解 JavaScript 原型、原型鏈知識的前提下，對比其他程式語言的思想進行學習，就變得非常重要和有意義了。

第 21 章 利用 JavaScript 實現經典資料結構

前面幾篇從程式設計思維的角度分析了軟體設計哲學。從本篇開始，我們將深入資料結構這個話題。

資料結構是電腦中組織和儲存資料的特定方式，借助資料結構能方便且高效率地對資料進行存取和修改。資料結構表現了資料之間的關係，以及操作資料的一系列方法。資料是程式的基本單元，因此無論哪種語言、哪種領域，都離不開資料結構。另一方面，資料結構是演算法的基礎，其本身也包含了演算法的部分內容。也就是說，想要掌握演算法，有一個堅實的資料結構基礎是必要條件。

本篇，我們將用 JavaScript 實現幾個常見的資料結構。

資料結構簡介

我通常將資料結構分為八大類。

- 陣列：Array。
- 堆疊：Stack。

- 佇列：Queue。
- 鏈結串列：Linked List。
- 樹：Tree。
- 圖：Graph。
- 字典樹：Trie。
- 散列表（雜湊表）：Hash Table。

各類資料結構之間的關係大概如下。

- 堆疊和佇列是類似陣列的結構，非常多的初級題目要求用陣列實現堆疊和佇列，它們在插入和刪除的方式上和陣列有所差異，但是實現還是非常簡單的。
- 鏈結串列、樹和圖這些資料結構的特點是，其節點需要引用其他節點，因此在增 / 刪時，需要注意對相關前驅和後繼節點的影響。
- 可以從堆疊和佇列出發，建構出鏈結串列。
- 樹和圖最為複雜，但它們本質上擴展了鏈結串列的概念。
- 散列表的關鍵是理解散列函式，明白相依散列函式實現儲存和定位資料的過程。
- 直觀上認為，鏈結串列適合記錄和儲存資料，散清單和字典樹在檢索資料及搜尋方面有更廣闊的應用場景。

以上這些「直觀感性」的認知並不是「恒等式」，我們將在下面的學習中去印證這些認知，在接下來的兩篇中，你將看到熟悉的 React、Vue.js 框架的部分實現，以及典型的演算法應用場景，也請你做好相關基礎知識的儲備。

堆疊和佇列

堆疊和佇列是一種操作受限的線性結構，它們非常簡單，雖然 JavaScript 並沒有原生內建這樣的資料結構，但我們可以使用陣列輕鬆地將它們模擬出來。

堆疊的實現：後進先出 LIFO（Last In、First Out），程式如下。

```
class Stack {
  constructor(...args) {
        // 使用陣列進行模擬
    this.stack = [...args]
  }

  push(...items) {
        // 存入堆疊
    return this.stack.push(... items)
  }

  pop() {
       // 移出堆疊，從陣列尾部彈出一項
    return this.stack.pop()
  }

  peek() {
    return this.isEmpty()
        ? undefined
        : this.stack[this.size() - 1]
  }

  isEmpty() {
    return this.size() == 0
  }

  size() {
    return this.stack.length
  }
}
```

佇列的實現：先進先出 FIFO（First In、First Out），根據上面的程式「照葫蘆畫瓢」，如下。

```
class Queue {
  constructor(...args) {
        // 使用陣列進行模擬
```

```
    this.queue = [...args]
  }

  enqueue(...items) {
    // 加入佇列
    return this.queue.push(... items)
  }

  dequeue() {
    // 出隊
    return this.queue.shift()
  }

  front() {
    return this.isEmpty()
        ? undefined
        : this.queue[0]
  }

  back() {
    return this.isEmpty()
        ? undefined
        : this.queue[this.size() - 1]
  }

  isEmpty() {
    return this.size() == 0
  }

  size() {
    return this.queue.length
  }
}
```

我們可以看到，不管是堆疊還是佇列，都是用陣列進行模擬實現的。陣列是最基本的資料結構，它的價值是驚人的。

鏈結串列（單向鏈結串列和雙向鏈結串列）

鏈結串列和陣列一樣，也按照一定的連序儲存元素，不同的地方在於，鏈結串列不能像陣列一樣透過下標被存取，而是要透過「指標」指向下一個元素。我們可以直觀地得出結論：鏈結串列不需要一段連續的儲存空間，「指向下一個元素」的方式能夠更大限度地利用記憶體。

根據上述內容，我們可以總結出鏈結串列的優點。

- 鏈結串列的插入和刪除操作的時間複雜度是常數級的，我們只需要改變相關節點的指標指向即可。
- 鏈結串列可以像陣列一樣順序被存取，查詢元素的時間複雜度是線性變化的。

要想實現鏈結串列，我們需要先對鏈結串列進行分類，常見的有單向鏈結串列和雙向鏈結串列。

- 單向鏈結串列：單向鏈結串列是維護一系列節點的資料結構，其特點是，每個節點中都包含資料，同時包含指向鏈結串列中下一個節點的指標。
- 雙向鏈結串列：不同於單向鏈結串列，雙向鏈結串列的特點是，每個節點分支除了包含資料，還包含分別指向其前驅和後繼節點的指標。

首先，根據雙向鏈結串列的特點，我們實現一個節點建構函式（節點類別），程式如下。

```
class Node {
    constructor(data) {
        // data 為當前節點儲存的資料
        this.data = data
        // next 指向下一個節點
        this.next = null
        // prev 指向前一個節點
        this.prev = null
    }
}
```

有了節點類別，我們來初步實現雙向鏈結串列類別，程式如下。

```
class DoublyLinkedList {
    constructor() {
        // 雙向鏈結串列開頭
        this.head = null
        // 雙向鏈結串列結尾
        this.tail = null
    }

    // ...
}
```

接下來，我們需要實現雙向鏈結串列原型上的一些方法，這些方法包括以下幾種。

1. add

在鏈結串列尾部增加一個新的節點，實現如下。

```
add(item) {
  // 實例化一個節點
  let node = new Node(item)

  // 如果當前鏈結串列還沒有頭節點
  if(!this.head) {
    this.head = node
    this.tail = node
  }

  // 如果當前鏈結串列已經有了頭節點，只需要在尾部加上目標節點
  else {
    // 把當前的尾部節點作為新節點的 prev
    node.prev = this.tail
    // 把當前尾部節點的 next 設置為目標節點 node
    this.tail.next = node
    this.tail = node
  }
}
```

2. addAt

在鏈結串列指定位置增加一個新的節點，實現如下。

```
addAt(index, item) {
   let current = this.head

   // 維護查詢時當前節點的索引
   let counter = 1
   let node = new Node(item)

   // 頭部插入
   if (index === 0) {
     this.head.prev = node
     node.next = this.head
     this.head = node
   }

   // 非頭部插入，需要從頭開始，找尋插入位置
   else {
     while(current) {
      current = current.next
      if( counter === index) {
        node.prev = current.prev
        current.prev.next = node
        node.next = current
        current.prev = node
      }
      counter++
    }
  }
}
```

3. remove

刪除鏈結串列中指定資料專案對應的節點，實現如下。

```
remove(item) {
  let current = this.head
```

```
  while (current) {
    // 找到了目標節點
    if (current.data === item ) {
      // 鏈結串列中只有當前目標節點，即目標節點既是鏈結串列頭又是鏈結串列尾
      if (current == this.head && current == this.tail) {
        this.head = null
        this.tail = null
      }
      // 目標節點為鏈結串列頭
      else if (current == this.head ) {
        this.head = this.head.next
        this.head.prev = null
      }
      // 目標節點為鏈結串列尾
      else if (current == this.tail ) {
        this.tail = this.tail.prev;
        this.tail.next = null;
      }
      // 目標節點在鏈結串列頭尾之間，位於中部
      else {
        current.prev.next = current.next;
        current.next.prev = current.prev;
      }
    }
    current = current.next
  }
}
```

4. removeAt

刪除鏈結串列中指定位置的節點，實現如下。

```
removeAt(index) {
  // 從頭開始遍歷
  let current = this.head
  let counter = 1

  // 刪除鏈結串列頭
  if (index === 0 ) {
```

```
    this.head = this.head.next
    this.head.prev = null
  }
  else {
    while(current) {
      current = current.next
      // 刪除鏈結串列尾
      if (current == this.tail) {
        this.tail = this.tail.prev
        this.tail.next = null
      }
      else if (counter === index) {
        current.prev.next = current.next
        current.next.prev = current.prev
        break
      }
      counter++
    }
  }
}
```

5. reverse

翻轉鏈結串列，實現如下。

```
reverse() {
  let current = this.head
  let prev = null

  while (current) {
    let next = current.next

    // 前後倒置
    current.next = prev
    current.prev = next
    prev = current
    current = next
  }
```

```
  this.tail = this.head
  this.head = prev
}
```

6. swap

交換兩個節點的資料，實現如下。

```
swap(index1, index2) {
  // 使 index1 始終小於 index2，方便後面查詢交換
  if (index1 > index2) {
    return this.swap(index2, index1)
  }

  let current = this.head
  let counter = 0
  let firstNode

  while(current !== null) {
    // 找到第一個節點，先存起來
    if (counter === index1 ){
        firstNode = current
    }

    // 找到第二個節點，進行資料交換
    else if (counter === index2) {
      // ES 標準提供了更為簡潔的交換資料的方式，這裡我們用傳統方式實現更為直觀
      let temp = current.data
      current.data = firstNode.data
      firstNode.data = temp
    }

    current = current.next
    counter++
  }
  return true
}
```

7. isEmpty

查詢鏈結串列是否為空，實現如下。

```
isEmpty() {
  return this.length() < 1
}
```

8. length

查詢鏈結串列的長度，實現如下。

```
length() {
  let current = this.head
  let counter = 0
  // 完整遍歷鏈結串列
  while(current !== null) {
    counter++
    current = current.next
  }
  return counter
}
```

9. traverse

遍歷鏈結串列，實現如下。

```
traverse(fn) {
  let current = this.head

  while(current !== null) {
    // 執行遍歷時回呼
    fn(current)
    current = current.next
  }
  return true
}
```

如上面的程式所示，有了 length 方法的遍歷實現，traverse 也就不難理解了，它接收一個遍歷執行函式，在 while 迴圈中進行呼叫。

10. find

查詢某個節點的索引，實現如下。

```
find(item) {
  let current = this.head
  let counter = 0

  while( current ) {
    if( current.data == item ) {
      return counter
    }
    current = current.next
    counter++
  }
  return false
}
```

至此，我們就實現了所有雙向鏈結串列的方法。雙向鏈結串列的實現並不複雜，在撰寫程式的過程中，開發者要做到心中有「表」，考慮到當前節點的 next 和 prev 設定值。

樹

前端開發者應該對樹這個資料結構絲毫不陌生，不同於之前介紹的所有資料結構，樹是非線性的。樹儲存的資料之間有明確的層級關係，因此對於維護具有層級關係的資料，樹是一個天然的良好選擇。

事實上，樹有很多種分類，但是它們都具有以下特性。

- 除了根節點，所有的節點都有一個父節點。
- 每個節點都可以有若干子節點，如果沒有子節點，則稱此節點為葉子節點。

- 一個節點所擁有的葉子節點的個數，稱為該節點的度，因此葉子節點的度為 0。
- 所有節點的度中，最大的數值為整棵樹的度。
- 樹的最大層級稱為樹的深度。

二元樹算是最基本的樹，因為它的結構最簡單，每個節點最多包含兩個子節點。二元樹非常有用，根據二元樹，我們可以延伸得到二元搜尋樹（BST）、平衡二元搜尋樹（AVL）、紅黑樹（R/B Tree）等。

這裡我們對二元搜尋樹展開分析，二元搜尋樹具有以下特性。

- 左子樹上所有節點的值均小於或等於根節點的值。
- 右子樹上所有節點的值均大於或等於根節點的值。
- 左、右子樹也分別為二元搜尋樹。

根據其特性，我們實現二元搜尋樹時應該先建構一個節點類別，程式如下。

```
class Node {
  constructor(data) {
    this.left = null
    this.right = null
    this.value = data
  }
}
```

基於此，我們實現二元搜尋樹的不同方法，具體如下。

1. insert

插入一個新節點，實現如下。

```
insert(value) {
    let newNode = new Node(value)
    // 判讀是否為根節點
    if (!this.root) {
      this.root = newNode
```

```
    } else {
      // 不是根節點，則直接呼叫 this.insertNode 方法
      this.insertNode(this.root, newNode)
    }
}
```

2. insertNode

根據父節點，插入一個子節點，實現如下。

```
insertNode(root, newNode) {
  // 根據待插入節點的值的大小，遞迴呼叫 this.insertNode 方法
  if (newNode.value < root.value) {
    (!root.left) ? root.left = newNode : this.insertNode(root.left, newNode)
  } else {
    (!root.right) ? root.right = newNode : this.insertNode(root.right, newNode)
  }
}
```

理解上述兩個方法是理解二元搜尋樹的關鍵，如果你理解了這兩個方法的實現，下面的其他方法也就「不在話下」了。

可以看到，insertNode 方法先比較目標父節點和插入子節點的值，如果插入子節點的值更小，則考慮放到父節點的左邊，接著遞迴呼叫 this.insertNode(root.left, newNode)；如果插入子節點的值更大，則考慮放到父節點的右邊，接著遞迴呼叫 this.insertNode(root.left, newNode)。insert 方法與 insertNode 方法相比只是多了一個建構 Node 節點實例的步驟，接下來要區分有無父節點的情況，呼叫 this.insertNode 方法。

3. removeNode

根據一個父節點，刪除一個子節點，實現如下。

```
removeNode(root, value) {
    if (!root) {
      return null
    }
```

```
    if (value < root.value) {
      root.left = this.removeNode(root.left, value)
      return root
    } else if (value > root.value) {
      root.right = tis.removeNode(root.right, value)
      return root
    } else {
      // 找到了需要刪除的節點
      // 如果當前 root 節點無左右子節點
      if (!root.left && !root.right) {
        root = null
        return root
      }
      // 只有左子節點
      if (root.left && !root.right) {
        root = root.left
        return root
      }
      // 只有右子節點
      else if (root.right) {
        root = root.right
        return root
      }
      // 有左右兩個子節點
      let minRight = this.findMinNode(root.right)
      root.value = minRight.value
      root.right = this.removeNode(root.right, minRight.value)
      return root
    }
  }
```

4. remove

刪除一個節點，實現如下。

```
remove(value) {
    if (this.root) {
      this.removeNode(this.root, value)
    }
}
```

```
// 找到值最小的節點
// 該方法不斷遞迴，直到找到最左的葉子節點
findMinNode(root) {
    if (!root.left) {
      return root
    } else {
      return this.findMinNode(root.left)
    }
}
```

上述程式不難理解，唯一需要說明的是，當需要刪除的節點含有左右兩個子節點時，因為我們要把當前節點刪除，因此需要找到合適的「補位」節點，這個「補位」節點一定在該目標節點的右子樹當中，這樣才能保證「補位」節點的值一定大於該目標節點左子樹所有節點的值，而該目標節點的左子樹不需要調整；同時，為了保證「補位」節點的值一定小於該目標節點右子樹所有節點的值，要找的「補位」節點其實就是該目標節點的右子樹當中值最小的那個節點。

5. search

查詢節點，實現如下。

```
search(value) {
    if (!this.root) {
      return false
    }
    return Boolean(this.searchNode(this.root, value))
}
```

6. searchNode

根據一個父節點查詢子節點，實現如下。

```
searchNode(root, value) {
    if (!root) {
      return null
    }
```

```
    if (value < root.value) {
      return this.searchNode(root.left, value)
    } else if (value > root.value) {
      return this.searchNode(root.right, value)
    }

    return root
}
```

7. preOrder

前序遍歷，實現如下。

```
preOrder(root) {
    if (root) {
      console.log(root.value)
      this.preOrder(root.left)
      this.preOrder(root.right)
    }
}
```

8. InOrder

中序遍歷，實現如下。

```
inOrder(root) {
    if (root) {
      this.inOrder(root.left)
      console.log(root.value)
      this.inOrder(root.right)
    }
}
```

9. PostOrder

後續遍歷，實現如下。

```
postOrder(root) {
    if (root) {
```

```
      this.postOrder(root.left)
      this.postOrder(root.right)
      console.log(root.value)
    }
}
```

上述前、中、後序遍歷的區別其實就在於 console.log(root.value) 方法執行的位置不同。

圖

圖是由具有邊的節點組合而成的資料結構，圖可以是定向的，也可以是不定向的。圖是應用最廣泛的資料結構之一，真實場景中處處有圖。圖的幾種基本元素如下。

- Node：節點。
- Edge：邊。
- |V|：圖中節點的總數。
- |E|：圖中邊的總數。

這裡我們主要實現一個定向圖 Graph 類別，程式如下。

```
class Graph {
  constructor() {
        // 使用 Map 資料結構表述圖中頂點的關係
    this.AdjList = new Map()
  }
}
```

先透過建立節點來建立一個圖，如下。

```
let graph = new Graph();
graph.addVertex('A')
graph.addVertex('B')
graph.addVertex('C')
graph.addVertex('D')
```

下面我們來實現圖中的各種常用方法。

1. addVertex

增加節點，實現如下。

```
addVertex(vertex) {
  if (!this.AdjList.has(vertex)) {
    this.AdjList.set(vertex, [])
  } else {
    throw 'vertex already exist!'
  }
}
```

這時候，A、B、C、D 節點都對應一個陣列，如下。

```
  'A' => [],
  'B' => [],
  'C' => [],
  'D' => []
```

陣列將用來儲存邊，預計得到以下關係。

```
Map {
  'A' => ['B', 'C', 'D'],
  'B' => [],
  'C' => ['B'],
  'D' => ['C']
}
```

根據以上描述，其實已經可以把圖畫出來了。

2. addEdge

增加邊，實現如下。

```
addEdge(vertex, node) {
   if (this.AdjList.has(vertex)) {
     if (this.AdjList.has(node)){
```

```
        let arr = this.AdjList.get(vertex)
        if (!arr.includes(node)){
          arr.push(node)
        }
      } else {
        throw 'Can't add non-existing vertex ->'${node}''
      }
    } else {
      throw 'You should add '${vertex}' first'
    }
}
```

3. print

列印圖，實現如下。

```
print() {
  // 使用 for...of 遍歷並列印 this.AdjList
  for (let [key, value] of this.AdjList) {
    console.log(key, value)
  }
}
```

剩下的內容就是遍歷圖了。遍歷演算法分為廣度優先演算法（BFS）和深度優先演算法（DFS）。

BFS 的實現如下。

```
createVisitedObject() {
  let map = {}
  for (let key of this.AdjList.keys()) {
    arr[key] = false
  }
  return map
}

bfs (initialNode) {
  // 建立一個已存取節點的 map
  let visited = this.createVisitedObject()
```

```
  // 模擬一個佇列
  let queue = []

  // 第一個節點已存取
  visited[initialNode] = true
  // 第一個節點入佇列
  queue.push(initialNode)

  while (queue.length) {
    let current = queue.shift()
    console.log(current)

    // 獲得該節點與其他節點的關係
    let arr = this.AdjList.get(current)

    for (let elem of arr) {
      // 如果當前節點沒有存取過
      if (!visited[elem]) {
        visited[elem] = true
        queue.push(elem)
      }
    }
  }
}
```

如上面的程式所示，BFS 是一種利用佇列實現的搜尋演算法。對圖來說，就是從起點出發，對於每次出佇列的節點，都要遍歷其四周的節點。因此，BFS 的實現步驟如下。

- 確定起始節點，並初始化一個空白物件——visited。
- 初始化一個空陣列，該陣列將模擬一個佇列。
- 將起始節點標記為已存取。
- 將起始節點放入佇列。
- 迴圈直到佇列為空。

DFS 的實現如下。

```
createVisitedObject() {
  let map = {}
  for (let key of this.AdjList.keys()) {
    arr[key] = false
  }
  return map
}
 // 深度優先演算法
 dfs(initialNode) {
    let visited = this.createVisitedObject()
    this.dfsHelper(initialNode, visited)
  }

  dfsHelper(node, visited) {
    visited[node] = true
    console.log(node)

    let arr = this.AdjList.get(node)
    // 遍歷節點呼叫 this.dfsHelper
    for (let elem of arr) {
      if (!visited[elem]) {
        this.dfsHelper(elem, visited)
      }
    }
  }
}
```

如上面的程式所示，對於 DFS，我將它總結為「不撞南牆不回頭」。從起點出發，先把一個方向的節點都遍歷完才會改變方向。換成程式語言就是，DFS 是利用遞迴實現的搜尋演算法。因此，DFS 的實現過程如下。

- 確定起始節點，建立存取物件。
- 呼叫輔助函式遞迴起始節點。

BFS 的實現重點在於佇列，而 DFS 的實現重點在於遞迴，這是它們的本質區別。

總結

本篇介紹了前端領域最為常用幾種資料結構，事實上資料結構更重要的是應用，希望大家能夠在需要的場景想到最為適合的資料結構來處理問題。大家務必要掌握好這些內容，接下來的幾篇都會用到這些知識。隨著需求複雜度的上升，前端工程師越來越離不開資料結構。是否能夠掌握相關內容，將成為能否進階的重要因素。

第22章 剖析前端資料結構的應用場景

上一篇介紹了透過 JavaScript 實現幾種常見資料結構的方法。事實上，前端領域到處可見資料結構的應用場景，尤其隨著需求複雜度的上升，前端工程師越來越離不開資料結構。React、Vue.js 這些設計精巧的框架，線上文件編輯系統、大型管理系統，甚至一個簡單的檢索需求，都離不開資料結構的支援。是否能夠掌握這一困難內容，將是能否進階的關鍵。

本篇將解析資料結構在前端領域的應用場景，以此來幫助大家加深理解，做到靈活應用。

堆疊和佇列的應用

堆疊和佇列的實際應用場景比比皆是，以下列出常見場景。

- 查看瀏覽器的歷史記錄，總是回退到「上一個」頁面，該操作需要遵循堆疊的原則。
- 類似查看瀏覽器的歷史記錄，任何 Undo/Redo 都是一個堆疊的實現。
- 在程式中被廣泛應用的遞迴呼叫堆疊，同樣也是堆疊思想的表現，想想我們常說的「堆疊溢位」就是這個道理。

- 瀏覽器在拋出例外時，通常都會拋出呼叫堆疊的資訊。
- 電腦科學領域的進制轉換、括號匹配、堆疊混洗、運算式求值等，都是堆疊的應用。
- 我們常說的巨集任務 / 微任務都遵循佇列思想，不管是什麼類型的任務，都是先進先執行的。
- 佇列在後端也應用廣泛，如訊息佇列、RabbitMQ、ActiveMQ 等。

另外，與性能話題相關，HTTP 1.1 中存在一個列首阻塞的問題，原因就在於佇列這種資料結構的特點。具體來說，在 HTTP 1.1 中，每一個連結都預設是長連結，對於同一個 TCP 連結，HTTP 1.1 規定，伺服器端的回應傳回順序需要遵循其接收回應的順序。這樣便會帶來一個問題：如果第一個請求處理需要較長時間，回應較慢，將會「拖累」其他後續請求的回應，形成列首阻塞。

HTTP 2 採用了二進位分幀和多工等方法，使同域名下的通訊都在同一個連結上完成，這個連結上的請求和回應可以並存執行，互不干擾。

在框架層面，堆疊和佇列的應用更是比比皆是。比如 React 的 Context 特性，程式如下。

```
import React from "react";
const ContextValue = React.createContext();

export default function App() {
  return (
    <ContextValue.Provider value={1}>
      <ContextValue.Consumer>
        {(value1) => (
          <ContextValue.Provider value={2}>
            <ContextValue.Consumer>
              {(value2) => (
                <span>
                  {value1}-{value2}
                </span>
              )}
            </ContextValue.Consumer>
```

```
        </ContextValue.Provider>
      )}
    </ContextValue.Consumer>
  </ContextValue.Provider>
 );
}
```

對於以上程式，React 內部透過一個堆疊結構將 ContextValue.Provider 資料狀態存入堆疊，在後續階段將這部分原始程式狀態移出堆疊，以供 ContextValue.Consumer 消費。

鏈結串列的應用

React 的核心演算法 Fiber 的實現遵循鏈結串列原則。React 最早開始使用大名鼎鼎的 Stack Reconciler 排程演算法，Stack Reconciler 排程演算法最大的問題在於，它就像函式呼叫堆疊一樣，遞迴且自頂向下進行 diff 和 render 相關操作，在執行的過程中，該排程演算法始終會佔據瀏覽器主執行緒。也就是說，在此期間使用者互動所觸發的版面設定行為、動畫執行任務都不會立即得到回應，因此會影響使用者體驗。

因此，React Fiber 將著色和更新過程進行了拆解，簡單來說，就是每次檢查虛擬 DOM 的一小部分，在檢查間隙會檢查「是否還有時間繼續執行下一個虛擬 DOM 樹上某個分支任務」，同時觀察是否有優先順序更高的任務需要回應。如果「沒有時間執行下一個虛擬 DOM 樹上的某個分支任務」，且有優先順序更高的任務，React 就會讓出主執行緒，直到主執行緒「不忙」時再繼續執行任務。

React Fiber 的實現也很簡單，它將 Stack Reconciler 過程分成塊，一次執行一塊，執行完一塊需要將結果儲存起來，根據是否還有空閒的回應時間（requestIdleCallback）來決定下一步策略。當所有的區塊都執行完畢，就進入提交階段，這個階段需要更新 DOM，是一口氣完成的。

以上是比較主觀的介紹，下面我們來看具體的實現。

為了達到「隨意中斷呼叫堆疊並手動操作呼叫堆疊」的目的，可透過 React Fiber 重新實現 React 元件堆疊呼叫，也就是說，一個 Fiber 就是一個虛擬堆疊幀，一個 Fiber 的結構大概如下。

```
function FiberNode(
  tag: WorkTag,
  pendingProps: mixed,
  key: null | string,
  mode: TypeOfMode,
) {
  // Instance
  // ...
  this.tag = tag;

  // Fiber
  this.return = null;
  this.child = null;
  this.sibling = null;
  this.index = 0;

  this.ref = null;

  this.pendingProps = pendingProps;
  this.memoizedProps = null;
  this.updateQueue = null;
  this.memoizedState = null;
  this.dependencies = null;

  // Effects
  // ...
  this.alternate = null;
}
```

事實上，Fiber 模式就是一個鏈結串列。React 也借此從相依於內建堆疊的同步遞迴模型，變為具有鏈結串列和指標的非同步模型。

具體的著色過程如下。

```
function renderNode(node) {
  // 判斷是否需要著色該節點，如果 Props 發生變化，則呼叫 render
  if (node.memoizedProps !== node.pendingProps) {
    render(node)
  }

  // 是否有子節點，進行子節點著色
  if (node.child !== null) {
    return node.child
  // 是否有兄弟節點，進行兄弟節點著色
  } else if (node.sibling !== null){
    return node.sibling
  // 沒有子節點和兄弟節點
  } else if (node.return !== null){
    return node.return
  } else {
    return null
  }
}

function workloop(root) {
  nextNode = root
  while (nextNode !== null && (no other high priority task)) {
    nextNode = renderNode(nextNode)
  }
}
```

注意，在 Workloop 當中，while 條件 nextNode !== null && (no other high priority task) 是描述 Fiber 工作原理的關鍵虛擬程式碼。

在 Fiber 之前，React 遞迴遍歷虛擬 DOM，在遍歷過程中找到前後兩個虛擬 DOM 的差異，並生成一個 Mutation。這種遞迴遍歷有一個局限性，每次遞迴都會在堆疊中增加一個同步幀，因此無法將遍歷過程拆分為粒度更小的工作單元，也就無法暫停元件更新並在未來的某個時間恢復更新。

那麼，如何不透過遞迴的形式去實現遍歷呢？基於鏈結串列的 Fiber 模型應運而生。最早的原始模型可以在 2016 年的 issue 中找到。另外，React 中的 Hooks 也是透過鏈結串列這個資料結構實現的。

樹的應用

從應用上來看，前端開發離不開的 DOM 就是一個樹資料結構。同理，不管是 React 還是 Vue.js 的虛擬 DOM 都是樹。

常見的樹有 React Element 樹和 Fiber 樹，React Element 樹其實就是各級元件著色的結果，呼叫 React.createElement 傳回 React Element 節點的總和。每一個 React 元件，不管是 class 元件還是 functional 元件，呼叫一次 render 或執行一次 function，就會生成 React Element 節點。

React Element 樹和 Fiber 樹是在 Reconciler 過程中相互交替逐級建構的。這個生成過程採用了 DFS 演算法，主要原始程式位於 ReactFiberWorkLoop.js 中。這裡進行了簡化，但依然可以清晰看到 DFS 過程。

```
function workLoopSync() {
  // 開始迴圈
  while (workInProgress !== null) {
    performUnitOfWork(workInProgress);
  }
}

function performUnitOfWork(unitOfWork: Fiber): void {
  const current = unitOfWork.alternate;
  let next;
  // beginWork 階段，向下遍歷子孫元件
  next = beginWork(current, unitOfWork, subtreeRenderLanes);
  if (next === null) {
    // completeUnitOfWork 是向上回溯樹階段
    completeUnitOfWork(unitOfWork);
  } else {
    workInProgress = next;
  }
}
```

另外，在 React 中，當 context 資料狀態改變時，需要找出相依該 context 資料狀態的所有子節點，以進行狀態變更和著色。這個過程也是一個 DFS 過程，原始程式可以參考 ReactFiberNewContext.js。

回到樹的應用這個話題，上一篇介紹了二元搜尋樹，這裡我們來介紹字典樹及其應用場景。

字典樹（Trie）是針對特定類型的搜尋而最佳化的樹資料結構。典型的例子是 AutoComplete（自動填充），它適合用於「透過部分值得到完整值」的場景。因此，字典樹也是一種搜尋樹，我們有時候也稱之為首碼樹，因為任意一個節點的後代都存在共同的首碼。我們總結一下字典樹的特點，如下。

- 字典樹能做到高效查詢和插入，時間複雜度為 O(k)，k 為字串長度。
- 如果大量字串沒有共同首碼會很消耗記憶體，可以想像一下最極端的情況，所有單字都沒有共同首碼時，這顆字典樹會是什麼樣子的。字典樹的核心是減少不必要的字元比較，即用空間換時間，再利用共同首碼來提高查詢效率。

除了剛剛提到的 AutoComplete 自動填充，字典樹還有很多其他應用場景。

- 搜尋。
- 分類。
- IP 位址檢索。
- 電話號碼檢索。

字典樹的實現也不複雜，一步步來，首先實現一個字典樹上的節點，如下。

```
class PrefixTreeNode {
  constructor(value) {
    // 儲存子節點
    this.children = {}
    this.isEnd = null
    this.value = value
  }
}
```

一個字典樹繼承自 PrefixTreeNode 類別，如下。

```
class PrefixTree extends PrefixTreeNode {
  constructor() {
```

```
    super(null)
  }
}
```

透過下面的方法，我們可以實現具體的字典樹資料結構。

1. addWord

建立一個字典樹節點，實現如下。

```
addWord(str) {
    const addWordHelper = (node, str) => {
          // 當前節點不含以 str 開頭的目標
        if (!node.children[str[0]]) {
            // 以 str 開頭，建立一個 PrefixTreeNode 實例
            node.children[str[0]] = new PrefixTreeNode(str[0])
            if (str.length === 1) {
                node.children[str[0]].isEnd = true
            }
            else if (str.length > 1) {
                addWordHelper(node.children[str[0]], str.slice(1))
            }
        }
    }

    addWordHelper(this, str)
}
```

2. predictWord

給定一個字串，傳回字典樹中以該字串開頭的所有單字，實現如下。

```
predictWord(str) {
    let getRemainingTree = function(str, tree) {
      let node = tree
      while (str) {
        node = node.children[str[0]]
        str = str.substr(1)
      }
```

```
      return node
    }
    // 該陣列維護所有以 str 開頭的單字
    let allWords = []

    let allWordsHelper = function(stringSoFar, tree) {
      for (let k in tree.children) {
        const child = tree.children[k]
        let newString = stringSoFar + child.value
        if (child.endWord) {
          allWords.push(newString)
        }
        allWordsHelper(newString, child)
      }
    }

    let remainingTree = getRemainingTree(str, this)

    if (remainingTree) {
      allWordsHelper(str, remainingTree)
    }

    return allWords
}
```

總結

本篇針對上一篇中的經典資料結構，結合前端應用場景進行了分析。能夠看到，無論是框架還是業務程式，都離不開資料結構的支援。資料結構也是電腦程式設計領域中一個最基礎、最重要的概念，它既是重點，也是困難。說到底，資料結構的真正意義在於應用，大家要善於在實際的應用場景中去加深對它的理解。

第四部分 PART FOUR

前端架構設計實戰

在這一部分中，我會一步一步帶領大家從 0 到 1 實現一個完整的應用專案或公共函式庫。這些專案實踐並不是社區上氾濫的 Todo MVC，而是代表先進設計理念的現代化專案架構專案（比如設計實現前端 + 行動端離線套件方案）。同時在這一部分中，我也會對編譯和建構、部署和發布這些熱門話題進行重點介紹。

第23章

npm scripts：打造一體化建構和部署流程

一個順暢的基建流程離不開 npm scripts。npm scripts 能將專案化的各個環節串聯起來，相信任何一個現代化的專案都有自己的 npm scripts 設計。那麼，作為架構師或資深開發者，我們如何設計並實現專案配套的 npm scripts 呢？我們如何對 npm scripts 進行封裝抽象使其可以被重複使用並實現基建統一呢？

本篇就圍繞如何使用 npm scripts 打造一體化的建構和部署流程展開。

npm scripts 是什麼

我們先來系統地了解一下 npm scripts。設計之初，npm 創造者允許開發者在 package.json 檔案中透過 scripts 欄位來自定義專案指令稿。比如我們可以在 package.json 檔案中以下使用相關 scripts。

```
{
      // ...
  "scripts": {
    "build": "node build.js",
    "dev": "node dev.js",
    "test": "node test.js",
```

```
  }
  // ...
}
```

對應上述程式，我們在專案中可以使用命令列執行相關的指令稿。

- $ npm run build。
- $ npm run dev。
- $ npm run test。

其中 build.js、dev.js、test.js 三個 Node.js 模組分別對應上面三個命令列。這樣的設計可以方便我們統計和集中維護與開發專案化或基建相關的所有指令稿 / 命令，也可以利用 npm 的很多協助工具，例如下面幾個。

- 使用 npm 鉤子，比如 pre、post，對應 npm run build 的鉤子命令是 prebuild 和 postbuild。
- 開發者使用 npm run build 時，會預設先執行 npm run prebuild 再執行 npm run build，最後執行 npm run postbuild，對此我們可以自訂相關命令邏輯，程式如下。

```
{
  // ...
  "scripts": {
    "prebuild": "node prebuild.js",
    "build": "node build.js",
    "postbuild": "node postbuild.js",
  }
  // ...
}
```

- 使用 npm 的環境變數 process.env.npm_lifecycle_event，透過 process.env.npm_lifecycle_event 在相關 npm scripts 指令稿中獲得當前執行指令稿的名稱。
- 使用 npm 提供的 npm_package_ 能力獲取 package.json 檔案中的相關欄位值，範例如下。

```
// 獲取 package.json 檔案中的 name 欄位值
console.log(process.env.npm_package_name)

// 獲取 package.json 檔案中的 version 欄位值
console.log(process.env.npm_package_version)
```

更多 npm scripts 的「黑魔法」，我們不再一一列舉了。

npm scripts 原理

其實，npm scripts 的原理比較簡單，來執行 npm scripts 的核心奧秘就在於 npm run。npm run 會自動建立一個 Shell 指令稿（實際使用的 Shell 指令稿根據系統平臺差異而有所不同，在類 UNIX 系統裡使用的是 /bin/sh，在 Windows 系統裡使用的是 cmd.exe），npm scripts 指令稿就在這個新建立的 Shell 指令稿中執行。這樣一來，我們可以得出以下幾個關鍵結論。

- 只要是 Shell 指令稿可以執行的命令，都可以作為 npm scripts 指令稿。
- npm 指令稿的退出碼也遵守 Shell 指令稿規則。
- 如果系統裡安裝了 Python，可以將 Python 指令稿作為 npm scripts。
- npm scripts 指令稿可以使用 Shell 萬用字元等常規能力，範例如下。其中 * 表示任意檔案名稱，** 表示任意一層子目錄，執行 npm run lint 後就可以對目前的目錄下任意一層子目錄的 .js 檔案進行 Lint 審查。

```
{
    // ...
  "scripts": {
    "lint": "eslint **/*.js",
  }
  // ...
}
```

另外，請大家思考：透過 npm run 建立出來的 Shell 指令稿有什麼特別之處呢？

我們知道，node_modules/.bin 子目錄中的所有指令稿都可以直接以指令稿名稱的形式被呼叫，而不必寫出完整路徑，範例如下。

```
{
      // ...
  "scripts": {
    "build": "webpack",
  }
  // ...
}
```

在 package.json 檔案中直接寫指令稿名稱 webpack 即可，而不需要寫成下面這樣。

```
{
      // ...
  "scripts": {
    "build": "./node_modules/.bin/webpack",
  }
  // ...
}
```

實際上，npm run 建立出來的 Shell 需要將目前的目錄下的 node_modules/.bin 子目錄加入 PATH 變數中，在 npm scripts 執行完成後再將 PATH 變數恢復。

npm scripts 使用技巧

這裡我們簡單介紹兩個常見場景，以此說明 npm scripts 的關鍵使用技巧。

1. 傳遞參數

任何命令指令稿都需要進行參數傳遞。在 npm scripts 中，可以使用 -- 標記參數。

```
$ webpack --profile --json > stats.json
```

另外一種傳遞參數的方式是借助 package.json 檔案，範例如下。

```
{
      // ...
  "scripts": {
    "build": "webpack --profile --json > stats.json",
  }
  // ...
}
```

2. 串列 / 並存執行指令稿

在一個專案中，任意 npm scripts 之間可能都會有相依關係，我們可以透過 && 符號來串列執行指令稿，範例如下。

```
$ npm run pre.js && npm run post.js
```

如果需要並存執行指令稿，可以使用 & 符號，範例如下。

```
$ npm run scriptA.js & npm run scriptB.js
```

這兩種執行方式其實是 Bash 能力的表現，社區裡也封裝了很多串列 / 並存執行指令稿的公共套件供開發者選用，比如 npm-run-all 就是一個常用的例子。

最後，特別強調兩點 npm scripts 的注意事項。

首先，npm scripts 可以和 git-hooks 工具結合，為專案提供更順暢的體驗。比如，pre-commit、husky、lint-staged 這類工具支援 Git Hooks，在必要的 Git 操作節點執行 npm scripts。

同時需要注意的是，我們撰寫的 npm scripts 應該考慮不同作業系統的相容性問題，因為 npm scripts 理論上在任何系統中都可用。社區提供了很多跨平臺方案，比如 run-script-os 允許我們針對不同平臺進行不同指令稿訂製，範例如下。

```
{
  // ...
```

```
  "scripts": {
    // ...
    "test": "run-script-os",
    "test:win32": "echo 'del whatever you want in Windows 32/64'",
    "test:darwin:linux": "echo 'You can combine OS tags and rm all the things!'",
    "test:default": "echo 'This will run on any platform that does not have its own
script'"
    // ...
  },
  // ...
}
```

接下來我們從一個實例出發，打造一個 lucas-scripts，實踐 npm scripts，同時豐富我們的專案化經驗。

打造一個 lucas-scripts

lucas-scripts 其實是我設計的 npm scripts 外掛程式集合，基於 Monorepo 風格的專案，借助 npm 抽象「自己常用的」npm scripts 指令稿，以達到在多個專案中重複使用的目的。

其設計思想源於 Kent C.Dodds 的 Tools without config 思想。事實上，在 PayPal 公司內部有一個 paypal-scripts 外掛程式庫（未開放原始碼），參考 paypal-scripts 的設計想法，我有了設計 lucas-scripts 的想法。我們先從設計思想上分析，paypal-scripts 和 lucas-scripts 主要解決了哪類問題。

談到前端開發，各種工具的設定著實令人頭大，而對一個企業級團隊來說，維護統一的企業級工具的設定或設計，對專案效率的提升至關重要。這些工具包括但不限於以下幾種。

- 測試工具。
- 使用者端打包工具。
- Lint 工具。
- Babel 工具。

這些工具的背後往往是煩瑣的設定，但這些設定卻至關重要。比如，Webpack 可以完成許多工作，但是它的設定卻經常經不起推敲。

在此背景下，lucas-scripts 負責維護和掌管專案基建中的種種工具及方案，同時它的使命不僅是服務 Bootstrap 一個專案，而是長期維護基建方案，可以隨時升級，隨時抽換。

這很類似於我們熟悉的 create-react-app。create-react-app 可以幫助 React 開發者迅速啟動一個專案，它以黑盒方式維護了 Webpack 建構、Jest 測試等能力。開發者只需要使用 react-scripts 就能滿足建構和測試需求，專注業務開發。lucas-scripts 的理念相同：開發者只要使用 lucas-scripts 就可以使用各種開箱即用的 npm scripts 外掛程式，npm scripts 外掛程式提供基礎工具的設定和方案設計。

但需要注意的是，create-react-app 官方並不允許開發者自訂工具設定，而使用 lucas-scripts 理應獲得更靈活的設定能力。那麼，如何能讓開發者自訂設定呢？在設計上，我們支援開發者在專案中增加 .babelrc 設定檔或在專案的 package.json 檔案中增加相應的 Babel 設定項目，lucas-scripts 在執行時期讀取這些資訊，並採用開發者自訂的設定即可。

比如，我們支援在專案中透過 package.json 檔案來進行設定，程式如下。

```
{
  "babel": {
    "presets": ["lucas-scripts/babel"],
    "plugins": ["glamorous-displayname"]
  }
}
```

上述程式支援開發者使用 lucas-scripts 定義的 Babel 預設，以及名為 glamorous-displayname 的 Babel 外掛程式。

下面，我們就以 lucas-scripts 中封裝的 Babel 設定項目為例，進行詳細講解。

lucas-scripts 提供了一套預設的 Babel 設計方案，具體程式如下。

```
// 使用名為 browserslist 的套件進行降級目標設置
const browserslist = require('browserslist')
const semver = require('semver')

// 幾個工具套件，這裡不再一一展開
const {
  ifDep,
  ifAnyDep,
  ifTypescript,
  parseEnv,
  appDirectory,
  pkg,
} = require('../utils')

// 獲取環境變數
const {BABEL_ENV, NODE_ENV, BUILD_FORMAT} = process.env
// 對幾個關鍵變數的判斷
const isTest = (BABEL_ENV || NODE_ENV) === 'test'
const isPreact = parseEnv('BUILD_PREACT', false)
const isRollup = parseEnv('BUILD_ROLLUP', false)
const isUMD = BUILD_FORMAT === 'umd'
const isCJS = BUILD_FORMAT === 'cjs'
const isWebpack = parseEnv('BUILD_WEBPACK', false)
const isMinify = parseEnv('BUILD_MINIFY', false)
const treeshake = parseEnv('BUILD_TREESHAKE', isRollup || isWebpack)
const alias = parseEnv('BUILD_ALIAS', isPreact ? {react: 'preact'} : null)

// 是否使用 @babel/runtime
const hasBabelRuntimeDep = Boolean(
  pkg.dependencies && pkg.dependencies['@babel/runtime'],
)

const RUNTIME_HELPERS_WARN =
  'You should add @babel/runtime as dependency to your package. It will allow reusing
"babel helpers" from node_modules rather than bundling their copies into your files.'

// 強制使用 @babel/runtime，以降低編譯後的程式體積等
if (!treeshake && !hasBabelRuntimeDep && !isTest) {
  throw new Error(RUNTIME_HELPERS_WARN)
```

```
} else if (treeshake && !isUMD && !hasBabelRuntimeDep) {
  console.warn(RUNTIME_HELPERS_WARN)
}

// 獲取使用者的 Browserslist 設定，預設進行 IE 10 和 iOS 7 設定
const browsersConfig = browserslist.loadConfig({path: appDirectory}) || [
  'ie 10',
  'ios 7',
]

// 獲取 envTargets
const envTargets = isTest
  ? {node: 'current'}
  : isWebpack || isRollup
  ? {browsers: browsersConfig}
  : {node: getNodeVersion(pkg)}

// @babel/preset-env 設定，預設使用以下設定項目
const envOptions = {modules: false, loose: true, targets: envTargets}

// Babel 預設方案
module.exports = () => ({
  presets: [
    [require.resolve('@babel/preset-env'), envOptions],
    // 如果存在 react 或 preact 相依項，則補充 @babel/preset-react
    ifAnyDep(
      ['react', 'preact'],
      [
        require.resolve('@babel/preset-react'),
        {pragma: isPreact ? ifDep('react', 'React.h', 'h') : undefined},
      ],
    ),
    // 如果使用 Typescript，則補充 @babel/preset-typescript
    ifTypescript([require.resolve('@babel/preset-typescript')]),
  ].filter(Boolean),
  plugins: [
    [
      // 強制使用 @babel/plugin-transform-runtime
      require.resolve('@babel/plugin-transform-runtime'),
```

```
      {useESModules: treeshake && !isCJS},
    ],
    // 使用 babel-plugin-macros
    require.resolve('babel-plugin-macros'),
    // 別名設定
    alias
      ? [
          require.resolve('babel-plugin-module-resolver'),
          {root: ['./src'], alias},
        ]
      : null,
    // 是否編譯為 UMD 規範程式
    isUMD
      ? require.resolve('babel-plugin-transform-inline-environment-variables')
      : null,
    // 強制使用 @babel/plugin-proposal-class-properties
    [require.resolve('@babel/plugin-proposal-class-properties'), {loose: true}],
    // 是否進行壓縮
    isMinify
      ? require.resolve('babel-plugin-minify-dead-code-elimination')
      : null,
    treeshake
      ? null
      : require.resolve('@babel/plugin-transform-modules-commonjs'),
  ].filter(Boolean),
})

// 獲取 Node.js 版本
function getNodeVersion({engines: {node: nodeVersion = '10.13'} = {}}) {
  const oldestVersion = semver
    .validRange(nodeVersion)
    .replace(/[>=<|]/g, ' ')
    .split(' ')
    .filter(Boolean)
    .sort(semver.compare)[0]
  if (!oldestVersion) {
    throw new Error(
      'Unable to determine the oldest version in the range in your package.json at 
engines.node: "${nodeVersion}". Please attempt to make it less ambiguous.',
```

```
    )
  }
  return oldestVersion
}
```

透過上面的程式，我們在 Babel 方案中強制使用了一些最佳實踐，比如使用了特定的透過 loose、moudles 設置的 @babel/preset-env 設定項目，使用了 @babel/plugin-transform-runtime，還使用了 @babel/plugin-proposal-class-properties。

了解了 Babel 設計方案，我們在使用 lucas-scripts 時是如何呼叫該設計方案並執行 Babel 編譯的呢？來看相關原始程式，如下。

```
const path = require('path')
// 支援使用 DEFAULT_EXTENSIONS
const {DEFAULT_EXTENSIONS} = require('@babel/core')
const spawn = require('cross-spawn')
const yargsParser = require('yargs-parser')
const rimraf = require('rimraf')
const glob = require('glob')

// 工具方法
const {
  hasPkgProp,
  fromRoot,
  resolveBin,
  hasFile,
  hasTypescript,
  generateTypeDefs,
} = require('../../utils')

let args = process.argv.slice(2)
const here = p => path.join(__dirname, p)
// 解析命令列參數
const parsedArgs = yargsParser(args)

// 是否使用 lucas-scripts 提供的預設 Babel 方案
const useBuiltinConfig =
  !args.includes('--presets') &&
```

```
  !hasFile('.babelrc') &&
  !hasFile('.babelrc.js') &&
  !hasFile('babel.config.js') &&
  !hasPkgProp('babel')

// 使用 lucas-scripts 提供的預設 Babel 方案，讀取相關設定
const config = useBuiltinConfig
  ? ['--presets', here('../../config/babelrc.js')]
  : []

// 是否使用 babel-core 提供的 DEFAULT_EXTENSIONS 能力
const extensions =
  args.includes('--extensions') || args.includes('--x')
    ? []
    : ['--extensions', [...DEFAULT_EXTENSIONS, '.ts', '.tsx']]

// 忽略某些資料夾，不進行編譯
const builtInIgnore = '**/__tests__/**,**/__mocks__/**'

const ignore = args.includes('--ignore') ? [] : ['--ignore', builtInIgnore]

// 是否複製檔案
const copyFiles = args.includes('--no-copy-files') ? [] : ['--copy-files']

// 是否使用特定的 output 資料夾
const useSpecifiedOutDir = args.includes('--out-dir')
// 預設的 output 資料夾名為 dist
const builtInOutDir = 'dist'
const outDir = useSpecifiedOutDir ? [] : ['--out-dir', builtInOutDir]
const noTypeDefinitions = args.includes('--no-ts-defs')

// 編譯開始前，是否先清理 output 資料夾
if (!useSpecifiedOutDir && !args.includes('--no-clean')) {
  rimraf.sync(fromRoot('dist'))
} else {
  args = args.filter(a => a !== '--no-clean')
}

if (noTypeDefinitions) {
```

```
  args = args.filter(a => a !== '--no-ts-defs')
}

// 入口編譯流程
function go() {
       // 使用 spawn.sync 方式，呼叫 @babel/cli
  let result = spawn.sync(
    resolveBin('@babel/cli', {executable: 'babel'}),
    [
      ...outDir,
      ...copyFiles,
      ...ignore,
      ...extensions,
      ...config,
      'src',
    ].concat(args),
    {stdio: 'inherit'},
  )
  // 如果 status 不為 0，傳回編譯狀態
  if (result.status !== 0) return result.status

  const pathToOutDir = fromRoot(parsedArgs.outDir || builtInOutDir)

       // 使用 Typescript，產出 type 類型
  if (hasTypescript && !noTypeDefinitions) {
    console.log('Generating TypeScript definitions')
    result = generateTypeDefs(pathToOutDir)
    console.log('TypeScript definitions generated')
    if (result.status !== 0) return result.status
  }

  // 因為 Babel 目前仍然會複製不需要進行編譯的檔案，所以我們要將這些檔案手動進行清理
  const ignoredPatterns = (parsedArgs.ignore || builtInIgnore)
    .split(',')
    .map(pattern => path.join(pathToOutDir, pattern))
  const ignoredFiles = ignoredPatterns.reduce(
    (all, pattern) => [...all, ...glob.sync(pattern)],
    [],
  )
```

```
  ignoredFiles.forEach(ignoredFile => {
    rimraf.sync(ignoredFile)
  })

  return result.status
}

process.exit(go())
```

透過上面的程式，我們就可以將 lucas-scripts 的 Babel 方案融會貫通了。

總結

本篇先介紹了 npm scripts 的重要性，接著分析了 npm scripts 的原理。本篇後半部分從實踐出發，分析了 lucas-scripts 的設計理念，以此進一步鞏固了 npm scripts 相關知識。

說到底，npm scripts 就是一個 Shell 指令稿，以前端開發者所熟悉的 Node.js 來實現 npm scripts 還不夠，事實上，npm scripts 的背後是對一整套專案化系統的總結，比如我們需要透過 npm scripts 來抽象 Babel 方案、Rollup 方案等。相信透過本篇的學習，你會有所收穫。

第24章 自動化程式檢查：剖析 Lint 工具

不管是團隊擴張還是業務發展，這些都會導致專案程式量呈爆炸式增長。為了避免「野蠻生長」現象，我們需要一個良好的技術選型和成熟的架構做支撐，也需要團隊中的每一個開發者都能用心維護專案。在此方向上，除了進行人專案式審核，還需要借助一些自動化 Lint 工具的力量。

作為一名前端工程師，在使用自動化工具的基礎上，如何盡可能發揮其能量？在必要的情況下，如何開發適合自己團隊需求的工具？本篇將圍繞這些問題展開。

自動化 Lint 工具

現代前端開發「武器」基本都已經實現了自動化。不同工具的功能不同，我們的目標是合理結合各種工具，打造一條完整的自動化管線，以高效率、低投入的方式為程式品質提供有效保障。

Prettier

首先從Prettier說起，英文單字prettier是pretty的比較級，pretty譯為「漂亮、美化」。顧名思義，Prettier這個工具能夠美化程式，或說格式化、規範化程式，使程式更加工整。它一般不會檢查程式的具體寫法，而是在「可讀性」上做文章。Prettier 目前支援包括 JavaScript、JSX、Angular、Vue.js、Flow、TypeScript、CSS（Less、SCSS）、JSON 等多種語言、框架資料交換格式、語法規範擴展。

整體來說，Prettier 能夠將原始程式風格移除，並替換為團隊統一設定的程式風格。可以說，幾乎所有團隊都在使用這款工具，這裡我們簡單分析一下使用它的原因。

- 建構並統一程式風格。
- 幫助團隊新成員快速融入團隊。
- 開發者可以完全聚焦業務開發，不必在程式整理上花費過多心思。
- 方便，低成本靈活連線，快速發揮作用。
- 清理並規範已有程式。
- 減少潛在 Bug。
- 已獲得社區的巨大支援。

當然，Prettier 也可以與編輯器結合，在開發者儲存程式後立即進行美化，也可以整合到 CI 環境或 Git 的 pre-commit 階段來執行。

在 package.json 檔案中設定以下內容。

```
{
    "husky": {
        "hooks": {
            "pre-commit": "pretty-quick --staged"
        }
    }
}
```

分析上述程式：在 husky 中定義 pre-commit 階段，對變化的檔案執行 Prettier，--staged 參數表示只對 staged 檔案程式進行美化。

這裡我們使用了官方推薦的 pretty-quick 來實現 pre-commit 階段的程式美化。這只是實現方式之一，還可以透過 lint-staged 來實現，我們會在下面 ESLint 和 husky 部分介紹。

透過上述範例可以看出，Prettier 確實很靈活，且自動化程度很高，連線專案也十分方便。

ESLint

下面來看一下以 ESLint 為代表的 Linter（程式風格檢查工具）。Code Linting 表示靜態分析程式原理，找出程式反模式的過程。多數程式語言都有 Linter，它們往往被整合在編譯階段，完成 Code Linting 任務。

對 JavaScript 這種動態、寬鬆類型的語言來說，開發者更容易在程式設計中犯錯。JavaScript 不具備先天編譯流程，往往會在執行時期暴露錯誤，而 ESLint 的出現，允許開發者在執行前發現程式中錯誤或不合理的寫法。ESLint 最重要的幾點設計思想如下。

- 所有規則都外掛程式化。
- 所有規則都可抽換（隨時開關）。
- 所有設計都透明化。
- 使用 Espree 進行 JavaScript 解析。
- 使用 AST 分析語法。

想要順利執行 ESLint，還需要安裝並應用規則外掛程式。具體做法是，在根目錄中打開 .eslintrc 設定檔，在該檔案中加入以下內容。

```
{
    "rules": {
        "semi": ["error", "always"],
        "quote": ["error", "double"]
```

```
    }
}
```

semi、quote 就是 ESLint 規則的名稱，其值對應的陣列第一項可以為 off/0、warn/1、error/2，分別表示關閉規則、以 warning 形式打開規則、以 error 形式打開規則。

同樣地，我們還會在 .eslintrc 檔案中發現 "extends": "eslint:recommended"，該敘述表示 ESLint 預設的規則都將被打開。當然，我們也可以選取其他規則集合，比較出名的有 Google JavaScript Style Guide、Airbnb JavaScript Style Guide。

繼續拆分 .eslintrc 設定檔，它主要由六個欄位組成。

- env：指定想啟用的環境。
- extends：指定額外設定的選項，如 ['airbnb'] 表示使用 Airbnb 的 Code Linting 規則。
- plugins：設置規則外掛程式。
- parser：預設情況下，ESLint 使用 Espree 進行解析。
- parserOptions：如果要修改預設解析器，需要設置 parserOptions。
- rules：定義拓展的、透過外掛程式增加的所有規則。

注意，上述 .eslintrc 設定檔採用了 .eslintrc.js 檔案格式，還可以採用 .yaml、.json、.yml 等檔案格式。如果專案中含有多種格式的設定檔，優先順序順序如下。

- .eslintrc.js。
- .eslintrc.yaml。
- .eslintrc.yml。
- .eslintrc.json。

最終，我們在 package.json 檔案中增加 scripts。

```
"scripts": {
    "lint": "eslint --debug src/",
    "lint:write": "eslint --debug src/ --fix"
},
```

對上述 npm scripts 進行分析，如下。

- lint 命令將遍歷所有檔案，並為每個存在錯誤的檔案提供詳細日誌，但需要開發者手動打開這些檔案並更正錯誤。
- lint:write 與 lint 命令類似，但這個命令可以自動校正錯誤。

Linter 和 Prettier

我們應該如何對比以 ESLint 為代表的 Linter 和 Prettier 呢，它們到底是什麼關係？可以說，它們解決的問題不同，定位不同，但又相輔相成。

所有的 Linter（以 ESLint 為代表），其規則都可以劃分為兩類。

1. 格式化規則（Formatting Rules）

典型的「格式化規則」有 max-len、no-mixed-spaces-and-tabs、keyword-spacing、comma-style，它們「限制一行的最大長度」「禁止使用空格和 Tab 混合縮進」等。事實上，即使開發者寫出的程式違反了這類規則，只要在 Lint 階段前經過 Prettier 處理也會被更正，不會拋出提醒，非常讓人省心，這也是 Linter 和 Prettier 功能重疊的地方。

2. 程式品質規則（Code Quality Rules）

「程式品質規則」的具體範例如 prefer-promise-reject-errors、no-unused-vars、no-extra-bind、no-implicit-globals，它們限制「宣告未使用變數」「不必要的函式綁定」等程式書寫規範。這個時候，Prettier 對這些規則無能為力，而這些規則對於程式品質和強健性至關重要，需要 Linter 來保障。

與 Prettier 相同，Linter 也可以將程式整合到編輯器或 Git pre-commit 階段執行。前面已經演示了 Prettier 搭配 husky 使用的範例，下面我們來介紹一下 husky 到底是什麼。

husky 和 lint-staged

其實，husky 就是 Git 的鉤子，在 Git 進行到某一階段時，可以將程式交給開發者完成某些特定的操作。比如每次提交（commit 階段）或推送（push 階段）程式時，就可以執行相關的 npm 指令稿。需要注意的是，對整個專案程式進行檢查會很慢，我們一般只想對修改的檔案程式進行檢查，此時就需要使用 lint-staged，範例如下。

```
"scripts": {
    "lint": "eslint --debug src/",
    "lint:write": "eslint --debug src/ --fix",
    "prettier": "prettier --write src/**/*.js"
},
"husky": {
    "hooks": {
        "pre-commit": "lint-staged"
    }
},
"lint-staged": {
    "*.(js|jsx)": ["npm run lint:write", "npm run prettier", "git add"]
},
```

上述程式表示在 pre-commit 階段對以 js 或 jsx 為副檔名且修改的檔案執行 ESLint 和 Prettier 操作，之後再執行 git add 命令將程式增加到暫存區。

lucas-scripts 中的 Lint 設定最佳實踐

結合上一篇的內容，我們可以擴充 lucas-scripts 專案中關於 Lint 工具的抽象設計。相關指令稿如下。

```
const path = require('path')
const spawn = require('cross-spawn')
const yargsParser = require('yargs-parser')
const {hasPkgProp, resolveBin, hasFile, fromRoot} = require('../utils')
```

```
let args = process.argv.slice(2)
const here = p => path.join(__dirname, p)
const hereRelative = p => here(p).replace(process.cwd(), '.')
const parsedArgs = yargsParser(args)

// 是否使用預設 ESLint 設定
const useBuiltinConfig =
  !args.includes('--config') &&
  !hasFile('.eslintrc') &&
  !hasFile('.eslintrc.js') &&
  !hasPkgProp('eslintConfig')

// 獲取預設的 eslintrc.js 設定檔
const config = useBuiltinConfig
  ? ['--config', hereRelative('../config/eslintrc.js')]
  : []

const defaultExtensions = 'js,ts,tsx'
const ext = args.includes('--ext') ? [] : ['--ext', defaultExtensions]
const extensions = (parsedArgs.ext || defaultExtensions).split(',')

const useBuiltinIgnore =
  !args.includes('--ignore-path') &&
  !hasFile('.eslintignore') &&
  !hasPkgProp('eslintIgnore')

const ignore = useBuiltinIgnore
  ? ['--ignore-path', hereRelative('../config/eslintignore')]
  : []

// 是否使用 --no-cache
const cache = args.includes('--no-cache')
  ? []
  : [
      '--cache',
      '--cache-location',
      fromRoot('node_modules/.cache/.eslintcache'),
    ]
```

```
const filesGiven = parsedArgs._.length > 0
const filesToApply = filesGiven ? [] : ['.']

if (filesGiven) {
  // 篩選出需要進行 Lint 操作的相關檔案
  args = args.filter(
    a => !parsedArgs._.includes(a) || extensions.some(e => a.endsWith(e)),
  )
}

// 使用 spawn.sync 執行 ESLint 操作
const result = spawn.sync(
  resolveBin('eslint'),
  [...config, ...ext, ...ignore, ...cache, ...args, ...filesToApply],
  {stdio: 'inherit'},
)

process.exit(result.status)
```

npm scripts 的 eslintrc.js 檔案就比較簡單了，預設設定如下。

```
const {ifAnyDep} = require('../utils')

module.exports = {
  extends: [
    // 選用一種 ESLint 的規則即可
    require.resolve('XXXX'),
    // 對於 React 相關環境，選用一種 ESLint 的規則即可
    ifAnyDep('react', require.resolve('XXX')),
  ].filter(Boolean),
  rules: {},
}
```

上述程式中的規則設定可以採用自訂的 ESLint config 實現，也可以選用社區上流行的 config。具體流程和執行原理在上一篇中已經整理過，此處不再展開。下面，我們從 AST 的層面深入 Lint 工具原理，並根據其擴展能力開發更加靈活的工具集。

工具背後的技術原理和設計

本節我們以複雜精妙的 ESLint 為例來分析。ESLint 是基於靜態語法分析（AST）進行工作的，使用 Espree 來解析 JavaScript 敘述，生成 AST。

有了完整的解析樹，我們就可以基於解析樹對程式進行檢查和修改。ESLint 的靈魂是，每筆規則都是獨立且外掛程式化的，我們挑一個比較簡單的「禁止區塊級註釋」規則的原始程式來分析。

```
module.exports = {
  meta: {
    docs: {
      description: '',
      category: 'Stylistic Issues',
      recommended: true
    }
  },
  create (context) {
    const sourceCode = context.getSourceCode()
    return {
      Program () {
        const comments = sourceCode.getAllComments()
        const blockComments = comments.filter(({ type }) => type === 'Block')
        blockComments.length && context.report({
          message: 'No block comments'
        })
      }
    }
  }
}
```

從上述程式中可以看出，一筆規則就是一個 Node.js 模組，它由 meta 和 create 組成。meta 包含了該規則的文件描述，相對簡單。create 接收一個 context 參數，傳回一個物件，程式如下。

```
{
  meta: {
```

```
        docs: {
            description: '禁止區塊級註釋',
            category: 'Stylistic Issues',
            recommended: true
        }
    },
    create (context) {
        // ...
        return {

        }
    }
}
```

從 context 物件上可以取得當前執行的程式，並透過選擇器獲取當前需要的內容。

雖然 ESLint 背後的技術原理比較複雜，但是基於 AST 技術，它已經給開發者提供了較為成熟的 API。撰寫一筆自己的程式檢查規則並不是很難，只需要開發者找到相關的 AST 選擇器。更多的選擇器可以參考 Selectors - ESLint - Pluggable JavaScript linter，熟練掌握選擇器將是我們開發外掛程式擴展功能的關鍵。

當然，更多場景遠不止這麼簡單，比如，多筆規則是如何串聯起來生效的？事實上，規則可以從多個來源中定義，比如從程式的註釋中，或從設定檔中。

ESLint 首先收集到所有規則設定來源，將所有規則歸併之後，進行多重遍歷：遍歷由原始程式生成的 AST，將語法節點傳入佇列；之後遍歷所有應用規則，採用事件發布訂閱模式（類似 Webpack Tapable）為所有規則的選擇器增加監聽事件；在觸發事件時執行程式檢查，如果發現問題則將 report message 記錄下來，這些記錄下來的資訊最後將被輸出。

請你再思考，程式中免不了有各種條件陳述式、迴圈敘述，因此程式的執行是非順序的。相關規則，比如「檢測定義但未使用變數」「switch-case 中避免執行多筆 case 敘述」的實現，就涉及 ESLint 中更高級的 Code Path Analysis 等理念。ESLint 將 Code Path 抽象為 5 個事件。

- onCodePathStart。
- onCodePathEnd。
- onCodePathSegmentStart。
- onCodePathSegmentEnd。
- onCodePathSegmentLoop。

利用這五個事件，我們可以更加精確地控制檢查範圍和粒度。更多的 ESLint 規則實現可以參考原始程式。

這種優秀的外掛程式擴展機制對設計一個函式庫，尤其是設計一個規範工具來說，是非常值得參考的。事實上，Prettier 也會在新的版本中引入外掛程式機制，感興趣的讀者可以嘗鮮。

總結

本篇深入專案化系統的重點細節——自動化程式檢查，並反過來使用 lucas-scripts 實現了一套智慧的 Lint 工具，建議結合上一篇的內容共同學習。

在程式規範化的道路上，只有你想不到的，沒有你做不到的。簡單的規範化工具用起來非常清爽，但是其背後的實現卻蘊含了很深的設計哲理與技術細節，值得我們深入學習。同時，作為前端工程師，我們應該從平時開發的痛點和效率瓶頸入手，敢於嘗試，不斷探索。提高團隊開發的自動化程度能減少不必要的麻煩。

第 25 章 前端 + 行動端離線套件方案設計

NSR（Native Side Rendering，使用者端離線套件著色）方案是前端和使用者端配合的典型案例。在本篇中，我們將詳細分析一個前端 + 行動端離線套件方案的設計想法。

當然，設計離線套件方案並不是終極目的，透過離線套件方案的來源起和實踐，我們也會整理整個 Hybrid 頁面的相關最佳化方案。

從流程圖型分析 Hybrid 性能痛點

簡單來說，離線套件是解決性能問題、提升 Hybrid 頁面可用性的重要方案。Hybrid 頁面性能具有一定的特殊性，因為它是使用者端和前端的銜接，因此性能較為複雜。我們從載入一個 Hybrid 頁面的流程來分析，如圖 25-1 所示。

參考圖 25-1，在一個原生頁面上點擊按鈕，打開一個 Hybrid 頁面，首先經過原生頁面路由辨識到「正在存取一個 Hybrid 頁面」，此時會啟動一個 WebView 容器，接著進入一個正常的前端 CSR 著色流程：首先請求並載入 HTML，接著以 HTML 為起點載入 JavaScript、CSS 等靜態資源，並透過 JavaScript 發送資料請求，最終完成頁面內容的著色。

整個路徑分成了兩各階段：使用者端階段、前端階段。每個單一階段都有多種最佳化方法，比如對於 WebView 容器的啟動，使用者端可以提前啟動 WebView 容器池，這樣在真正存取 Hybrid 頁面時可以重複使用已儲備好的 WebView 容器。再比如，前端著色架構可以從 CSR 切換到 SSR，這樣在一定程度上能保證首頁頁面的直出，獲得更好的 FMP、FCP 時間。

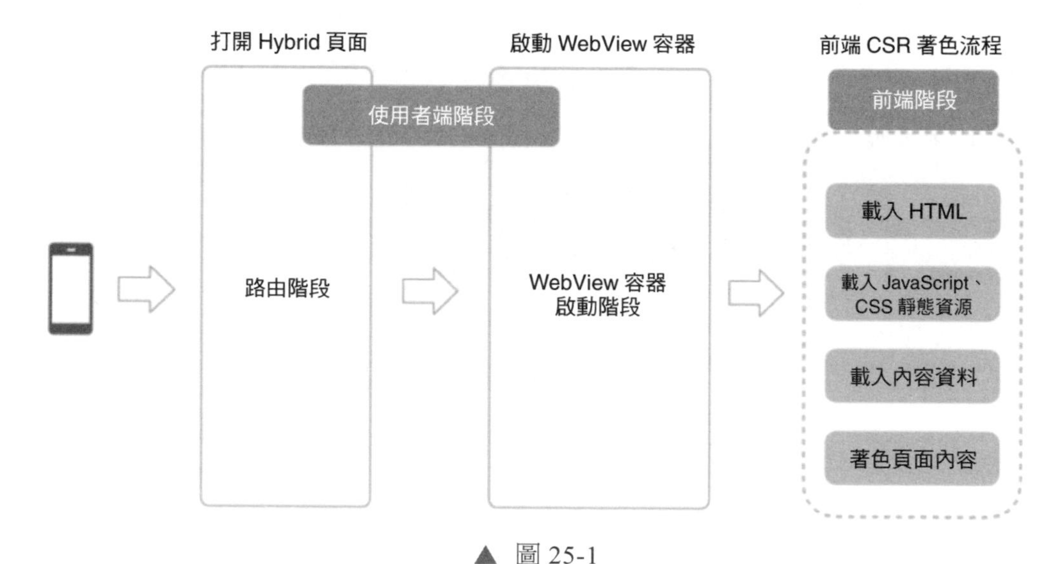

▲ 圖 25-1

相應最佳化策略

我們結合圖 25-2，簡單總結一下上述流程中能夠做到的最佳化策略。

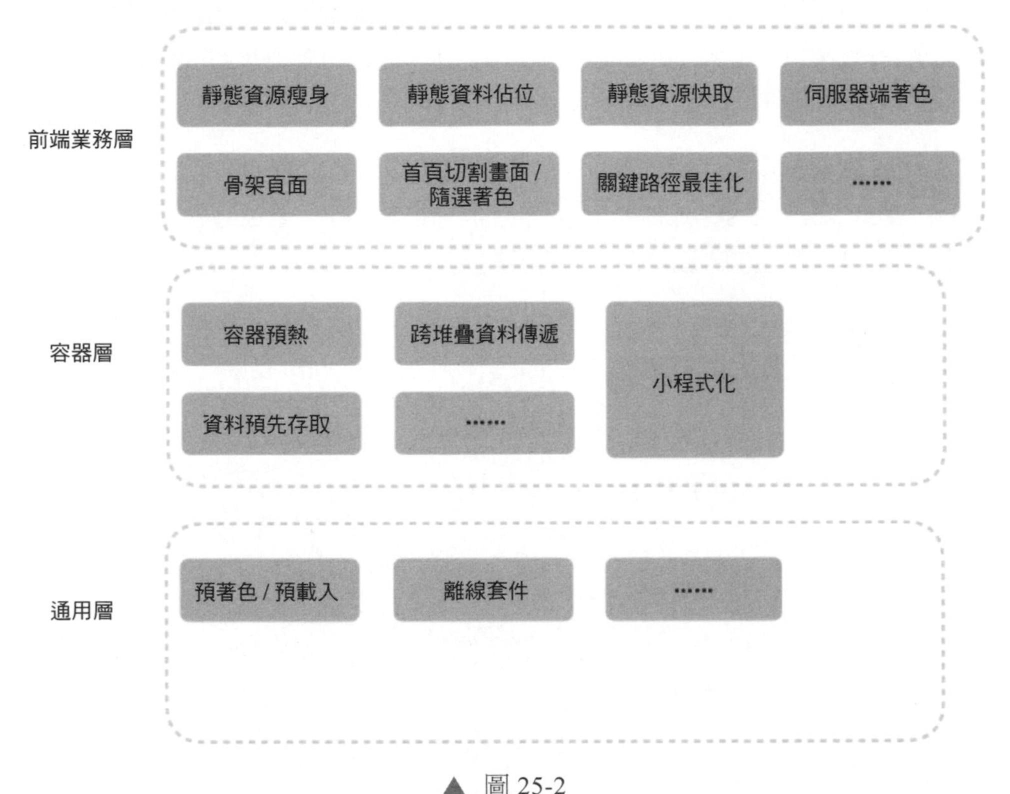

▲ 圖 25-2

在前端業務層，我們可以從以下幾個方向進行最佳化。

- 靜態資源瘦身：將 JavaScript 和 CSS 等靜態資源進行充分壓縮，或實施合理的分割策略，有效地減少對於靜態資源的網路請求時間、回應指令稿解析時間等。
- 靜態資料佔位：使用靜態資料預先填充頁面，使得頁面能夠更迅速地呈現內容，並在資料請求成功後載入真實資料。
- 靜態資源快取：常用的專案手段，合理快取靜態資源可減少網路 I/O，提升性能。

- 伺服器端著色：即 SSR，前面提到過，SSR 可以直出帶有資料的首頁頁面，有效最佳化 FMP、FCP 等指標。
- 骨架頁面：廣義的骨架頁面甚至包括 Loading Icon 在內，這其實是一種提升使用者體驗的關鍵手段。在內容著色完成之前，我們可以載入一段表意內容的 Icon 或佔位區塊 placeholder，幫助使用者緩解焦慮的心理，營造一種「頁面載入著色足夠快」的感覺。
- 首頁切割畫面或隨選著色：這種手段和靜態資源瘦身有一定關係。我們將非關鍵的內容延遲隨選著色，而非在首次載入著色時就一併完成，這樣可以優先保證視埠內的內容展現。
- 關鍵路徑最佳化：關鍵路徑最佳化，是指頁面在著色內容完成前必須先完成的步驟。對於關鍵路徑的最佳化，其實前面幾點已經涵蓋了。

從 HTML、JavaScript、CSS 位元組到將內容著色至螢幕上的流程，如圖 25-3 所示。

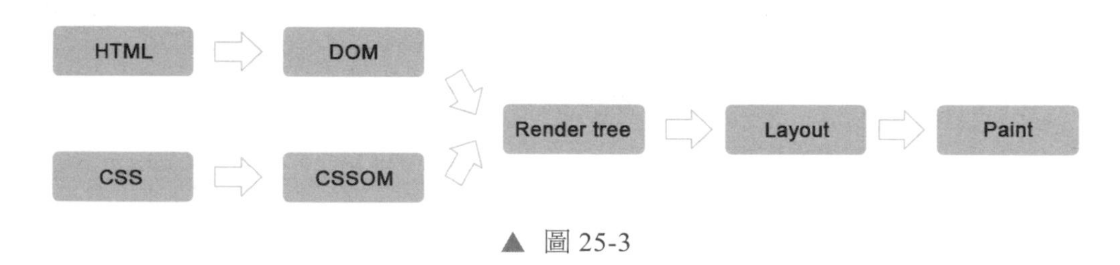

▲ 圖 25-3

圖 25-3 中涉及的主要步驟如下。

- 解析 HTML 並建構 DOM。
- 並行解析 CSS 並建構 CSSOM。
- 將 DOM 與 CSSOM 合成為 Render tree。
- 根據 Render tree 合成 Layout，完成繪製。

由上述流程可以總結出，最佳化關鍵為：減少關鍵資源的數量；縮小關鍵資源的體積；最佳化關鍵資源的載入順序，充分並行化。

接下來我們再來看看使用者端容器層的最佳化方案，大概如下。

- 容器預熱。
- 資料預先存取。
- 跨堆疊資料傳遞。
- 小程式化。

其中，小程式化能夠充分利用使用者端開發的性能優勢，但與主題不相關，我們暫且不討論。容器預熱和資料預先存取也是常規的最佳化手段，其本質都是「搶跑」。

離線套件方案主要屬於通用層最佳化策略，接下來我們進入離線套件方案的設計環節。

離線套件方案的設計流程

自從 UC 團隊在 GMTC2019 全球大前端技術大會上提到 0.3s 的「閃開方案」以來，很多團隊已經將離線套件方案實踐並將其發揚光大。事實上，該方案的提出可以追溯到更早的時候。其核心想法是：使用者端提前下載好 HTML 範本，在使用者互動時，由使用者端完成資料請求並著色 HTML，最終交給 WebView 容器載入。

換句話說，以離線套件方案為代表的 NSR，就是使用者端版本的 SSR。各個團隊可能在實現想法的細節上有所不同，但主要流程大同小異，如圖 25-4 所示。

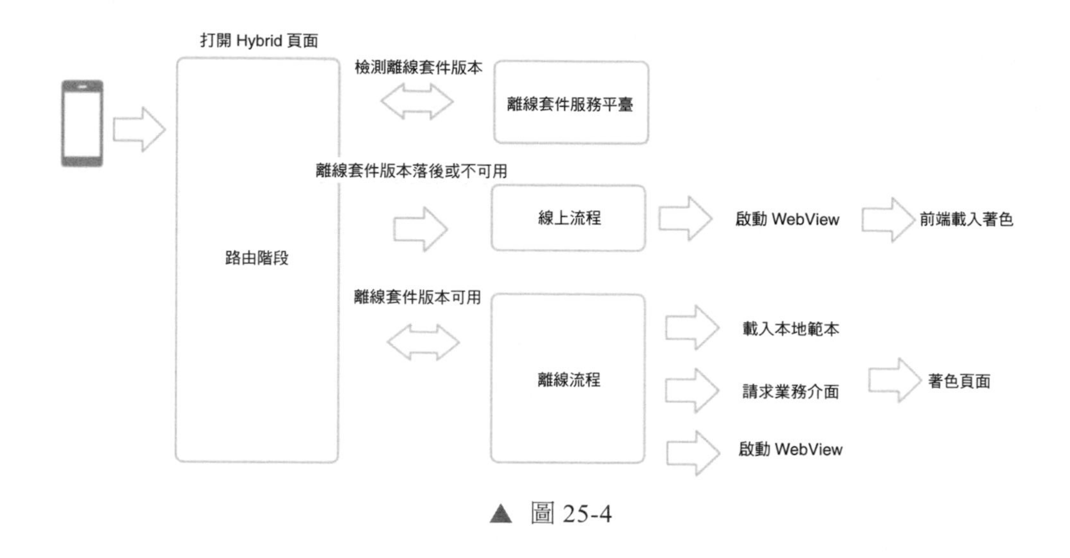

▲ 圖 25-4

根據圖 25-4，我們總結出離線套件方案的基本實現流程，如下。

- 使用者打開 Hybrid 頁面。
- 在原生使用者端路由階段，判斷離線套件版本是否可用。
  * 如果內建的離線套件版本不可用或已經落後線上版本，則進入線上流程，即正常啟動 WebView，由前端載入著色頁面。
  * 如果內建的離線套件版本可用，則進入離線流程。完成以下操作後，使用者端將執行權和必要資料交給前端，由 WebView 完成頁面的著色。
- 使用者端並行載入本地範本。
- 使用者端並行請求業務介面。
- 使用者端啟動 WebVeiw。

整個流程簡單清晰，但有幾個主要問題需要我們思考。

- 如何檢測離線套件版本，如何維護離線套件？
- 如何生成離線套件範本？
- 使用者端如何「知道」頁面需要請求哪些業務資料？

離線套件服務平臺

關於上述第一個問題——如何檢測離線套件版本，如何維護離線套件？這是一個可大可小的話題。簡單來說，可以由開發者手動打出離線套件，並將其內建在應用套件中，隨著使用者端發版進行更新。但是這樣做的問題也非常明顯。

- 更新週期太慢，需要和使用者端發版綁定。
- 手動流程過多，不夠自動化、專案化。

一個更合理的方式是實現「離線套件平臺」，該平臺需要提供以下服務。

1. 提供離線套件獲取服務

獲取離線套件可以考慮主動模式和被動模式。被動模式下，需要開發者將建構好的離線套件手動上傳到離線套件平臺。主動模式則更為智慧，可以綁定前端 CI/CD 流程，在每次發版上線時自動完成離線套件建構，建構成功後由 CI/CD 環節主動請求離線套件介面，將離線套件推送到離線平臺。

2. 提供離線套件查詢服務

提供一個 HTTP 服務，該服務用於離線套件狀態查詢。比如，在每次啟動應用時，使用者端查詢該服務，獲取各個業務離線套件的最新穩定版本，使用者端以此判斷是否可以應用本地離線套件資源。

3. 提供離線套件下發服務

提供一個 HTTP 服務，可以根據各個離線套件版本的不同下發離線套件，也可以將離線套件內靜態資源完全扁平化，進行增量下發。需要注意的是，扁平化增量下發可以較大限度地使用離線套件資源。比如某次離線套件版本建構過程中，v2 和 v1 兩個版本比較可能會存在較多沒有變化的靜態資源，此時就可以重複使用已有的靜態資源，減少頻寬和儲存壓力。

整體的離線套件服務平臺可以抽象為圖 25-5。

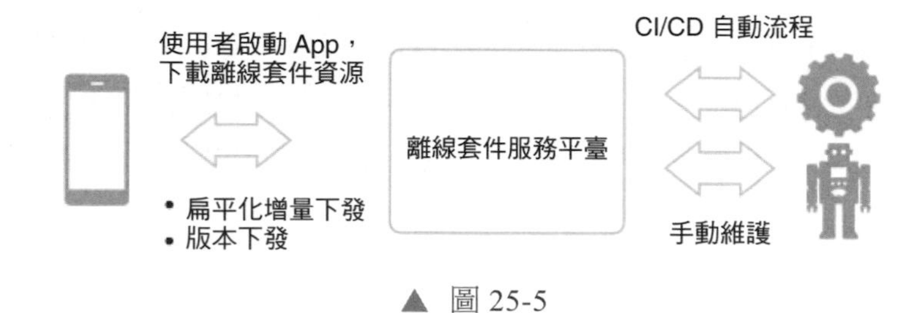

▲ 圖 25-5

離線套件服務平臺按照版本不同整體下發資源的流程如圖 25-6 所示。

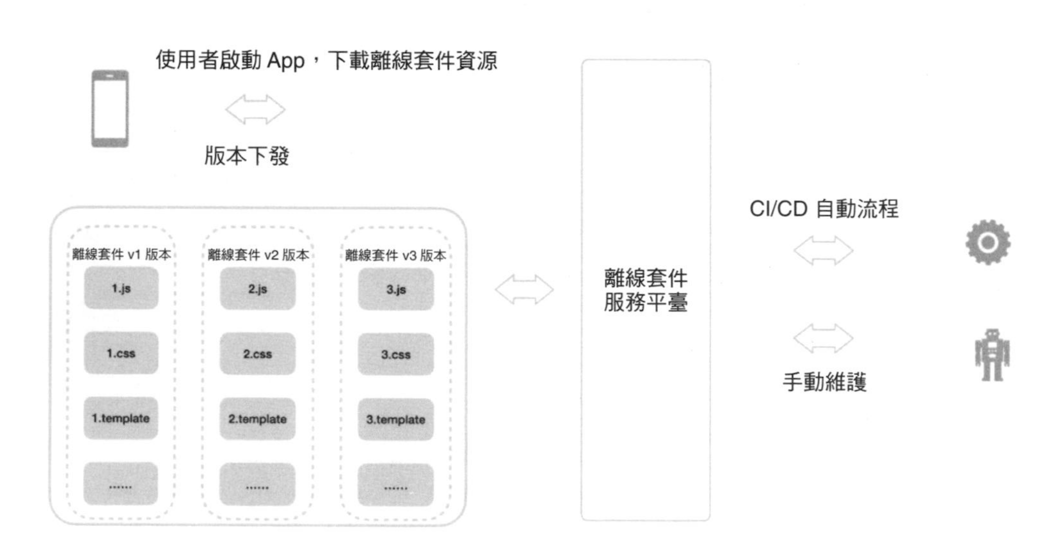

▲ 圖 25-6

離線套件服務平臺進行扁平化增量下發資源的流程如圖 25-7 所示。

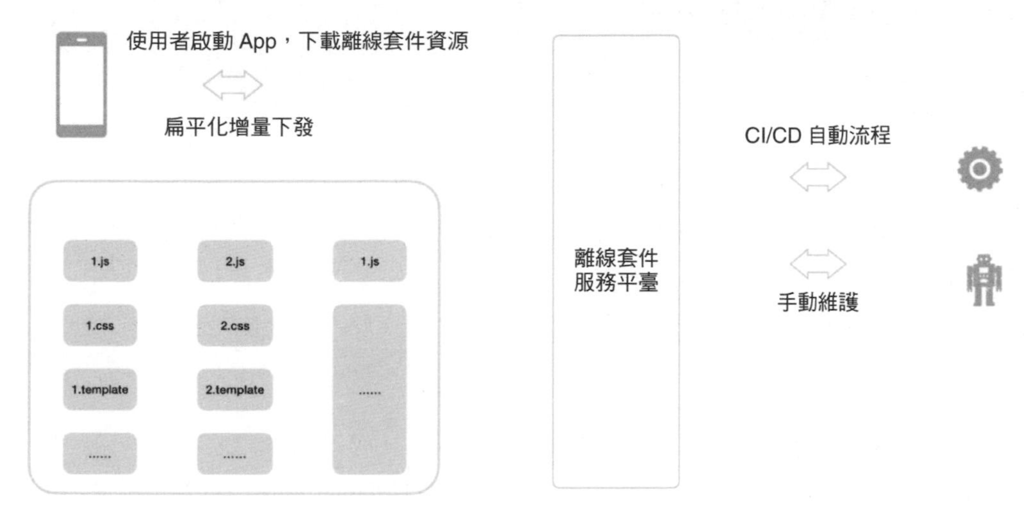

▲ 圖 25-7

離線套件建構能力

了解了離線套件服務平臺，我們再思考一個問題：如何建構一個離線套件呢？

以「使用者端發送資料請求」的離線套件方案為例，既然資料請求需要由使用者端發出，那麼離線套件資源就需要宣告「該頁面需要哪些資料請求」。因此，離線套件中需要一個 .json 檔案用於設定宣告。

```
// 一個描述離線套件設定宣告的 .json 檔案 appConfig.json
{
    "appid": XXX,
    "name":"template1",
    "version": "2020.1204.162513",
    "author": "xxxx",
    "description": "XXX 頁面 ",
    "check_integrity": true,
    "home": "https://www.XXX.com/XXX",
    "host": {"online":"XXX.com"},
    "scheme": {"android":{"online":"https"},
    "iOS":{"online":"resource"}},
```

```
    "expectedFiles":["1.js","2.js","1.css","2.css","index.html"],
    "created_time":1607070313,
    "sdk_min":"1.0.0",
    "sdk_max":"2.0.0",
    "dataApi": ["xxxx"]
}
```

上面的 appConfig.json 描述了該離線套件的關鍵資訊，比如 dataApi 表示業務所需要的資料介面，一般這裡可以放置首頁關鍵請求，由使用者端發出這些請求並由 template 著色。appid 表示了該業務 ID，expectedFiles 表示了該業務所需的離線套件資源，這些資源一併內建於離線套件當中。

對於 expectedFiles 宣告的資源，依然可以透過 Webpack 等建構工具打包。我們可以透過撰寫一個 Webpack 外掛程式來獲取 dataApi 欄位內容，當然初期也可以由開發者手動維護該欄位。

離線套件方案持續最佳化

上述內容基本已經囊括了一個離線套件方案的設計流程，但是一個專案方案還需要考慮更多的細節。下面我們來對更多最佳化點進行分析。

離線套件可用性和使用命中率

試想，如果業務迭代頻繁，離線套件也會迭代頻繁，可用離線套件的命中率就會降低，效果上會打折扣。同時離線套件的下載以及解壓過程也可能會出現錯誤，導致離線套件不可用。

為此，一般的做法是採用重試和定時輪詢機制。在網路條件允許的情況下，為了減少網路原因導致的離線套件不可用，我們可以設置最大重試次數，並設定 15s 或一定時間的間隔，進行離線套件下載重試。

為了防止移動營運商的綁架，我們還需要保證離線套件的完整性，即檢查離線類別檔案是否被篡改過。一般在下發離線套件時要同時下發檔案簽名，離線套件下載完成後由使用者端進行簽名驗證。

另外，定時輪詢機制能夠定時到離線套件服務平臺拉取最新版本的離線套件，這樣能夠防止離線套件下載不及時，是對「僅在 App 啟動時載入離線套件」策略的很好補充。當然，你也可以讓伺服器端主動推送離線套件，但是該方案成本較高。

離線套件安全性考量

離線套件方案從本質上改變了傳統 Hybrid 頁面載入和著色技術較為激進的弊端，我們需要從各方面考量離線套件的安全性。一般可以設計灰度發布狀態，即在全量鋪開某離線套件前先進行小流量測試，觀察一部分使用者的使用情況。

另外，還要建立健全的 fallback 機制，在發現當前最新版本的離線套件不可用時，迅速切換到穩定可用的版本，或回退到線上傳統機制。

實際情況中，我們總結了需要使用 fallback 機制的情況，包括但不限於以下三種。

- 離線套件解壓縮失敗。
- 離線套件服務平臺介面連接逾時。
- 使用增量 diff 時，資源合併失敗。

使用者流量考量

為了減少每次下載或更新離線套件時對流量的消耗，可以使用增量更新機制。一種想法是在使用者端根據 hash 值進行增量更新，另一種想法是在利用 diff 時根據檔案更改進行增量套件設計。

我們也可以在具體檔案內容層面進行 diff 操作，具體策略是使用 Node.js 的 bsdiff/bspatch 二進位差量演算法工具套件 bsdp，但 bsdiff 演算法產出的結果往往也會受到壓縮檔壓縮等級和壓縮檔修改內容的影響，且 patch 套件的生成具有一定的風險，可以按照業務和團隊的實際情況進行選型。

另外，還有一些最佳化手段值得一提。

- 離線套件資源的核心靜態檔案可以和圖片等富媒體資源檔分離快取，這樣可以更方便地管理快取，且離線套件核心靜態資源也可以整體被提前載入進記憶體，減少磁碟 I/O 耗時。
- 使用離線套件之後是否會對現有的 A/B 測試策略、資料打點策略有影響？離線套件著色後，在使用者真實存取之前，我們是不能夠將預建立頁面的 UV、PV、資料曝光等埋點進行上報的，否則會干擾正常的資料統計。
- HTML 檔案是否應該作為離線套件資源的一部分？在目前的主流方案中，很多方案也將 HTML 檔案作為離線套件資源的一部分。另一種方案是只快取 JavaScript、CSS 檔案，而 HTML 檔案還需要使用線上策略。

總結

本篇分析了在載入一個 Hybrid 頁面的過程中，前端業務層、容器層、通用層的最佳化策略，並著重分析了離線套件方案的設計和最佳化。

性能最佳化是一個宏大的話題，我們不僅需要在前端領域進行性能最佳化，還要有更高的角度，在業務全鏈路上追求性能最佳。離線套件方案是一個典型的例子，它突破了傳統狹隘前端需要各個業務團隊協調配合的現狀，我們要認真掌握。

第26章 設計一個「萬能」的專案鷹架

鷹架是專案化中不可缺少的一環。究竟什麼是鷹架呢？廣義上來說，鷹架就是為了保證施工過程順利進行而搭設的工作平臺。

程式設計領域的鷹架主要用於新專案的啟動和架設，能夠幫助開發者提升效率和開發體驗。對前端來說，從零開始建立一個專案是複雜的，因此也就存在了較多類型的鷹架。

- Vue.js、React 等框架類鷹架。
- Webpack 等建構設定類鷹架。
- 混合鷹架，比如大家熟悉的 vue-cli 或 create-react-app。

本篇我們就深入這些鷹架的原理進行講解。

命令列工具的原理和實現

現代鷹架離不開命令列工具，命令列工具即 Command-line interfaces（CLI），是程式設計領域的重要概念，也是我們開發中經常接觸到的工具之一。比如 Webpack、Babel、npm、Yarn 等都是典型的命令列工具。此外，流暢的命令列工具能夠迅速啟動一個鷹架，實現自動化和智慧化流程。在本節中，我們就使用 Node.js 來開發一個命令列工具。

先來看幾個開發命令列工具的關鍵相依。

- 'inquirer'、'enquirer'、'prompts'：可以處理複雜的使用者輸入，完成命令列輸入互動。
- 'chalk'、'kleur'：使終端可以輸出彩色資訊文案。
- 'ora'：使命令列可以輸出好看的 Spinners。
- 'boxen'：可以在命令列中畫出 Boxes 區塊。
- 'listr'：可以在命令列中畫出進度清單。
- 'meow'、'arg'：可以進行基礎的命令列參數解析。
- 'commander'、'yargs'：可以進行更加複雜的命令列參數解析。

我們的目標是支援以下面這種啟動方式建立專案。

```
npm init @lucas/project
```

在 npm 6.1 及以上版本中可以使用 npm init 或 yarn create 命令來啟動專案，比以下面兩個命令是等價的。

```
# 使用 Node.js
npm init @lucas/project

# 使用 Yarn
yarn create @lucas/project
```

啟動命令列專案

下面進入開發階段，首先建立專案。

```
mkdir create-project && cd create-project
npm init --yes
```

接著在 create-project 檔案中建立 src 目錄及 cli.js 檔案，cli.js 檔案的內容如下。

```
export function cli(args) {
 console.log(args);
}
```

接下來，為了使命令列可以在終端執行，需要新建 bin/ 目錄，並在其下建立一個 create-project 檔案，如下。

```
#!/usr/bin/env node

require = require('esm')(module /*, options*/);
require('../src/cli').cli(process.argv);
```

在上述程式中，我們使用了 'esm' 模組，這樣就可以在其他檔案中使用 import 關鍵字，即 ESM 模組規範。我們在上述檔案中引入 cli.js 並將命令列參數 'process.argv' 傳給 cli 函式執行。

當然，為了能夠正常使用 'esm' 模組，我們需要先安裝該模組，執行 npm install esm 命令。此時，package.json 檔案內容如下。

```
{
 "name": "@lucas/create-project",
 "version": "1.0.0",
 "description": "A CLI to bootstrap my new projects",
 "main": "src/index.js",
 "bin": {
   "@lucas/create-project": "bin/create-project",
   "create-project": "bin/create-project"
 },
 "publishConfig": {
   "access": "public"
 },
 "scripts": {
   "test": "echo \"Error: no test specified\" && exit 1"
 },
 "keywords": [
```

```
    "cli",
    "create-project"
  ],
  "author": "YOUR_AUTHOR",
  "license": "MIT",
  "dependencies": {
    "esm": "^3.2.18"
  }
}
```

這裡需要注意的是 bin 欄位，我們註冊了兩個可用命令：一個是帶有 npm 命名 scope 的命令，一個是常規的 create-project 命令。

為了偵錯方便，我們在終端專案目錄下執行以下偵錯命令。

```
npm link
```

執行上述命令可以在全域範圍內增加一個軟連結到當前專案中。執行命令

```
create-project --yes
```

就會得到以下輸出。

```
[ '/usr/local/Cellar/node/11.6.0/bin/node',
  '/Users/dkundel/dev/create-project/bin/create-project',
  '--yes' ]
```

解析處理命令列輸入

在解析處理命令列輸入之前，我們需要設計命令列支援的幾個選項，如下。

- [template] ：支援預設的幾種範本類型，使用者可以透過 select 命令進行選擇。
- --git：等於透過 git init 命令建立一個新的 Git 專案。
- --install：支援自動下載專案相依。
- --yes：跳過命令列互動，直接使用預設設定。

我們利用 inquirer 使得命令列支援使用者互動，同時使用 arg 來解析命令列參數，安裝命令如下。

```
npm install inquirer arg
```

接下來撰寫命令列參數解析邏輯，在 cli.js 中增加以下內容。

```
import arg from 'arg';
// 解析命令列參數為 options
function parseArgumentsIntoOptions(rawArgs) {
 // 使用 arg 進行解析
 const args = arg(
   {
     '--git': Boolean,
     '--yes': Boolean,
     '--install': Boolean,
     '-g': '--git',
     '-y': '--yes',
     '-i': '--install',
   },
   {
     argv: rawArgs.slice(2),
   }
 );
 return {
   skipPrompts: args['--yes'] || false,
   git: args['--git'] || false,
   template: args._[0],
   runInstall: args['--install'] || false,
 }
}

export function cli(args) {
 // 獲取命令列設定
 let options = parseArgumentsIntoOptions(args);
 console.log(options);
}
```

上述程式很容易理解，裡面已經加入了相關註釋。接下來，我們實現預設設定和互動式設定選擇邏輯，程式如下。

```
import arg from 'arg';
import inquirer from 'inquirer';

function parseArgumentsIntoOptions(rawArgs) {
        // ...
}

async function promptForMissingOptions(options) {
 // 預設使用名為 JavaScript 的範本
 const defaultTemplate = 'JavaScript';
 // 使用預設範本則直接傳回
 if (options.skipPrompts) {
   return {
     ...options,
     template: options.template || defaultTemplate,
   };
 }
 // 準備互動式問題
 const questions = [];
 if (!options.template) {
   questions.push({
     type: 'list',
     name: 'template',
     message: 'Please choose which project template to use',
     choices: ['JavaScript', 'TypeScript'],
     default: defaultTemplate,
   });
 }

 if (!options.git) {
   questions.push({
     type: 'confirm',
     name: 'git',
     message: 'Initialize a git repository?',
     default: false,
   });
```

```
 }
 // 使用 inquirer 進行互動式查詢，並獲取使用者答案選項
 const answers = await inquirer.prompt(questions);
 return {
   ...options,
   template: options.template || answers.template,
   git: options.git || answers.git,
 };
}

export async function cli(args) {
 let options = parseArgumentsIntoOptions(args);
 options = await promptForMissingOptions(options);
 console.log(options);
}
```

這樣一來，我們就可以獲取以下設定。

```
{
skipPrompts: false,
    git: false,
    template: 'JavaScript',
    runInstall: false
}
```

下面我們需要完成將範本下載到本地的邏輯，事先準備好兩種名為 typescript 和 javascript 的範本，並將相關的範本儲存在專案的根目錄下。在實際開發中，可以內建更多的範本。

我們使用 ncp 套件實現跨平臺遞迴拷貝檔案，使用 chalk 做個性化輸出。安裝命令如下。

```
npm install ncp chalk
```

在 src/ 目錄下，建立新的檔案 main.js，程式如下。

```
import chalk from 'chalk';
import fs from 'fs';
import ncp from 'ncp';
```

```
import path from 'path';
import { promisify } from 'util';

const access = promisify(fs.access);
const copy = promisify(ncp);

// 遞迴拷貝檔案
async function copyTemplateFiles(options) {
 return copy(options.templateDirectory, options.targetDirectory, {
   clobber: false,
 });
}

// 建立專案
export async function createProject(options) {
 options = {
   ...options,
   targetDirectory: options.targetDirectory || process.cwd(),
 };

 const currentFileUrl = import.meta.url;
 const templateDir = path.resolve(
   new URL(currentFileUrl).pathname,
   '../../templates',
   options.template.toLowerCase()
 );
 options.templateDirectory = templateDir;

 try {
       // 判斷範本是否存在
   await access(templateDir, fs.constants.R_OK);
 } catch (err) {
       // 範本不存在
   console.error('%s Invalid template name', chalk.red.bold('ERROR'));
   process.exit(1);
 }

 // 拷貝範本
 await copyTemplateFiles(options);
```

```
 console.log('%s Project ready', chalk.green.bold('DONE'));
 return true;
}
```

在上述程式中，我們透過 import.meta.url 獲取當前模組的 URL，並透過 fs.constants.R_OK 判斷對應範本是否存在。此時 cli.js 檔案的關鍵內容如下。

```
import arg from 'arg';
import inquirer from 'inquirer';
import { createProject } from './main';

function parseArgumentsIntoOptions(rawArgs) {
// ...
}

async function promptForMissingOptions(options) {
// ...
}

export async function cli(args) {
 let options = parseArgumentsIntoOptions(args);
 options = await promptForMissingOptions(options);
 await createProject(options);
}
```

接下來，我們需要完成 Git 的初始化及相依安裝工作，這時需要用到以下相依。

- 'execa'：允許在開發中使用類似 Git 的外部命令。
- 'pkg-install'：使用 yarn install 或 npm install 命令安裝相依。
- 'listr'：列出當前進度。

安裝相依，命令如下。

```
npm install execa pkg-install listr
```

將 main.js 檔案中的內容更新如下。

```
import chalk from 'chalk';
import fs from 'fs';
import ncp from 'ncp';
import path from 'path';
import { promisify } from 'util';
import execa from 'execa';
import Listr from 'listr';
import { projectInstall } from 'pkg-install';

const access = promisify(fs.access);
const copy = promisify(ncp);

// 拷貝範本
async function copyTemplateFiles(options) {
 return copy(options.templateDirectory, options.targetDirectory, {
   clobber: false,
 });
}
// 初始化 Git
async function initGit(options) {
 // 執行 git init 命令
 const result = await execa('git', ['init'], {
   cwd: options.targetDirectory,
 });
 if (result.failed) {
   return Promise.reject(new Error('Failed to initialize git'));
 }
 return;
}
// 建立專案
export async function createProject(options) {
 options = {
   ...options,
   targetDirectory: options.targetDirectory || process.cwd()
 };

 const templateDir = path.resolve(
   new URL(import.meta.url).pathname,
```

```
    '../../templates',
    options.template
  );
  options.templateDirectory = templateDir;

  try {
        // 判斷範本是否存在
    await access(templateDir, fs.constants.R_OK);
  } catch (err) {
    console.error('%s Invalid template name', chalk.red.bold('ERROR'));
    process.exit(1);
  }
  // 宣告 tasks
  const tasks = new Listr([
    {
      title: 'Copy project files',
      task: () => copyTemplateFiles(options),
    },
    {
      title: 'Initialize git',
      task: () => initGit(options),
      enabled: () => options.git,
    },
    {
      title: 'Install dependencies',
      task: () =>
        projectInstall({
          cwd: options.targetDirectory,
        }),
      skip: () =>
        !options.runInstall
          ? 'Pass --install to automatically install dependencies'
          : undefined,
    },
  ]);
  // 並存執行 tasks
  await tasks.run();
  console.log('%s Project ready', chalk.green.bold('DONE'));
  return true;
}
```

這樣一來，命令列工具就大功告成了。

接下來我們主要談談範本維護的問題，在上述實現中，範本在本地被維護。為了擴大範本的使用範圍，可以將其共用到 GitHub 中。我們可以在 package.json 檔案中宣告 files 欄位，以此來宣告哪些檔案可以被發布出去。

```
},
 "files": [
   "bin/",
   "src/",
   "templates/"
 ]
}
```

另外一種做法是將範本單獨維護到一個 GitHub 倉庫當中。建立專案時，使用 download-git-repo 來下載範本。

從命令列工具到萬能鷹架

前面我們分析了一個命令列工具的實現流程，這些內容並不複雜。但如何從一個命令列工具升級為一個萬能鷹架呢？我們繼續探討。

使用命令列工具啟動並建立一個基於範本的專案，只能說是形成了一個鷹架的雛形。對比大家熟悉的 vue-cli、create-react-app、@tarojs/cli、umi 等，我們還需要從可伸縮性、使用者友善性方面考慮。

- 如何使範本支援版本管理？
- 範本如何進行擴展？
- 如何進行版本檢查和更新？
- 如何自訂建構？

可以使用 npm 維護範本，支援版本管理。當然，在鷹架的設計中，要加入對版本的選擇和處理操作。

如前文所說，範本擴展可以借助中心化手段，整合開發者力量，提供範本市場。這裡需要注意的是，不同範本或功能區塊的可抽換性是非常重要的。

版本檢查可以透過 npm view @lucas/create-project version 來實現，根據環境提示使用者進行更新。

建構是一個老大難問題，不同專案的建構需求是不同的。參照開篇所講，不同建構指令稿可以考慮單獨抽象，提供可抽換式封裝。比如 jslib-base 這個函式庫，這也是一個「萬能鷹架」。

使用鷹架初始化一個專案的過程，本質是根據輸入資訊進行範本填充。比如，如果開發者選擇使用 TypeScript 及英文環境開發專案，並使用 Rollup 進行建構，那麼在初始化 rollup.config.js 檔案時，我們要讀取 rollup.js.tmpl，並將相關資訊（比如對 TypeScript 的編譯）填寫到範本中。

類似的情況還有初始化 .eslintrc.ts.json、package.json、CHANGELOG.en.md、README.en.md，以及 doc.en.md 等。

所有這些檔案的生成過程都需要滿足可抽換特性，更理想的是，這些外掛程式是一個獨立的執行時期。因此，我們可以將每一個鷹架檔案（即範本檔案）視作一個獨立的應用，由命令列統一指揮排程。

比如 jslib-base 這個函式庫對於 Rollup 建構的處理，支援開發者傳入 option，由命令列處理函式，結合不同的設定版本進行自訂分配，具體程式如下。

```
const path = require('path');
const util = require('@js-lib/util');

function init(cmdPath, name, option) {
    const type = option.type;
    const module = option.module = option.module.reduce((prev, name) => (prev[name] =
name, prev), ({}));
    util.copyTmpl(
        path.resolve(__dirname, `./template/${type}/rollup.js.tmpl`),
        path.resolve(cmdPath, name, 'config/rollup.js'),
```

```
        option,
    );
    if (module.umd) {
        util.copyFile(
            path.resolve(__dirname, `./template/${type}/rollup.config.aio.js`),
            path.resolve(cmdPath, name, 'config/rollup.config.aio.js')
        );
    }
    if (module.esm) {
        util.copyFile(
            path.resolve(__dirname, `./template/${type}/rollup.config.esm.js`),
            path.resolve(cmdPath, name, 'config/rollup.config.esm.js')
        );
    }
    if (module.commonjs) {
        util.copyFile(
            path.resolve(__dirname, `./template/${type}/rollup.config.js`),
            path.resolve(cmdPath, name, 'config/rollup.config.js')
        );
    }

    util.mergeTmpl2JSON(
        path.resolve(__dirname, `./template/${type}/package.json.tmpl`),
        path.resolve(cmdPath, name, 'package.json'),
        option,
    );

    if (type === 'js') {
        util.copyFile(
            path.resolve(__dirname, `./template/js/.babelrc`),
            path.resolve(cmdPath, name, '.babelrc')
        );
    } else if (type === 'ts') {
        util.copyFile(
            path.resolve(__dirname, `./template/ts/tsconfig.json`),
            path.resolve(cmdPath, name, 'tsconfig.json')
        );
    }
}
```

```
module.exports = {
    init: init,
}
```

如上述程式所示，根據使用者輸入不同，這裡使用了不同版本的 Rollup 建構內容。

了解了這些內容，對於實現一個自己的 create-react-app、vue-cli 鷹架會更有想法和體會。

總結

本篇從開發一個命令列工具入手，分析了實現一個鷹架的各方面。實現一個企業級鷹架需要不斷打磨和最佳化，不斷增強使用者體驗和可操作性，比如處理邊界情況、終端提示等，更重要的是對建構邏輯的抽象和封裝，以及根據業務需求擴展命令和範本。

第五部分 PART FIVE

前端全鏈路——Node.js 全端開發

在這一部分中，我們以實戰的方式靈活運用並實踐 Node.js。這一部分不會講解 Node.js 的基礎內容，讀者需要先儲備相關知識。我們的重點會放在 Node.js 的應用和發展上，比如我會帶大家設計並完成一個真正意義上的企業級閘道，其中涉及網路知識、Node.js 理論知識、許可權和代理知識等。再比如，我會帶大家研究並實現一個完善可靠的 Node.js 服務系統，它可能涉及非同步訊息佇列、資料儲存，以及相關微服務等傳統後端知識，讓讀者能夠真正在團隊中實踐 Node.js 技術，不斷開疆擴土。

第 27 章 同構著色架構：實現 SSR 應用

從本篇開始，我們正式進入 Node.js 主題學習階段。

作為Node.js技術的重要應用場景，同構著色SSR應用尤其重要。現在來看，SSR 已經並不新鮮，實現起來也並不困難。可是有的開發者認為：SSR 應用不就是呼叫一個與 renderToString（React 中的）類似的 API 嗎？

講道理，確實如此，但 SSR 應用不止這麼簡單。就拿面試來說，同構的考查點不是「紙上談兵」的理論，而是實際實施時的細節。本篇將一步步實現一個 SSR 應用，並分析 SSR 應用的重點。

實現一個簡易的 SSR 應用

SSR 著色架構的優勢已經非常明顯了，不管是對 SEO 友善還是性能提升，大部分開發者已經耳熟能詳了。在這一部分，我們以 React 技術堆疊為背景，實現一個 SSR 應用。

首先啟動專案。

```
npm init --yes
```

設定 Babel 和 Webpack，目的是將 ESM 和 React 編譯為 Node.js 和瀏覽器能夠理解的程式。相關 .babelrc 檔案的內容如下。

```
{
  "presets": ["@babel/env", "@babel/react"]
}
```

如上面的程式所示，我們直接使用 @babel/env 和 @babel/react 作為預設。相關 webpack.config.js 檔案的內容如下。

```
const path = require('path');
module.exports = {
    entry: {
        client: './src/client.js',
        bundle: './src/bundle.js'
    },
    output: {
        path: path.resolve(__dirname, 'assets'),
        filename: "[name].js"
    },
    module: {
        rules: [
            { test: /\.js$/, exclude: /node_modules/, loader: "babel-loader" }
        ]
    }
}
```

設定入口檔案為 ./src/client.js 和 ./src/bundle.js，對它們進行打包，結果如下。

- assets/bundle.js：CSR 架構下的瀏覽器端指令稿。
- assets/client.js：SSR 架構下的瀏覽器端指令稿，銜接 SSR 部分。

在業務原始程式中，我們使用 ESM 規範撰寫 React 和 Redux 程式，低版本的 Node.js 並不能直接支援 ESM 規範，因此需要使用 Babel 將 src/ 資料夾內的程式編譯並儲存到 views/ 目錄下，相關命令如下。

```
"babel": "babel src -d views"
```

我們對專案目錄說明，如下。

- src/components 中存放 React 元件。
- src/redux/ 中存放 Redux 相關程式。
- assets/ 和 media/ 中存放樣式檔案及圖片。
- src/server.js 和 src/template.js 是 Node.js 環境相關指令稿。

src/server.js 指令稿內容如下。

```
import React from 'react';
import { renderToString } from 'react-dom/server';
import { Provider } from 'react-redux';
import configureStore from './redux/configureStore';
import App from './components/app';

module.exports = function render(initialState) {
      // 初始化 Redux store
  const store = configureStore(initialState);
  let content = renderToString(<Provider store={store} ><App /></Provider>);
  const preloadedState = store.getState();
  return {
    content,
    preloadedState
  };
};
```

針對上述內容展開分析，如下。

- initialState 作為參數被傳遞給 configureStore() 方法，並實例化一個新的 store。
- 呼叫 renderToString() 方法，得到伺服器端著色的 HTML 字串 content。
- 呼叫 Redux 的 getState() 方法，得到狀態 preloadedState。
- 傳回 HTML 字串 content 和 preloadedState。

src/template.js 指令稿內容如下。

```
export default function template(title, initialState = {}, content = "") {
  let scripts = '';
  // 判斷是否有 content 內容
  if (content) {
    scripts = ' <script>
                window.__STATE__ = ${JSON.stringify(initialState)}
              </script>
              <script src="assets/client.js"></script>
              '
  } else {
    scripts = ' <script src="assets/bundle.js"> </script> '
  }
  let page = '<!DOCTYPE html>
             <html lang="en">
             <head>
               <meta charset="utf-8">
               <title> ${title} </title>
               <link rel="stylesheet" href="assets/style.css">
             </head>
             <body>
               <div class="content">
                  <div id="app" class="wrap-inner">
                     ${content}
                  </div>
               </div>

                 ${scripts}
             </body>
             ';

 return page;
}
```

我們對上述內容進行解讀：template 函式接收 title、initialState 和 content 為參數，拼湊成最終的 HTML 檔案，將 initialState 掛載到 window.__STATE__ 中，作為 script 標籤內聯到 HTML 檔案，同時將 SSR 架構下的 assets/client.js 指令稿或 CSR 架構下的 assets/bundle.js 指令稿嵌入。

下面，我們聚焦同構部分的瀏覽器端指令稿。

在 CSR 架構下，assets/bundle.js 指令稿的內容如下。

```
import React from 'react';
import { render } from 'react-dom';
import { Provider } from 'react-redux';
import configureStore from './redux/configureStore';
import App from './components/app';

// 獲取 store
const store = configureStore();
render(
  <Provider store={store} > <App /> </Provider>,
  document.querySelector('#app')
);
```

而在 SSR 架構下，assets/client.js 指令稿內容大概如下。

```
import React from 'react';
import { hydrate } from 'react-dom';
import { Provider } from 'react-redux';
import configureStore from './redux/configureStore';
import App from './components/app';

const state = window.__STATE__;
delete window.__STATE__;
const store = configureStore(state);
hydrate(
  <Provider store={store} > <App /> </Provider>,
  document.querySelector('#app')
);
```

assets/client.js 對比 assets/bundle.js 而言比較關鍵的不同點在於，使用了 window.__STATE__. 獲取初始狀態，同時使用了 hydrate() 方法代替 render() 方法。

SSR 應用中容易忽略的細節

接下來，我們對幾個更細節的問題進行分析，這些問題不單單涉及程式層面的解決方案，更是專案化方向的設計方案。

環境區分

我們知道，SSR 應用實現了使用者端程式和伺服器端程式的基本統一，我們只需要撰寫一種元件，就能生成適用於伺服器端和使用者端的元件案例。但是大多數情況下伺服器端程式和使用者端程式還是需要單獨處理的，其差別如下。

1. 路由程式差別

伺服器端需要根據請求路徑匹配頁面元件，使用者端需要透過瀏覽器中的位址匹配頁面元件。

使用者端程式如下。

```
const App = () => {
  return (
    <Provider store={store}>
      <BrowserRouter>
        <div>
          <Route path='/' component={Home}>
          <Route path='/product' component={Product}>
        </div>
      </BrowserRouter>
    </Provider>
  )
}
ReactDom.render(<App/>, document.querySelector('#root'))
```

BrowserRouter 元件根據 window.location 及 history API 實現頁面切換，而伺服器端肯定是無法獲取 window.location 的。

伺服器端程式如下。

```
const App = () => {
  return
    <Provider store={store}>
      <StaticRouter location={req.path} context={context}>
        <div>
          <Route path='/' component={Home}>
        </div>
      </StaticRouter>
    </Provider>
}
Return ReactDom.renderToString(<App/>)
```

伺服器端需要使用 StaticRouter 元件，我們要將請求位址和上下文資訊，即 location 和 context 這兩個 prop 傳入 StaticRouter 中。

2. 打包差別

伺服器端執行的程式如果需要相依 Node.js 核心模組或第三方模組，我們就不再需要把這些模組程式打包到最終程式中了，因為環境中已經安裝了這些相依，可以直接引用。我們需要在 Webpack 中設定 target: node，並借助 webpack-node-externals 外掛程式解決第三方相依打包的問題。

注水和脫水

什麼叫作注水和脫水呢？這和 SSR 應用中的資料獲取有關：在伺服器端著色時，首先伺服器端請求介面拿到資料，並準備好資料狀態（如果使用 Redux，就進行 store 更新），為了減少使用者端請求，我們需要保留這個狀態。

一般做法是在伺服器端傳回 HTML 字串時將資料 JSON.stringify 一併傳回，這個過程叫作脫水（dehydrate）。在使用者端，不再需要進行資料請求，可以直接使用伺服器端下發的資料，這個過程叫作注水（hydrate）。

在伺服器端著色時，如何能夠請求所有的 API，保障資料全部已經被請求呢？一般有兩種方案。

1. react-router 解決方案

設定路由 route-config，結合 matchRoutes，找到頁面上相關元件所需請求介面的方法並執行請求。這要求開發者透過路由設定資訊，顯式告知伺服器端請求內容，如下。

```
const routes = [
  {
    path: "/",
    component: Root,
    loadData: () => getSomeData()
  }
  // etc.
]

import { routes } from "./routes"

function App() {
  return (
    <Switch>
      {routes.map(route => (
        <Route {...route} />
      ))}
    </Switch>
  )
}
```

伺服器端程式如下。

```
import { matchPath } from "react-router-dom"

const promises = []
routes.some(route => {
  const match = matchPath(req.path, route)
  if (match) promises.push(route.loadData(match))
  return match
})

Promise.all(promises).then(data => {
```

```
  putTheDataSomewhereTheClientCanFindIt(data)
})
```

2. 類似 Next.js 的解決方案

我們需要在 React 元件上定義靜態方法。比如定義靜態 loadData 方法，在伺服器端著色時，我們可以遍歷所有元件的 loadData，獲取需要請求的介面。

安全問題

安全問題非常關鍵，尤其涉及伺服器端著色時，開發者要格外小心。這裡提出一個注意事項：我們前面提到了注水和脫水過程，其中的程式非常容易遭受 XSS 攻擊。比如，一個脫水過程的程式如下。

```
ctx.body = `
  <!DOCTYPE html>
  <html lang="en">
    <head>
      <meta charset="UTF-8">
    </head>
    <body>
        <script>
        window.context = {
          initialState: ${JSON.stringify(store.getState())}
        }
      </script>
      <div id="app">
          // ...
      </div>
    </body>
  </html>
`
```

對於上述程式，我們要嚴格清洗 JSON 字串中的 HTML 標籤和其他危險字元。具體可使用 serialize-javascript 函式庫進行處理，這也是 SSR 應用中最容易被忽視的細節。

這裡給大家留一個思考題：React dangerouslySetInnerHTML API 也有類似風險，React 是怎麼處理這個安全隱憂的呢？

請求認證問題

上面講到伺服器端預先請求資料，那麼請大家思考這樣一個場景：某個請求相依使用者資訊，比如請求「我的學習計畫列表」。這種情況下，伺服器端請求是不同於使用者端的，不會有瀏覽器增加 cookie 及不含其他相關內容的 header 資訊。在伺服器端發送相關請求時，一定不會得到預期的結果。

針對上述問題，解決辦法也很簡單：伺服器端請求時需要保留使用者端頁面請求資訊（一般是 cookie），並在 API 請求時攜帶並透傳這個資訊。

樣式處理問題

SSR 應用的樣式處理問題容易被開發者忽視，但這個問題非常關鍵。比如，我們不能再使用 style-loader 了，因為這個 Webpack Loader 會在編譯時將樣式模組載入 HTML header。但在伺服器端著色環境下，沒有 Window 物件，style-loader 就會顯示出錯。一般我們使用 isomorphic-style-loader 來解決樣式處理問題，範例程式如下。

```
{
    test: /\.css$/,
    use: [
        'isomorphic-style-loader',
        'css-loader',
        'postcss-loader'
    ],
}
```

isomorphic-style-loader 的原理是什麼呢？

我們知道，對 Webpack 來說，所有的資源都是模組。Webpack Loader 在編譯過程中可以將匯入的 CSS 檔案轉換成物件，拿到樣式資訊。因此，isomorphic-style-loader 可以獲取頁面中所有元件的樣式。為了實現得更加通用化，isomorphic-style-loader 利用 context API 在著色頁面元件時獲取所有 React 元件的樣式資訊，最終將其插入 HTML 字串中。

在伺服器端著色時，我們需要加入以下邏輯。

```
import express from 'express'
import React from 'react'
import ReactDOM from 'react-dom'
import StyleContext from 'isomorphic-style-loader/StyleContext'
import App from './App.js'

const server = express()
const port = process.env.PORT || 3000

server.get('*', (req, res, next) => {
  // CSS Set 類型來儲存頁面所有的樣式
  const css = new Set()
  const insertCss = (...styles) => styles.forEach(style => css.add(style._getCss()))

  const body = ReactDOM.renderToString(
    <StyleContext.Provider value={{ insertCss }}>
      <App />
    </StyleContext.Provider>
  )

  const html = `<!doctype html>
    <html>
      <head>
        <script src="client.js" defer></script>
        // 將樣式插入 HTML 字串中
        <style>${[...css].join('')}</style>
      </head>
      <body>
        <div id="root">${body}</div>
      </body>
    </html>`
  res.status(200).send(html)
})
```

```
server.listen(port, () => {
  console.log(`Node.js app is running at http://localhost:${port}/`)
})
```

分析上面的程式，我們定義了 CSS Set 類型來儲存頁面所有的樣式，定義了 insertCss 方法，該方法使得每個 React 元件可以獲取 context，進而可以呼叫 insertCss 方法。該方法在被呼叫時，會將元件樣式加入 CSS Set 當中。最後我們使用 [...css].join('') 命令就可以獲取頁面的所有樣式字串了。

強調一下，isomorphic-style-loader 的原始程式已經更新，採用了最新的 React Hooks API，推薦給 React 開發者閱讀，相信你一定會收穫很多！

總結

本篇前半部分「一步步」教大家實現了伺服器端著色的 SSR 應用，後半部分從更高的層面剖析了 SSR 應用中那些關鍵的細節和疑難問題的解決方案。這些經驗源於真刀真槍的線上案例，即使你沒有開發過 SSR 應用，也能從中全方位地了解關鍵資訊，掌握這些細節，SSR 應用的實現就會更穩、更可靠。

SSR 應用其實遠比理論複雜，絕對不是靠幾個 API 和幾台伺服器就能完成的，希望大家多思考、多動手，主動去獲得更多體會。

第28章 性能守衛系統設計：完善 CI/CD 流程

性能始終是一個宏大的話題，前面幾篇或多或少都涉及了對性能最佳化的討論。其實，除了在性能出現問題時進行最佳化，我們還需要在性能可能惡化時有所感知並進行防控。因此，一個性能守衛系統，即性能監控系統尤為重要。

借助 Node.js 的能力，本篇將聚焦 CI/CD 流程，設計一個性能守衛系統。希望透過本篇的學習，你可以意識到，除了同構直出、資料聚合，Node.js 還能做其他重要且有趣的事。

性能守衛理論基礎

性能守衛的含義是，對每次上線進行性能把關，對性能惡化做到提前預警。那麼我們如何感知性能的好壞呢？對於 Load/DOMContentLoaded 事件、FP/FCP 指標，我們已經耳熟能詳了，下面再擴充介紹幾個更加現代化的性能指標。

1. LCP（Largest Contentful Paint）

衡量頁面的載入體驗，它表示視埠內可見的最大內容元素的著色時間。相比於 FCP，這個指標可以更加真實地反映具體內容的載入速度。比如，如果頁面著色前有一個 loading 動畫，那麼 FCP 可能會以 loading 動畫出現的時間為準統計著色內容的時間，而 LCP 定義了 loading 動畫載入後真實著色出內容的時間。

2. FID（First Input Delay）

衡量可互動性，它表示使用者和頁面進行首次互動操作所花費的時間。它比 TTI（Time to Interact）更加提前，在這個階段，頁面雖然已經顯示出部分內容，但並不完全具備可互動性，在使用者回應上可能會有較大的延遲。

3. CLS（Cumulative Layout Shift）

衡量視覺穩定性，表示在頁面的整個生命週期中，產生的預期外的樣式移動的總和。所以，CLS 越小越好。

以上是幾個重要的、現代化的性能指標。結合傳統的 FP/FCP/FMP 時間，我們可以建構出一個相對完備的指標系統。請你思考：如何從這些指標中得到監控素材？

業界公認的監控素材主要由兩方提供。

- 真實使用者監控（Real User Monitoring，RUM）。
- 合成監控（Synthetic Monitoring，SYN）。

在真實使用者監控中得到素材的過程是，基於使用者真實存取應用情況，在應用生命週期內計算產出性能指標並進行上報。開發者拉取日誌伺服器上的指標資料，進行清洗加工，最終生成真實的存取監控報告。真實使用者監控一般搭配穩定的 SDK，會在一定程度上影響使用者存取性能，也給使用者帶來了額外的流量消耗。

透過合成監控獲得的監控素材屬於一種實驗室資料，一般在某一個模擬場景中，借助工具，再搭配規則和性能稽核專案，能得到合成監控報告。合成監控的優點比較明顯，它的實現比較簡單，有現成的、成熟的解決方案。如果搭配豐富的場景和規則，得到的資料型態也會更多。但它的缺點是資料量相對較小，且模擬條件設定相對複雜，無法完全反映真實場景。

在 CI/CD 流程中，我們需要設計的性能守衛系統就是一種合成監控方案。在方案設計上，我們需要做到揚長避短。

Lighthouse 原理介紹

前面提到，實現合成監控有成熟的解決方案，比如 Lighthouse。本篇中的方案也基於 Lighthouse 實現，這裡先對 Lighthouse 原理介紹。

Lighthouse 是一個開放原始碼的自動化工具，它提供了四種使用方式。

- Chrome DevTools。
- Chrome 外掛程式。
- Node.js CLI。
- Node.js 模組。

我們先透過 Chrome DevTools 來快速體驗一下 Lighthouse。在 Audits 面板下進行相關測試，可以得到一個網址測試報告，內容如圖 28-1 所示。

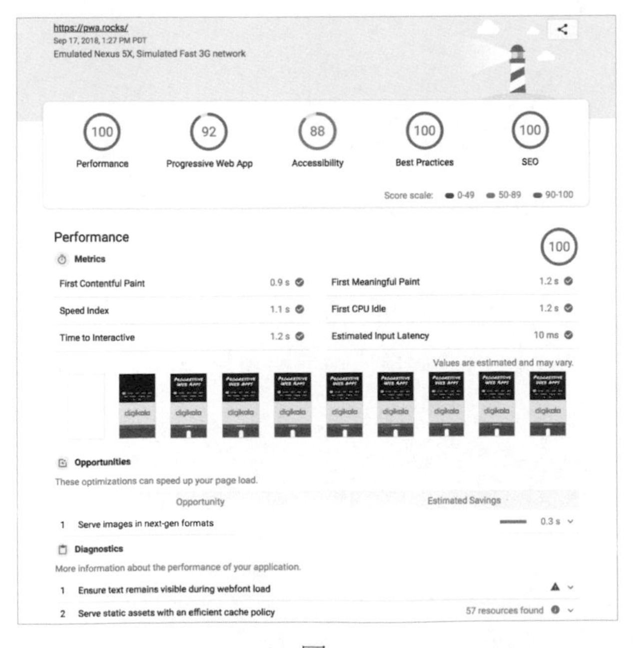

▲ 圖 28-1

這個報告是如何得出的呢？要想搞清楚這個問題，要先了解 Lighthouse 的架構，如圖 28-2 所示。

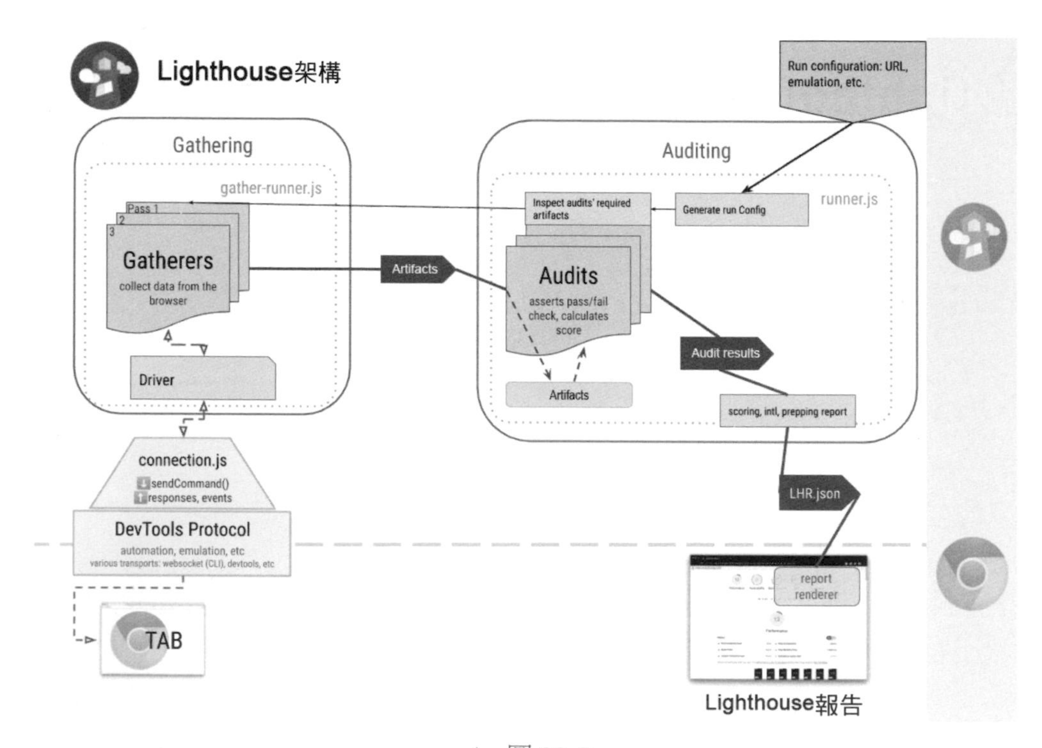

▲ 圖 28-2

圖 28-2 中一些關鍵名詞的解釋如下。

- Driver（驅動器）：遵循協定 CDP（Chrome Debugging Protocol）與瀏覽器進行互動的物件。
- Gatherers（擷取器）：呼叫 Driver 執行瀏覽器命令後得到的網頁基礎資訊，每個擷取器都會收集自己的目標資訊，並生成中間產物。
- Artifacts（中間產物）：一系列 Gatherers 的集合，會被稽核項使用。
- Audits（稽核項）：以中間產物作為輸入進行性能測試並評估分數後得到的 LHAR（LightHouse Audit Result Object）標準資料物件。

在了解上述關鍵名詞的基礎上，我們對 Lighthouse 架構原理及工作流程進行分析。

- 首先，Lighthouse 驅動 Driver，基於協定 CDP 呼叫瀏覽器進行應用的載入和著色。
- 然後透過 Gatherers 模組集合收集到的 Artifacts 資訊。
- Artifacts 資訊在 Auditing 階段透過對自訂指標的稽核得到 Audits 結果，並生成相關檔案。

從該流程中，我們可以得到的關鍵資訊如下。

- Lighthouse 會與瀏覽器建立連接，並透過 CDP 與瀏覽器進行互動。
- 透過 Lighthouse，我們可以自訂稽核項並得到稽核結果。

本篇實現的性能守衛系統是採用 Lighthouse 的後兩種使用方式（Node.js CLI 和 Node.js 模組）進行性能跑分的，下面的程式列出了一個基本的使用範例。

```
const fs = require('fs');
const lighthouse = require('lighthouse');
const chromeLauncher = require('chrome-launcher');

(async () => {
  // 啟動一個 Chrome
  const chrome = await chromeLauncher.launch({chromeFlags: ['--headless']});
  const options = {logLevel: 'info', output: 'html', onlyCategories: ['performance'],
port: chrome.port};
  // 使用 Lighthouse 對目標頁面進行跑分
  const runnerResult = await lighthouse('https://example.com', options);

  // '.report' 是一個 HTML 類型的分析頁面
  const reportHtml = runnerResult.report;
  fs.writeFileSync('lhreport.html', reportHtml);

  // '.lhr' 是用於 lighthous-ci 方案的結果集合
  console.log('Report is done for', runnerResult.lhr.finalUrl);
  console.log('Performance score was', runnerResult.lhr.categories.performance.score *
100);

  await chrome.kill();
})();
```

上面的程式描述了一個簡單的在 Node.js 環境下使用 Lighthouse 的場景。其中提到了 lighthous-ci，這是官方列出的將 CI/CD 過程連線 Lighthouse 的方案。但在企業中，CI/CD 過程相對敏感，性能守衛系統需要在私有前提下連線 CI/CD 流程，本質上來說是實現了一個專有的 lighthous-ci 方案。

性能守衛系統 Perf-patronus

我們暫且給性能守衛系統命名為 Perf-patronus，寓意為「性能護衛神」。預計 Perf-patronus 會預設監控以下性能指標。

- FCP：首次出現有意義內容的著色時間。
- Total Blocking Time：總阻塞時間。
- First CPU Idle：首次 CPU 閒置時間。
- TTI：可互動時間。
- Speed Index：速度指數。
- LCP：最大內容元素的著色時間。

Perf-patronus 技術架構和工作流程如圖 28-3 所示。

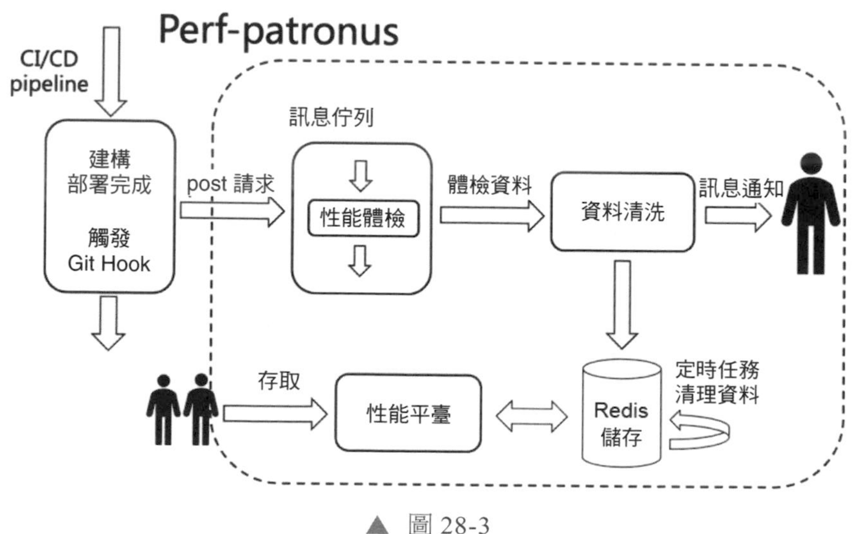

▲ 圖 28-3

- 在特定環境完成建構部署後，開始進行性能體檢。
- 性能體檢服務由訊息佇列消費完成。
- 每一次性能體檢會產出體檢資料，根據資料是否及格決定是否進行後續的訊息通知。體檢資料不及格時需進行資料清洗。
- 清洗後的資料由 Redis 儲存，這些已儲存的資料會被定時清理。
- 體檢資料同時被性能平臺所消費，展示相關頁面性能，供外部存取。

預計系統使用情況如圖 28-4 所示。

▲ 圖 28-4

Perf-patronus 技術架構及工作流程相對清晰，但我們需要思考一個重要的問題：如何真實反映使用者情況，並以此為出發點完善性能守衛系統的相關設計？

使用者存取頁面的真實情況千變萬化，即使程式沒有變化，其他可變因素也會大量存在。因此我們應該統一共識，確定一個相對穩定可靠的性能評判標準，其中的關鍵一環是分析可能出現的可變因素，對每一類可變因素進行針對性處理，保證每次性能體檢服務產出資料的說服力和穩定性。

常見的可變因素有以下幾個。

- 頁面不確定性：比如存在 A/B 測試時，性能體檢服務無法進行處理，需要連線者保證頁面性能的可對比性。
- 使用者側網路情況不確定性：針對這種情況，性能體檢服務中應該設置可靠的 Throttling 機制，以及較合理的請求等待時間。
- 終端設備不確定性：性能體檢服務中應該設計可靠的 CPU Simulating 能力，並統一 CPU 能力測試範圍。
- 頁面伺服器的穩定性：這方面因素影響較小，不用過多考慮。對於服務「掛掉」的情況，能反映出性能異常即可。
- 性能體檢服務的穩定性：在同一台機器上，如果存在其他應用服務，可能會影響性能體檢服務的穩定性和一致性。不過預計該影響不大，可以透過模擬網路環境和 CPU 能力來保障性能體檢服務的穩定性和一致性。

在對性能體檢服務進行跑分設計時，考慮上述可變因素，大體上可以透過以下手段最大化「磨平」差異。

- 保證性能體檢服務的硬體 / 容器能力。
- 需要連線者清楚程式或頁面變動對頁面性能可能產生的影響，並做好相應的連線側處理。
- 自動化重複多次執行性能體檢服務。
- 模擬多種網路 / 終端情況，設計得分權重。

對於有登入狀態的頁面，我們提供以下幾種方案執行登入狀態下的性能體檢服務。

- 透過 Puppeteer page.cookie 在測試時保持登入狀態。
- 透過在請求服務時傳遞參數來解決登入狀態問題。

下面我們透過程式來串聯整個性能體檢服務的流程。入口任務程式如下。

```
async run(runOptions: RunOptions) {
        // 檢查相關資料
  const results = {};
  // 使用 Puppeteer 建立一個無頭瀏覽器
  const context = await this.createPuppeteer(runOptions);
  try {
    // 執行必要的登入流程
    await this.Login(context);
    // 頁面打開前的鉤子函式
    await this.before(context);
    // 打開頁面，獲取資料
    await this.getLighthouseResult(context);
    // 頁面打開後的鉤子函式
    await this.after(context, results);
    // 收集頁面性能資料
    return await this.collectArtifact(context, results);
  } catch (error) {
    throw error;
  } finally {
    // 關閉頁面和無頭瀏覽器
    await this.disposeDriver(context);
  }
}
```

其中，建立一個 Puppeteer 無頭瀏覽器的邏輯如下。

```
async createPuppeteer (runOptions: RunOptions) {
        // 啟動設定項目可以參考 [puppeteerlaunchoptions](https://***.github.io/puppeteer-
        // api-zh_CN/#?product=Puppeteer&version=v5.3.0&show=api-
puppeteerlaunchoptions)
  const launchOptions: puppeteer.LaunchOptions = {
    headless: true, // 是否採用無頭模式
    defaultViewport: { width: 1440, height: 960 }, // 指定頁面視埠的寬和高
    args: ['--no-sandbox', '--disable-dev-shm-usage'],
    // Chromium 安裝路徑
    executablePath: 'xxx',
  };
  // 建立一個瀏覽器物件
```

```
  const browser = await puppeteer.launch(launchOptions);
  const page = (await browser.pages())[0];
  // 傳回瀏覽器物件和頁面物件
  return { browser, page };
}
```

打開相關頁面，執行 Lighthouse 工具相關程式，如下。

```
async getLighthouseResult(context: Context) {
      // 獲取上下文資訊
  const { browser, url } = context;
  // 使用 Lighthouse 進行性能擷取
  const { artifacts, lhr } = await lighthouse(url, {
    port: new URL(browser.wsEndpoint()).port,
    output: 'json',
    logLevel: 'info',
    emulatedFormFactor: 'desktop',
    throttling: {
      rttMs: 40,
      throughputKbps: 10 * 1024,
      cpuSlowdownMultiplier: 1,
      requestLatencyMs: 0,
      downloadThroughputKbps: 0,
      uploadThroughputKbps: 0,
    },
    disableDeviceEmulation: true,
    // 只檢測 performance 模組
    onlyCategories: ['performance'],
  });
  // 回填資料
  context.lhr = lhr;
  context.artifacts = artifacts;
}
```

上述流程是在 Node.js 環境下對相關頁面執行 Lighthouse 性能檢查的邏輯。

我們自訂的邏輯往往可以透過 Lighthouse 外掛程式實現，一個 Lighthouse 外掛程式就是一個 Node.js 模組，在外掛程式中我們可以定義 Lighthouse 的檢查項，並在產出報告中以一個新的 category 的形式呈現。

舉個例子，我們想要實現「檢查頁面中是否含有大小超過 5MB 的 GIF 圖片」的任務，程式如下。

```
module.exports = {
  // 對應的 Audits
  audits: [{
    path: 'lighthouse-plugin-cinememe/audits/cinememe.js',
  }],
  // 對應的 category
  category: {
    title: 'Obligatory Cinememes',
    description: 'Modern webapps should have cinememes to ensure a positive ' +
      'user experience.',
    auditRefs: [
      {id: 'cinememe', weight: 1},
    ],
  },
};
```

自訂 Audits，我們也可以透過以下程式實現。

```
'use strict';

const Audit = require('lighthouse').Audit;
// 繼承 Audit 類別
class CinememeAudit extends Audit {
  static get meta() {
    return {
      id: 'cinememe',
      title: 'Has cinememes',
      failureTitle: 'Does not have cinememes',
      description: 'This page should have a cinememe in order to be a modern ' +
        'webapp.',
      requiredArtifacts: ['ImageElements'],
    };
  }

  static audit(artifacts) {
    // 預設的 hasCinememe 為 false（大小超過 5MB 的 GIF 圖片）
```

```
    let hasCinememe = false;
    // 非 Cinememe 圖片結果
    const results = [];
    // 過濾篩選相關圖片
    artifacts.ImageElements.filter(image => {
      return !image.isCss &&
        image.mimeType &&
        image.mimeType !== 'image/svg+xml' &&
        image.naturalHeight > 5 &&
        image.naturalWidth > 5 &&
        image.displayedWidth &&
        image.displayedHeight;
    }).forEach(image => {
      if (image.mimeType === 'image/gif' && image.resourceSize >= 5000000) {
        hasCinememe = true;
      } else {
        results.push(image);
      }
    });

    const headings = [
      {key: 'src', itemType: 'thumbnail', text: ''},
      {key: 'src', itemType: 'url', text: 'url'},
      {key: 'mimeType', itemType: 'text', text: 'MIME type'},
      {key: 'resourceSize', itemType: 'text', text: 'Resource Size'},
    ];

    return {
      score: hasCinememe > 0 ? 1 : 0,
      details: Audit.makeTableDetails(headings, results),
    };
  }
}

module.exports = CinememeAudit;
```

透過上面的外掛程式，我們就可以在 Node.js 環境下結合 CI/CD 流程，找出頁面中大小超過 5MB 的 GIF 圖片。由外掛程式原理可知，一個性能守衛系統是透過常規外掛程式和自訂外掛程式共同實現的。

總結

本篇透過實現一個性能守衛系統，拓寬了 Node.js 的應用場景。我們需要對性能話題有一個更現代化的理論認知：傳統的性能指標資料依然重要，但是現代化的性能指標資料也在很大程度上反映了使用者體驗。

性能知識把基於 Lighthouse 的 Node.js 相關模組搬上了 CI/CD 流程，這樣一來，我們能夠守衛每一次上線，分析每一次上線對性能產生的影響——這是非常重要的實踐。任何能力和擴展如果只在本地，或透過 Chrome 外掛程式的形式嘗鮮顯然是不夠的，借助 Node.js，我們能實現更多功能。

第 29 章 打造閘道：改造企業級 BFF 方案

前面幾篇分別介紹了 Node.js 在同構專案及性能守衛系統中的應用。結合當下的熱點，本篇將繼續深入講解 Node.js 的另外一個重要應用場景：企業級 BFF 閘道。閘道可以和微服務、Serverless 等相結合，延伸空間無限大，需要我們抽絲剝繭，一探究竟。

BFF 閘道定義及優缺點整理

首先，我們對 BFF 閘道下一個定義。

BFF 即 Backend For Frontend，翻譯為「服務於前端的後端」。這個概念最早在 Pattern: Backends For Frontends 一文中被提出，它不是一項技術，而是一種邏輯分層理念：在後端普遍採用微服務的技術背景下，調配層能夠更進一步地為前端服務，而傳統業務後端只需要關注自身的微服務即可。

如圖 29-1 所示，我們把使用者體驗調配和 API 閘道聚合層合稱為廣義 BFF 層，BFF 層的上游是各種後端業務微服務，BFF 層的上游就是各端裝置。從職責上看，BFF 層向上給前端提供 HTTP 介面，向下透過呼叫 HTTP 或 RPC 獲取資料進行加工，最終形成 BFF 層閉環。

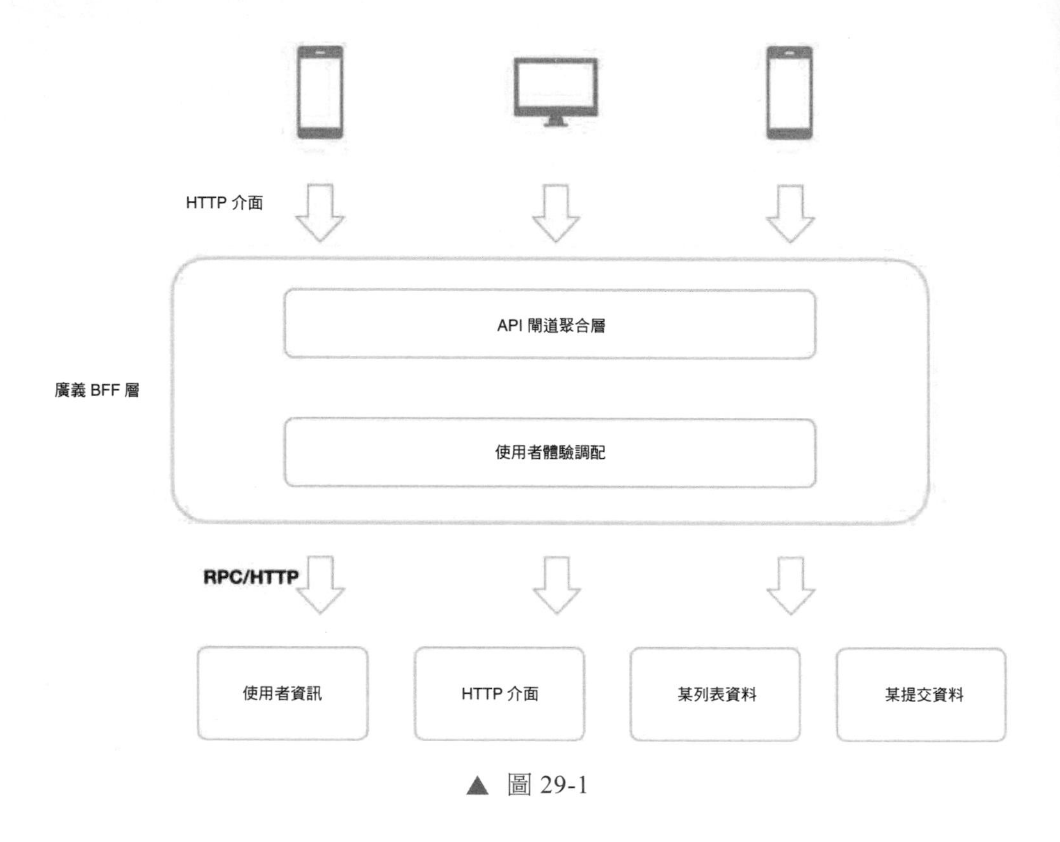

▲ 圖 29-1

對比傳統架構，我們可以得出 BFF 層的設計優勢。

- 降低溝通成本，使領域模型與頁面資料更進一步地解耦。
- 提供更好的使用者體驗，比如可以做到多端應用調配，為各端提供更精簡的資料。

但是 BFF 層應該由誰來開發呢？這就引出了 BFF 閘道開發中的一些痛點。

- 需要解決分工問題：作為銜接前端與後端的環節，需要界定前後端職責，明確任務歸屬。
- 鏈路複雜：引入 BFF 層之後，流程會變得更加煩瑣。
- 資源浪費：BFF 層會帶來額外的資源佔用，需要有較好的彈性伸縮擴充機制。

透過分析 BFF 層的優缺點，我們明確了打造一個 BFF 閘道需要考慮的問題。對前端開發者來說，使用 Node.js 實現一個 BFF 閘道是非常好的選擇。

打造 BFF 閘道需要考慮的問題

打造 BFF 閘道時通常需要考慮一些特殊場景，比如資料處理、流量處理等，下面我們具體介紹。

資料處理

這裡的資料處理主要包括以下幾點。

- 資料聚合和裁剪。
- 序列化格式轉換。
- 協定轉換。
- Node.js 呼叫 RPC。

在微服務系統結構中，各個微服務的資料實體規範可能並不統一，如果沒有 BFF 閘道的統一處理，在前端上進行不同格式資料的聚合會是一件非常痛苦的事情。因此，資料裁剪對 BFF 閘道來說就變得尤為重要了。

同時，不同端可能也會需要不同序列化格式的資料。比如，某個微服務使用 JSON 格式資料，而某個客戶只能使用 XML 格式資料，那麼 JSON 格式轉為 XML 格式的工作也應當合理地在 BFF 層實現。

再比如，微服務架構一般支援多語言協定，比如使用者端需要透過 HTTP REST 進行所有的通訊，而某個微服務內部使用了 gRPC 或 GraphQL，其中的協定轉換也需要在 BFF 層實現。

還需要了解的是，在傳統開發模式中，前端請求 BFF 層提供的介面，BFF 層直接透過 HTTP 使用者端或 cURL 方式請求微服務。在這種模式下，BFF 層不做任何邏輯處理。而 Node.js 是一個 Proxy，我們可以思考如何讓 Node.js 呼叫 RPC，以最大限度發揮 BFF 層的能力。

流量處理

這裡的流量處理主要是指請求分發、代理及可用性保障。

在 BFF 閘道中，我們需要執行一些代理操作，比如將請求路由到特定服務。在 Node.js 中，可以使用 http-proxy 來簡單代理特定服務。

我們需要考慮閘道如何維護分發路由這個關鍵問題。簡單來說，我們可以強制寫入在程式裡，也可以實現閘道的服務發現。比如，在 URL 規範化的基礎上，閘道進行請求匹配時，可以只根據 URL 內容對應到不同的命名空間進而對應到不同的微服務。當然也可以使用中心化設定，透過設定來維護閘道路由分發。

除此之外，閘道也要考慮條件路由，即對具有特定內容（或一定流量比例）的請求進行篩選並分發到特定實例組上，這種條件路由能力是實現灰度發布、藍綠發布、A/B 測試等功能的基礎。

另外，閘道直面使用者，因此該層要有良好的限速、隔離、熔斷降級、負載平衡和快取能力。

安全問題

鑑於 BFF 閘道處於承上啟下的位置，因此它要考慮資料流程向的安全性，完成必要的驗證邏輯，原則如下。

- 閘道不需要完成全部的驗證邏輯，部分業務驗證應該留在微服務中完成。
- 閘道需要完成必要的請求標頭檢查和資料消毒。
- 合理使用 Content-Security-Policy。
- 使用 HTTPS/HSTS。
- 設置監控警告及呼叫鏈追蹤功能。

同時，在使用 Node.js 實現 BFF 閘道時，開發者要時刻注意相依套件的安全性，可以考慮在 CI/CD 環節使用 nsp、 npm audit 等工具進行安全稽核。

許可權驗證設計

對大多數微服務基礎架構來說，需要將身份驗證和許可權驗證等共用邏輯放入 BFF 閘道，這樣不僅能夠縮小服務的體積，也能讓後端開發者更專注於自身領域。

在閘道中，我們需要支援基於 cookie 或 token 的身份驗證。關於身份驗證的話題這裡不詳細說明，需要開發者關注 SSO 單點登入的設計。

關於許可權驗證問題，一般採用 ACL 或 RBAC 方式，這要求開發者系統學習許可權設計知識。簡單來說，ACL 即存取控制清單，它的核心是，使用者直接和許可權掛鉤。RBAC 的核心是，使用者只和角色連結，而角色對應了許可權。這樣設計的優勢在於，對使用者而言，只需為其分配角色即可實現許可權驗證，一個角色可以擁有各種各樣的許可權，這些許可權可以繼承。

RBAC 和 ACL 相比，缺點在於授權複雜。雖然可以利用角色來降低複雜性，但 RBAC 仍然會導致系統在判斷使用者是否具有許可權時比較困難，一定程度上影響了效率。

總之，設計一個良好的 BFF 閘道，要求開發者具有較強的綜合能力。下面，我們來實現一個精簡的 BFF 閘道，該閘道只保留了核心功能，以保障性能為重要目標，同時支援能力擴展。

實現一個 lucas-gateway

如何設計一個擴展性良好的 BFF 閘道，以靈活支援上述流量處理、資料處理等場景呢？關鍵想法如下。

- 外掛程式化：一個良好的 BFF 閘道可以內建或可抽換多種外掛程式，比如 Logger 等，也可以接受第三方外掛程式。
- 中介軟體化：SSO、限流、熔斷等策略可以透過中介軟體實現，類似於外掛程式，中介軟體也可以進行訂製和擴展。

本節實現的 BFF 閘道，其必要相依如下。

- fast-proxy：支援 HTTP、HTTPS、HTTP2 三種協定，可以高性能完成請求的轉發、代理。
- @polka/send-type：處理 HTTP 回應的工具函式。
- http-cache-middleware：高性能的 HTTP 快取中介軟體。
- restana：一個極簡的 REST 風格的 Node.js 框架。

我們的設計主要從基本反向代理、中介軟體、快取策略、Hooks 設計幾個方向展開。

基本反向代理

基本反向代理的設計程式如下。

```
const gateway = require('lucas-gateway')
const server = gateway({
  routes: [{
    prefix: '/service',
    target: 'http://127.0.0.1:3000'
  }]
})

server.start(8080)
```

閘道層暴露出 gateway 方法進行請求反向代理。如上面的程式所示，我們將 prefix 為 /service 的請求反向代理到 http://127.0.0.1:3000 位址。gateway 方法的實現如下。

```
const proxyFactory = require('./lib/proxy-factory')
// 一個簡易的高性能 Node.js 框架
const restana = require('restana')
// 預設的代理 handler
const defaultProxyHandler = (req, res, url, proxy, proxyOpts) => proxy(req, res, url,
proxyOpts)
// 預設支援的方法，包括 ['get', 'delete', 'put', 'patch', 'post', 'head', 'options',
'trace']
```

```
const DEFAULT_METHODS = require('restana/libs/methods').filter(method => method !==
'all')
// 一個簡易的 HTTP 響應函式庫
const send = require('@polka/send-type')
// 支援 HTTP 代理
const PROXY_TYPES = ['http']

const gateway = (opts) => {
  opts = Object.assign({
    middlewares: [],
    pathRegex: '/*'
  }, opts)
      // 允許開發者傳入自訂的 server 實例，預設使用 restana server
  const server = opts.server || restana(opts.restana)

  // 註冊中介軟體
  opts.middlewares.forEach(middleware => {
    server.use(middleware)
  })

  // 一個簡易的介面 '/services.json'，該介面羅列出閘道代理的所有請求和相應資訊
  const services = opts.routes.map(route => ({
    prefix: route.prefix,
    docs: route.docs
  }))
  server.get('/services.json', (req, res) => {
    send(res, 200, services)
  })

  // 路由處理
  opts.routes.forEach(route => {
    if (undefined === route.prefixRewrite) {
      route.prefixRewrite = ''
    }

    const { proxyType = 'http' } = route
    if (!PROXY_TYPES.includes(proxyType)) {
      throw new Error('Unsupported proxy type, expecting one of ' + PROXY_TYPES.
toString())
    }
```

```
    // 載入預設的 Hooks
    const { onRequestNoOp, onResponse } = require('./lib/default-hooks')[proxyType]

    // 載入自訂的 Hooks，允許開發者攔截並回應自己的 Hooks
    route.hooks = route.hooks || {}
    route.hooks.onRequest = route.hooks.onRequest || onRequestNoOp
    route.hooks.onResponse = route.hooks.onResponse || onResponse

    // 載入中介軟體，允許開發者傳入自訂中介軟體
    route.middlewares = route.middlewares || []

    // 支援正則形式的 route path
    route.pathRegex = undefined === route.pathRegex ? opts.pathRegex : String(route.
pathRegex)

    // 使用 proxyFactory 建立 proxy 實例
    const proxy = proxyFactory({ opts, route, proxyType })

    // 允許開發者傳入一個自訂的 proxyHandler，否則使用預設的 defaultProxyHandler
    const proxyHandler = route.proxyHandler || defaultProxyHandler

    // 設置逾時時間
    route.timeout = route.timeout || opts.timeout
    const methods = route.methods || DEFAULT_METHODS

    const args = [
      // path
      route.prefix + route.pathRegex,
      // route middlewares
      ...route.middlewares,
      // 相關的 handler 函式
      handler(route, proxy, proxyHandler)
    ]

    methods.forEach(method => {
      method = method.toLowerCase()
      if (server[method]) {
        server[method].apply(server, args)
```

```
      }
    })
  })

  return server
}

const handler = (route, proxy, proxyHandler) => async (req, res, next) => {
  try {
    // 支援 urlRewrite 設定
    req.url = route.urlRewrite
      ? route.urlRewrite(req)
      : req.url.replace(route.prefix, route.prefixRewrite)
    const shouldAbortProxy = await route.hooks.onRequest(req, res)
    // 如果 onRequest 傳回一個 false 值，則執行 proxyHandler，否則停止代理
    if (!shouldAbortProxy) {
      const proxyOpts = Object.assign({
        request: {
          timeout: req.timeout || route.timeout
        },
        queryString: req.query
      }, route.hooks)

      proxyHandler(req, res, req.url, proxy, proxyOpts)
    }
  } catch (err) {
    return next(err)
  }
}

module.exports = gateway
```

上述程式並不複雜，我已經加入了相應的註釋。gateway 方法是整個閘道的入口，包含了所有核心流程。這裡我們對上述程式中的 proxyFactory 函式進行簡單整理。

```
const fastProxy = require('fast-proxy')

module.exports = ({ proxyType, opts, route }) => {
```

```
  let proxy = fastProxy({
      base: opts.targetOverride || route.target,
      http2: !!route.http2,
      ...(route.fastProxy)
    }).proxy

  return proxy
}
```

如上面的程式所示，開發者可透過 fastProxy 欄位對 fast-proxy 函式庫進行設定，具體設定資訊可以參考 fast-proxy 函式庫原始程式，這裡不再展開。

中介軟體

中介軟體思想已經深刻滲透到前端程式設計理念中，能夠幫助我們在解耦合的基礎上實現能力擴展。

本節涉及的 BFF 閘道的中介軟體能力如下。

```
const rateLimit = require('express-rate-limit')
const requestIp = require('request-ip')

gateway({
  // 定義一個全域中介軟體
  middlewares: [
    // 記錄存取 IP 位址
    (req, res, next) => {
      req.ip = requestIp.getClientIp(req)
      return next()
    },
    // 使用 RateLimit 模組
    rateLimit({
      // 1 分鐘視窗期
      windowMs: 1 * 60 * 1000, // 1 minutes
      // 在視窗期內，同一個 IP 位址只允許存取 60 次
      max: 60,
      handler: (req, res) => res.send('Too many requests, please try again later.',
429)
```

```
    })
  ],

  // downstream 服務代理
  routes: [{
    prefix: '/public',
    target: 'http://localhost:3000'
  }, {
    // ...
  }]
})
```

在上面的程式中，我們實現了兩個中介軟體。第一個中介軟體透過 request-ip 庫獲取存取的真實 IP 位址，並將 IP 位址掛載在 req 物件上。第二個中介軟體透過 express-rate-limit 執行「在視窗期內，同一個 IP 位址只允許存取 60 次」的限流策略。因為 express-rate-limit 庫預設使用 req.ip 作為 keyGenerator，所以第一個中介軟體將 IP 位址記錄在了 req.ip 上。

這是一個簡單的運用中介軟體實現限流策略的案例，開發者可以自己撰寫，或相依其他函式庫實現相關策略。

快取策略

快取能夠有效提升閘道對於請求的處理能力和輸送量。BFF 閘道設計支援多種快取方案，以下程式是一個使用 Node.js 應用記憶體進行快取的案例。

```
// 使用 http-cache-middleware 作為快取中介軟體
const cache = require('http-cache-middleware')()
const gateway = require('fast-gateway')
const server = gateway({
  middlewares: [cache],
  routes: [...]
})
```

如果不擔心快取資料的遺失，即快取資料不需要持久化，且只有一個閘道實例時，使用記憶體進行快取是一個很好的選擇。

當然，BFF 閘道也支援使用 Redis 進行快取，範例如下。

```
// 初始化 Redis
const CacheManager = require('cache-manager')
const redisStore = require('cache-manager-ioredis')
const redisCache = CacheManager.caching({
  store: redisStore,
  db: 0,
  host: 'localhost',
  port: 6379,
  ttl: 30
})

// 快取中介軟體
const cache = require('http-cache-middleware')({
  stores: [redisCache]
})

const gateway = require('fast-gateway')
const server = gateway({
  middlewares: [cache],
  routes: [...]
})
```

在閘道的設計中，我們相依 http-cache-middleware 庫作為快取中介軟體，參考其原始程式，可以看到其中使用了 req.method + req.url + cacheAppendKey 作為快取的 key，cacheAppendKey 出自 req 物件，因此開發者可以透過設置 req.cacheAppendKey = (req) => req.user.id，自訂快取的 key。

當然，閘道也支援對某個介面 Endpoint 禁用快取，這也是透過中介軟體實現的，程式如下。

```
routes: [{
  prefix: '/users',
  target: 'http://localhost:3000',
  middlewares: [(req, res, next) => {
    req.cacheDisabled = true
    return next()
```

```
  }]
}]
```

Hooks 設計

有了中介軟體還不夠，我們還可以以 Hooks 方式允許開發者介入閘道處理流程，比如以下範例。

```
const { multipleHooks } = require('fg-multiple-hooks')

const hook1 = async (req, res) => {
  console.log('hook1 with logic 1 called')
  // 傳回 false，不會阻斷請求處理流程
  return false
}

const hook2 = async (req, res) => {
  console.log('hook2 with logic 2 called')
  const shouldAbort = true
  if (shouldAbort) {
    res.send('handle a rejected request here')
  }
  // 傳回 true，插斷要求處理流程
  return shouldAbort
}

gateway({
  routes: [{
    prefix: '/service',
    target: 'http://127.0.0.1:3000',
    hooks: {
        // 使用多個 Hooks 函式，處理 onRequest
      onRequest: (req, res) => multipleHooks(req, res, hook1, hook2),
      rewriteHeaders (handlers) {
        // 可以在這裡設置回應標頭
        return headers
      }
      // 使用多個 Hooks 函式，處理 onResponse
      onResponse (req, res, stream) {
```

```
      }
    }
  }]
}).start(PORT).then(server => {
  console.log(`API Gateway listening on ${PORT} port!`)
})
```

最後，我們再透過一個負載平衡場景來加強對 BFF 閘道設計的理解，如下。

```
const gateway = require('../index')
const { P2cBalancer } = require('load-balancers')

const targets = [
  'http://localhost:3000',
  'xxxxx',
  'xxxxxxx'
]
const balancer = new P2cBalancer(targets.length)

gateway({
  routes: [{
    // 自訂 proxyHandler
    proxyHandler: (req, res, url, proxy, proxyOpts) => {
      // 負載平衡
      const target = targets[balancer.pick()]
      if (typeof target === 'string') {
        proxyOpts.base = target
      } else {
        proxyOpts.onResponse = onResponse
        proxyOpts.onRequest = onRequestNoOp
        proxy = target
      }

      return proxy(req, res, url, proxyOpts)
    },
    prefix: '/balanced'
  }]
})
```

透過以上程式可以看出，閘道設計既支援預設的 proxyHandler，又支援開發者自訂的 proxyHandler。對於自訂的 proxyHandler，閘道層面提供 req、res、url、proxyOpts 相關參數，方便開發者使用。至此，我們就從原始程式和設計層面對一個基礎的閘道設計過程進行了解析，大家可以結合原始程式進行學習。

總結

本篇深入講解了 BFF 閘道的優缺點、打造 BFF 閘道需要考慮的問題。事實上，BFF 閘道理念已經完全被業界接受，作為前端開發者，向 BFF 進軍是一個必然的發展方向。另外，Serverless 是一種無伺服器架構，它的彈性伸縮、隨選使用、無運行維護等特性都是未來的發展方向。將 Serverless 與 BFF 結合，業界提出了 SFF（Serverless For Frontend）的概念。其實，這些概念萬變不離其宗，掌握了 BFF 閘道，能夠設計一個高可用的閘道層，你會在技術上收穫頗多，同時也能在業務上有所精進。

第 30 章 實現高可用：Puppeteer 實戰

在第 28 篇中，我們提到了 Puppeteer。事實上，以 Puppeteer 為代表的無頭瀏覽器在 Node.js 中的應用極為廣泛，本篇將對 Puppeteer 進行深入分析。

Puppeteer 簡介和原理

我們先對 Puppeteer 進行基本介紹（引自 Puppeteer 官方）。

Puppeteer 是一個 Node.js 函式庫，它提供了一整套高級 API，透過 DevTools 協定控制 Chromium 或 Chrome。正如其被翻譯為「操縱木偶的人」一樣，你可以透過 Puppeteer 提供的 API 直接控制 Chrome，模擬大部分使用者操作場景，進行 UI 測試或作為爬蟲存取頁面來收集資料。

這個定義非常容易理解，這裡需要開發者注意的是，Puppeteer 在 1.7.0 版本之後，會和時給開發者提供 Puppeteer、Puppeteer-core 兩個工具。它們的差別在於載入安裝 Puppeteer 時是否會下載 Chromium。Puppeteer-core 預設不下載 Chromium，同時會忽略所有 puppeteer_* 環境變數。對開發者來說，使用 Puppeteer-core 無疑更加輕便，但需要保證環境中已經具有可執行的 Chromium。

Puppeteer 的應用場景如下。

- 為網頁生成頁面 PDF 或截取圖片。
- 抓取 SPA（單頁應用）並生成預著色內容。
- 自動提交表單，進行 UI 測試、鍵盤輸入等。
- 建立一個隨時更新的自動化測試環境，使用最新的 JavaScript 和瀏覽器功能直接在最新版本的 Chrome 中執行測試。
- 捕捉網站的時間追蹤資訊，用來幫助分析性能問題。
- 測試瀏覽器擴展。

下面我們具體整理 Puppeteer 的重點應用場景，並詳細介紹如何使用 Puppeteer 實現一個高性能的 Node.js 服務。

Puppeteer 在 SSR 中的應用

區別於第 27 篇介紹的實現 SSR 應用的內容，使用 Puppeteer 實現伺服器端預著色的出發點完全不同。這種方案最大的好處是不需要對專案程式進行任何調整就能獲取 SSR 應用的收益。誠然，基於 Puppeteer 技術的 SSR 在靈活性和擴展性上都有所侷限，甚至在 Node.js 端著色的性能成本也較高。不過，該技術已逐漸實踐，並在很多場景中發揮了重要作用。

以下是一個典型的 CSR 頁面的實現程式。

```
<html>
<body>
  <div id="container">
    <!-- Populated by the JS below. -->
  </div>
</body>
<script>
// 使用 JavaScript 指令稿，進行 CSR 著色
function renderPosts(posts, container) {
  const html = posts.reduce((html, post) => {
    return '${html}
```

```
      <li class="post">
        <h2>${post.title}</h2>
        <div class="summary">${post.summary}</div>
        <p>${post.content}</p>
      </li>';
  }, '');

  container.innerHTML = `<ul id="posts">${html}</ul>`;
}

(async() => {
  const container = document.querySelector('#container');
  // 發送資料請求
  const posts = await fetch('/posts').then(resp => resp.json());
  renderPosts(posts, container);
})();
</script>
</html>
```

上述程式依靠 Ajax 實現了 CSR 著色。當在 Node.js 端使用 Puppeteer 著色時，我們需要撰寫 ssr.mjs 完成著色任務，程式如下。

```
import puppeteer from 'puppeteer';

// 將已經著色過的頁面，快取在記憶體中
const RENDER_CACHE = new Map();

async function ssr(url) {
        // 命中快取
  if (RENDER_CACHE.has(url)) {
    return {html: RENDER_CACHE.get(url), ttRenderMs: 0};
  }

  const start = Date.now();
  // 使用 Puppeteer 無頭瀏覽器
  const browser = await puppeteer.launch();
  const page = await browser.newPage();
  try {
    // 存取頁面位址，直到頁面網路狀態為 idle
```

```
    await page.goto(url, {waitUntil: 'networkidle0'});
    // 確保 #posts 節點已經存在
    await page.waitForSelector('#posts');
  } catch (err) {
    console.error(err);
    throw new Error('page.goto/waitForSelector timed out.');
  }
      // 獲取 HTML
  const html = await page.content();
  // 關閉無頭瀏覽器
  await browser.close();

  const ttRenderMs = Date.now() - start;
  console.info(`Headless rendered page in: ${ttRenderMs}ms`);
      // 進行快取儲存
  RENDER_CACHE.set(url, html);

  return {html, ttRenderMs};
}

export {ssr as default};
```

上述程式對應的 server.mjs 程式如下。

```
import express from 'express';
import ssr from './ssr.mjs';

const app = express();

app.get('/', async (req, res, next) => {
  // 呼叫 SSR 方法著色頁面
  const {html, ttRenderMs} = await ssr(`xxx/index.html`);
  res.set('Server-Timing', `Prerender;dur=${ttRenderMs};desc="Headless render time
(ms)"`);
  return res.status(200).send(html);
});

app.listen(8080, () => console.log('Server started. Press Ctrl+C to quit'));
```

上述實現比較簡單，只進行了原理說明。如果更進一步，我們可以從以下幾個角度進行最佳化。

- 改造瀏覽器端程式，防止重複請求資料介面。
- 在 Node.js 端，取消不必要的請求，以得到更快的伺服器端著色回應速度。
- 將關鍵資源內連進 HTML。
- 自動壓縮靜態資源。
- 在 Node.js 端著色頁面時，重複使用 Chrome 實例。

這裡我們用簡單的程式說明，如下。

```
import express from 'express';
import puppeteer from 'puppeteer';
import ssr from './ssr.mjs';
// 重複使用 Chrome 實例
let browserWSEndpoint = null;
const app = express();

app.get('/', async (req, res, next) => {
  if (!browserWSEndpoint) {
    // 以下兩行程式不必隨著著色重複執行
    const browser = await puppeteer.launch();
    browserWSEndpoint = await browser.wsEndpoint();
  }

  const url = `${req.protocol}://${req.get('host')}/index.html`;
  const {html} = await ssr(url, browserWSEndpoint);

  return res.status(200).send(html);
});
```

至此，我們從原理和程式層面分析了 Puppeteer 在 SSR 中的應用。接下來，我們將介紹更多關於 Puppeteer 的使用場景。

Puppeteer 在 UI 測試中的應用

Puppeteer 在 UI 測試（即點對點測試）中也可以大顯身手，比如和 Jest 結合，透過斷言能力實現一個完備的 UI 測試框架，程式如下。

```
const puppeteer = require('puppeteer');
// 測試頁面 title 符合預期
test('baidu title is correct', async () => {
        // 啟動一個無頭瀏覽器
  const browser = await puppeteer.launch()
  // 透過無頭瀏覽器存取頁面
  const page = await browser.newPage()
  await page.goto('https://xxxxx')
  // 獲取頁面 title
  const title = await page.title()
  // 使用 Jest 的 expect 全域函式進行斷言
  expect(title).toBe('xxxx')
  await browser.close()
});
```

上面程式簡單地勾勒出了 Puppeteer 結合 Jest 實現 UI 測試的場景。實際上，現在流行的主流 UI 測試框架，比如 Cypress，其原理都與上述程式吻合。

Puppeteer 結合 Lighthouse 的應用場景

在第 28 篇中，我們提到了 Lighthouse，既然 Puppeteer 可以和 Jest 結合實現一個 UI 測試框架，當然也可以和 Lighthouse 結合——實現一個簡單的性能守衛系統。

```
const chromeLauncher = require('chrome-launcher');
const puppeteer = require('puppeteer');
const lighthouse = require('lighthouse');
const config = require('lighthouse/lighthouse-core/config/lr-desktop-config.js');
const reportGenerator = require('lighthouse/lighthouse-core/report/report-generator');
const request = require('request');
const util = require('util');
```

```
const fs = require('fs');

(async() => {
    // 預設設定
    const opts = {
        logLevel: 'info',
        output: 'json',
        disableDeviceEmulation: true,
        defaultViewport: {
            width: 1200,
            height: 900
        },
        chromeFlags: ['--disable-mobile-emulation']
    };

                // 使用 chromeLauncher 啟動一個 Chrome 實例
    const chrome = await chromeLauncher.launch(opts);
    opts.port = chrome.port;

    // 使用 puppeteer.connect 連接 Chrome 實例
    const resp = await util.promisify(request)('http://localhost:${opts.port}/json/
version');
    const {webSocketDebuggerUrl} = JSON.parse(resp.body);
    const browser = await puppeteer.connect({browserWSEndpoint: webSocketDebuggerUrl});

    // Puppeteer 存取邏輯
    page = (await browser.pages())[0];
    await page.setViewport({ width: 1200, height: 900});
    console.log(page.url());

    // 使用 Lighthouse 產出報告
    const report = await lighthouse(page.url(), opts, config).then(results => {
        return results;
    });
    const html = reportGenerator.generateReport(report.lhr, 'html');
    const json = reportGenerator.generateReport(report.lhr, 'json');

    await browser.disconnect();
    await chrome.kill();
```

```
    // 將報告寫入檔案系統
    fs.writeFile('report.html', html, (err) => {
        if (err) {
            console.error(err);
        }
    });

    fs.writeFile('report.json', json, (err) => {
        if (err) {
            console.error(err);
        }
    });
})();
```

以上實現流程非常清晰，是一個典型的 Puppeteer 與 Lighthouse 結合的案例。事實上，我們看到 Puppeteer 或 Headless 瀏覽器可以和多個領域技能相結合，在 Node.js 服務上實現平臺化能力。

透過 Puppeteer 實現海報 Node.js 服務

社區中常見關於生成海報的技術分享，其應用場景很多，比如將文稿中的金句進行分享，如圖 30-1 所示。

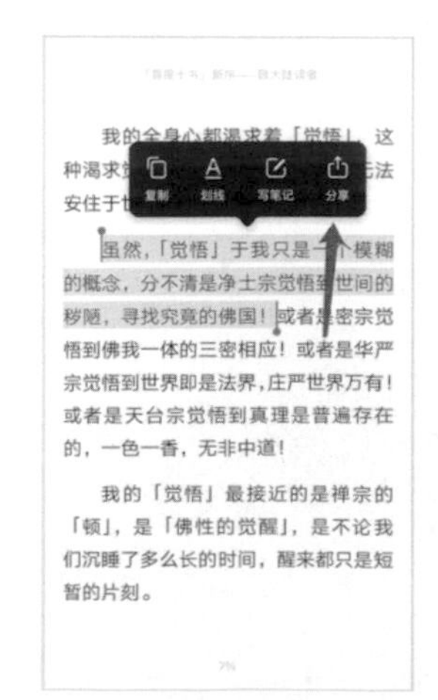

▲ 圖 30-1（編按：本圖例為簡體中文介面）

一般來說，生成海報可以使用 html2canvas 這樣的類別庫實現，這裡面的技術困難主要有跨域處理、分頁處理、頁面截圖時機處理等，整體來說並不難，但穩定性一般。另一種生成海報的方式是使用 Puppeteer 建構一個 Node.js 服務，形成頁面截圖。

下面我們來實現一個名為 posterMan 的海報 Node.js 服務，其整體技術鏈路如圖 30-2 所示。

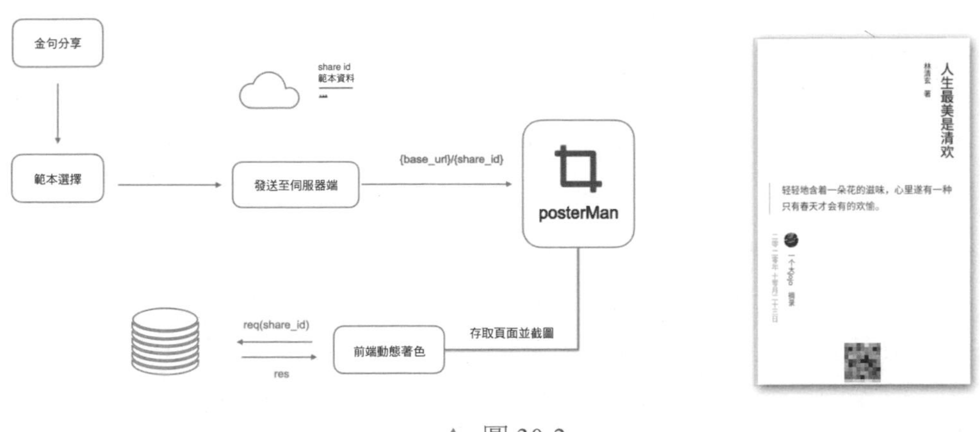

▲ 圖 30-2

核心技術無外乎使用 Puppeteer，存取頁面並截圖，這與前面幾個場景是一樣的，如圖 30-3 所示。

▲ 圖 30-3

這裡需要特別強調的是，為了實現最好的性能，我們設計了一個連接池來儲存 Puppeteer 實例，以備所需，如圖 30-4 所示。

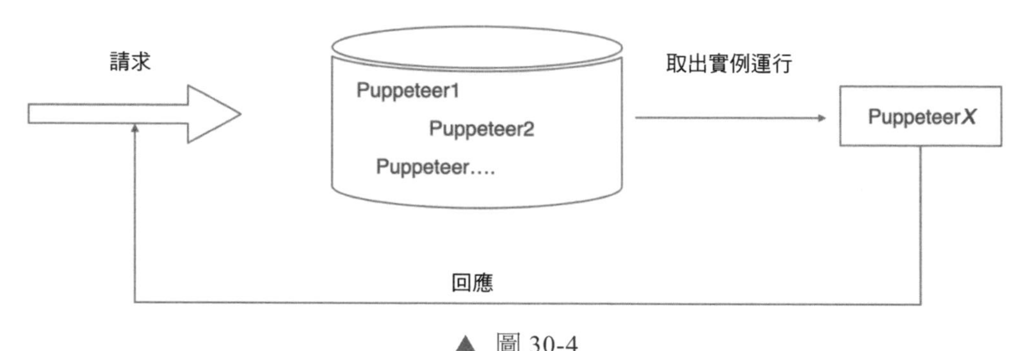

▲ 圖 30-4

在實現上，我們相依 generic-pool 函式庫，這個函式庫提供了 Promise 風格的通用連接池，可以在呼叫一些高消耗、高成本資源時實現防手震或拒絕服務能力，一個典型的場景是連接資料庫。這裡我們用 generic-pool 函式庫進行 Puppeteer 實例建立，程式如下。

```
const puppeteer = require('puppeteer')
const genericPool = require('generic-pool')

const createPuppeteerPool = ({
  // 連接池的最大容量
  max = 10,
  // 連接池的最小容量
  min = 2,
  // 資料連接在池中保持空閒而不被回收的最小時間值
  idleTimeoutMillis = 30000,
  // 最大使用數
  maxUses = 50,
  // 在連接池交付實例前是否先經過 factory.validate 測試
  testOnBorrow = true,
  puppeteerArgs = {},
  validator = () => Promise.resolve(true),
  ...otherConfig
```

```
} = {}) => {
  const factory = {
      // 建立實例
    create: () =>
      puppeteer.launch(puppeteerArgs).then(instance => {
        instance.useCount = 0
        return instance
      }),
    // 銷毀實例
    destroy: instance => {
      instance.close()
    },
    // 驗證實例的可用性
    validate: instance => {
      return validator(instance).then(valid =>
        // maxUses 小於 0 或 instance 使用計數小於 maxUses 時可用
        Promise.resolve(valid && (maxUses <= 0 || instance.useCount < maxUses))
      )
    }
  }
  const config = {
    max,
    min,
    idleTimeoutMillis,
    testOnBorrow,
    ...otherConfig
  }
  // 建立連接池
  const pool = genericPool.createPool(factory, config)
  const genericAcquire = pool.acquire.bind(pool)
  // 資源連接時進行以下操作
  pool.acquire = () =>
    genericAcquire().then(instance => {
      instance.useCount += 1
      return instance
    })
  pool.use = fn => {
    let resource
    return pool
```

```
      .acquire()
      .then(r => {
        resource = r
        return r
      })
      .then(fn)
      .then(
        result => {
          // 釋放資源
          pool.release(resource)
          return result
        },
        err => {
          pool.release(resource)
          throw err
        }
      )
  }

  return pool
}

module.exports = createPuppeteerPool
```

使用連接池的方式也很簡單，如下。

```
const pool = createPuppeteerPool({
  puppeteerArgs: {
    args: config.browserArgs
  }
})

module.exports = pool
```

有了「武器彈藥」，我們來看看將一個頁面著色為海報的具體邏輯。以下程式中的 render 方法可以接收一個 URL，也可以接收具體的 HTML 字串以生成相應海報。

```
// 獲取連接池
const pool = require('./pool')
const config = require('./config')

const render = (ctx, handleFetchPicoImageError) =>
  // 使用連接池資源
  pool.use(async browser => {
    const { body, query } = ctx.request
    // 打開新的頁面
    const page = await browser.newPage()
    // 支援直接傳遞 HTML 字串內容
    let html = body
              // 從請求服務的 query 中獲取預設參數
    const {
      width = 300,
      height = 480,
      ratio: deviceScaleFactor = 2,
      type = 'png',
      filename = 'poster',
      waitUntil = 'domcontentloaded',
      quality = 100,
      omitBackground,
      fullPage,
      url,
      useCache = 'true',
      usePicoAutoJPG = 'true'
    } = query

    let image
    try {
       // 設置瀏覽器視埠
      await page.setViewport({
        width: Number(width),
        height: Number(height),
        deviceScaleFactor: Number(deviceScaleFactor)
      })

      if (html.length > 1.25e6) {
        throw new Error('image size out of limits, at most 1 MB')
      }
```

```
                    // 存取 URL 頁面
      await page.goto(url || `data:text/html,${html}`, {
        waitUntil: waitUntil.split(',')
      })
                    // 進行截圖
      image = await page.screenshot({
        type: type === 'jpg' ? 'jpeg' : type,
        quality: type === 'png' ? undefined : Number(quality),
        omitBackground: omitBackground === 'true',
        fullPage: fullPage === 'true'
      })
    } catch (error) {
      throw error
    }

    ctx.set('Content-Type', `image/${type}`)
    ctx.set('Content-Disposition', `inline; filename=${filename}.${type}`)

    await page.close()
    return image
  })

module.exports = render
```

至此，基於 Puppeteer 的海報生成系統就已經開發完成了。它是一個對外的 Node.js 服務。

我們也可以生成支援各種語言的 SDK 使用者端，呼叫該海報服務。比如一個簡單的 Python 版 SDK 使用者端實現如下。

```
import requests

class PosterGenerator(object):
    // ...
    def generate(self, **kwargs):
        """
        生成海報，傳回二進位海報資料

        :param kwargs: 著色時需要傳遞的參數字典
```

```
        :return: 二進位圖片資料
        """
        html_content = render(self._syntax, self._template_content, **kwargs)
        url = POSTER_MAN_HA_PROXIES[self._api_env.value]

        try:
                        // 請求海報服務
            resp = requests.post(
                url,
                data=html_content.encode('utf8'),
                headers={
                    'Content-Type': 'text/plain'
                },
                timeout=60,
                params=self.config
            )
        except RequestException as err:
            raise GenerateFailed(err.message)
        else:
            if not resp:
                raise GenerateFailed(u"Failed to generate poster,
                       got NOTHING from poster-man")

            try:
                resp.raise_for_status()
            except requests.HTTPError as err:
                raise GenerateFailed(err.message)
            else:
                return resp.content
```

總結

本篇介紹了 Puppeteer 的各種應用場景，並重點介紹了基於 Puppeteer 實現的海報 Node.js 服務的設計方法。透過這幾篇的學習，希望你能夠從實踐出發，對 Node.js 實踐有一個更全面的認知。

深智數位
股份有限公司